中华人民共和国
职业和工种统一编码表

（2002年版）

劳动和社会保障部 培训就业司 职业技能鉴定中心 编制

中国劳动社会保障出版社

图书在版编目(CIP)数据

中华人民共和国职业和工种统一编码表/劳动和社会保障部编. —北京：中国劳动社会保障出版社，2002.10

ISBN 7-5045-3685-7

Ⅰ.中…　Ⅱ.劳…　Ⅲ.①职业-编码-中国　②工种-编码-中国　Ⅳ.F249.23

中国版本图书馆 CIP 数据核字(2002)第 084040 号

中国劳动社会保障出版社出版发行

（北京市惠新东街 1 号　邮政编码：100029）

出 版 人：张梦欣

*

煤炭工业出版社印刷厂印刷　新华书店经销

850 毫米×1168 毫米　32 开本　14.625 印张　392 千字

2003 年 2 月第 1 版　2003 年 2 月第 1 次印刷

印数：　4000 册

定价：45.00 元（本书配 CD-ROM 光盘）

读者服务部电话：64929211

发行部电话：64911190

出版社网址：http://www.class.com.cn

说　明

《中华人民共和国劳动法》明确规定：国家确定职业分类，对规定的职业制定技能标准，实行职业资格证书制度。

职业分类是社会经济管理中最基础的工作。我国于1992年8月颁布了《中华人民共和国工种分类目录》（以下简称《目录》），于1999年5月颁布了《中华人民共和国职业分类大典》（以下简称《大典》）。鉴于职业（工种）的变化和实际工作需要，根据《目录》和《大典》，我们制定了《中华人民共和国职业和工种统一编码表》（以下简称《编码表》）。

《编码表》收集了《大典》中的1 838个职业、4 724个工种和《目录》中的4 586个工种，以及11个新职业（职业名前加有“★”）。

在编辑《编码表》时，我们遵循了以下基本规则：

一、《编码表》参照《大典》的编码方法，采用9位数字编码，其中前7位中：第1位为大类，第2、3位为中类，第4、5位为小类，第6、7位为细类，第8、9位为细类下的序号。

二、细类（职业）第8、9位编码为00；细类（职业）下所含工种前7位编码为《大典》中细类编码，第8、9位按其在《大典》细类（职业）中的自然顺序从01开始编码。

三、《目录》中未纳入《大典》的工种，其编码前5位为80000，后4位按照《目录》中工种的自然顺序从0001开始编码。

四、新增职业和工种由劳动和社会保障部职业技能鉴定中心确定编码，报劳动和社会保障部培训就业司批准后实施。

五、本《编码表》中，有7 061个职业和工种具有独立的编码，其中含列入《大典》而未列入《目录》的新增工种718个，不含工种的职业720个，《目录》中未归入《大典》的工种781个。

（一）有142个工种被重复归入不同职业，最多的一个工种归入8个职业，此类工种名称前用“◆”提示，共计191个。

（二）《目录》中有77个工种具有多个工种代码，此类工种名称前用“▲”提示，共计83个。

（三）《目录》中有23个工种在《大典》中没有工种代码或工种代码错，此类工种名称前用“●”提示。

为了避免今后职业、工种名称的重复出现，因此不提供标有“◆”、“▲”和“●”这类符号的工种编码。

编　者

2002年7月

职业名称拼音索引

A

安全工程技术人员(2-02-32-00) …………………………………… (13)
暗盒制造工(6-03-12-04) …………………………………… (117)
凹版印刷工(6-20-02-03) …………………………………… (287)
凹版制版工(6-20-01-03) …………………………………… (286)

B

靶场测试工(6-05-24-02) …………………………………… (175)
靶场试射工(6-05-24-01) …………………………………… (174)
白酒酿造工(6-12-04-01) …………………………………… (234)
白肋烟处理工(6-13-02-03) …………………………………… (243)
版画制作工(6-21-08-06) …………………………………… (294)
办公设备维修工(4-07-11-01) …………………………………… (46)
办公小机械制造装配工(6-05-10-06) …………………………………… (156)
半导体分立器件、集成电路装调工(6-08-01-10) …………………………………… (197)
半导体芯片制造工(6-08-01-09) …………………………………… (197)
半导体原料制备工(6-02-07-01) …………………………………… (91)
包装材料检验工(6-26-01-17) …………………………………… (328)
包装人员(6-99-01-00) …………………………………… (347)
宝石琢磨工(6-21-01-01) …………………………………… (290)
保安员(3-02-02-01) …………………………………… (27)
保管员(4-02-01-01) …………………………………… (35)
保健按摩师(4-04-03-04) …………………………………… (39)
保洁员(4-07-13-02) …………………………………… (47)

保温材料制造工(6-17-04-01) ………………………………………… (266)
保鲜员(4-02-01-04) ………………………………………………………… (36)
保险理赔员(2-07-02-03) …………………………………………………… (20)
保险推销员(2-07-02-02) …………………………………………………… (20)
保育员(4-07-12-01) ………………………………………………………… (46)
报刊发行员(3-03-01-05) …………………………………………………… (30)
报务员(3-03-02-03) ………………………………………………………… (31)
刨插工(6-04-01-03) ………………………………………………………… (129)
刨花板工(6-15-02-03) ……………………………………………………… (258)
爆破工(6-23-01-02) ………………………………………………………… (301)
爆破器材试验工(6-05-16-04) ……………………………………………… (162)
贝类净化工(5-04-03-10) …………………………………………………… (62)
备煤筛焦工(6-03-03-01) …………………………………………………… (102)
焙烧工(6-02-04-02) ………………………………………………………… (81)
壁画制作工(6-21-08-03) …………………………………………………… (294)
变电设备安装工(6-07-06-01) ……………………………………………… (189)
变电设备检修工(6-07-04-11) ……………………………………………… (188)
变电站值班员(6-07-03-02) ………………………………………………… (187)
变配电室值班电工(6-07-06-02) …………………………………………… (189)
变压器、互感器装配工(6-05-04-05)……………………………………… (141)
变压器检修工(6-07-04-10) ………………………………………………… (188)
标本员(5-02-03-04) ………………………………………………………… (54)
标准化工程技术人员(2-02-33-01) ………………………………………… (13)
殡仪服务员(4-07-14-01) …………………………………………………… (47)
丙烯腈-丁二烯-苯乙烯共聚物(ABS)生产工(6-03-07-08)……………… (109)
并条工(6-10-01-07) ………………………………………………………… (215)
病房护士(2-05-08-01) ……………………………………………………… (19)
病理技师(2-05-07-03) ……………………………………………………… (18)
病理科医师(2-05-01-15) …………………………………………………… (16)
玻璃钢制品工(6-18-02-02) ………………………………………………… (275)
玻璃加工工(6-18-01-04) …………………………………………………… (272)

玻璃配料工(6-18-01-01) …………………………………………………… (270)
玻璃熔化工(6-18-01-02) …………………………………………………… (270)
玻璃纤维制品工(6-18-02-01) …………………………………………… (275)
玻璃制板及玻璃成型工(6-18-01-03) ………………………………… (270)
玻璃制品装饰加工工(6-18-01-05) …………………………………… (275)
播音员(2-12-04-01) ………………………………………………………… (25)
驳筑、集拆坨盐工(6-01-07-05)………………………………………… (76)
薄膜加热器制造工(6-08-02-15) ……………………………………… (202)
不便分类的其他从业人员(原工种目录中未列入大典的工种)
(8-00-00-00) ……………………………………………………………… (349)
布绒玩具制作工(6-21-03-02) ………………………………………… (291)
部件装配工(6-05-01-02) ………………………………………………… (137)

C

材料成分检验工(6-26-01-02) ………………………………………… (321)
材料物理性能检验工(6-26-01-03) …………………………………… (321)
裁缝(6-11-01-04) ………………………………………………………… (227)
裁剪工(6-11-01-01) ……………………………………………………… (226)
裁判员(2-11-01-02) ……………………………………………………… (24)
采购员(4-01-03-01) ……………………………………………………… (33)
采矿工程技术人员(2-02-03-01) ……………………………………… (4)
采气工(6-01-06-03) ……………………………………………………… (74)
采样工(6-01-01-04) ……………………………………………………… (65)
采油工(6-01-06-02) ……………………………………………………… (74)
彩绘雕填制作工(6-21-04-02) ………………………………………… (292)
餐具清洗保管员(4-03-05-02) ………………………………………… (38)
餐厅服务员(4-03-05-01) ………………………………………………… (38)
草地监护员(5-03-06-01) ………………………………………………… (57)
草坪建植工(5-03-06-03) ………………………………………………… (58)
草业技术人员(2-03-06-02) …………………………………………… (15)
插花员(4-04-02-04) ……………………………………………………… (39)

茶叶加工工(5-01-06-03) …………………………………………………………(51)
茶艺师(4-03-03-02) ………………………………………………………………(38)
产品安全性能检验工(6-26-01-07) ……………………………………………(325)
产品环境适应性能检验工(6-26-01-05) ………………………………………(323)
产品可靠性能检验工(6-26-01-06) ……………………………………………(323)
长度计量工(6-26-04-01) …………………………………………………………(344)
肠衣工(6-12-07-03) ………………………………………………………………(240)
常用电机检修工(6-07-06-03) ……………………………………………………(189)
唱片工(6-19-02-01) ………………………………………………………………(282)
唱片检听工(6-19-02-02) …………………………………………………………(282)
抄表核算收费员(6-07-05-03) ……………………………………………………(189)
超声诊断科医师(2-05-01-18) ……………………………………………………(16)
车工(6-04-01-01) …………………………………………………………………(129)
车号员(6-24-02-03) ………………………………………………………………(308)
车站调车作业员(6-24-02-05) ……………………………………………………(309)
车站货运员(4-05-02-05) …………………………………………………………(41)
车站货运作业组织员(4-05-02-04) ……………………………………………(41)
车站客运服务员(4-05-02-02) ……………………………………………………(41)
车站行车作业员(6-24-02-01) ……………………………………………………(308)
车站运转作业计划员(6-24-02-02) ……………………………………………(308)
陈列展览设计人员(2-10-07-07) ………………………………………………(24)
城镇规划设计工程技术人员(2-02-21-01) ……………………………………(9)
冲压工(6-04-02-03) ………………………………………………………………(131)
冲印师(4-07-05-02) ………………………………………………………………(44)
抽纱挑编工(6-21-05-03) …………………………………………………………(292)
出版物储运员(4-02-02-04) ………………………………………………………(37)
出版物发行员(4-01-02-02) ………………………………………………………(33)
除尘设备运行工(6-25-03-04) ……………………………………………………(319)
穿经工(6-10-03-03) ………………………………………………………………(217)
传染病科医师(2-05-01-11) ………………………………………………………(16)
传输机务员(3-03-03-01) …………………………………………………………(31)

船舶电气装配工(6-05-18-03) …………………………………………… (163)
船舶附件制造工(6-05-18-04) …………………………………………… (163)
船舶机舱设备操作工(6-24-04-02) ……………………………………… (313)
船舶甲板设备操作工(6-24-04-01) ……………………………………… (313)
船舶检验工程技术人员(2-02-18-05) …………………………………… (8)
船舶轮机装配工(6-05-18-02) …………………………………………… (163)
船舶木塑帆缆工(6-05-18-05) …………………………………………… (164)
船舶修理工(6-06-01-03) ………………………………………………… (179)
船舶业务员(4-05-04-01) ………………………………………………… (42)
船舶引航员(2-04-02-03) ………………………………………………… (15)
船舶运用工程技术人员(2-02-18-02) …………………………………… (8)
船模制造试验工(6-05-18-06) …………………………………………… (164)
船体拆解工(4-01-05-03) ………………………………………………… (34)
船体制造工(6-05-18-01) ………………………………………………… (162)
吹奏乐器制作工(6-22-03-05) …………………………………………… (300)
纯碱生产工(6-03-05-05) ………………………………………………… (106)
词作家(2-10-01-05) ……………………………………………………… (22)
磁粉制造工(6-03-12-06) ………………………………………………… (117)
磁记录材料试验工(6-03-12-08) ………………………………………… (117)
磁记录材料制造工(6-03-12-07) ………………………………………… (117)
磁头制造工(6-08-02-12) ………………………………………………… (202)
磁选工(6-01-04-04) ……………………………………………………… (71)
粗纱工(6-10-01-08) ……………………………………………………… (215)
催化剂试验工(6-03-11-08) ……………………………………………… (114)
催化剂制造工(6-03-11-07) ……………………………………………… (114)
萃取工(6-03-01-09) ……………………………………………………… (100)

D

打击乐器制作工(6-22-03-06) …………………………………………… (300)
打叶复烤工(6-13-01-04) ………………………………………………… (242)
打字员(3-01-02-04) ……………………………………………………… (26)

大地测量工(6-01-02-01) …………………………………………………… (66)
大地测量工程技术人员(2-02-02-01) …………………………………… (3)
大气环境监测工(6-25-01-01) ………………………………………… (317)
单基火药制造工(6-03-13-01) ………………………………………… (118)
单晶片加工工(6-08-01-08) …………………………………………… (196)
单质炸药制造工(6-03-14-01) ………………………………………… (119)
弹簧工程技术人员(2-02-08-03) ……………………………………… (5)
弹头装配工(6-05-21-05) ……………………………………………… (170)
蛋品及再制蛋品加工工(6-12-08-02) ………………………………… (240)
档案业务人员(2-12-06-02) …………………………………………… (25)
导弹部段装配工(6-05-21-03) ………………………………………… (170)
导弹总体装配工(6-05-21-06) ………………………………………… (170)
导游(4-04-02-01) ……………………………………………………… (39)
道岔制修工(6-23-09-08) ……………………………………………… (306)
道具师(2-10-05-10) …………………………………………………… (23)
道路与桥梁工程技术人员(2-02-21-05) ……………………………… (10)
地籍测绘工(6-01-02-05) ……………………………………………… (67)
地球科学研究人员(2-01-14-00) ……………………………………… (3)
地图制图工(6-01-02-03) ……………………………………………… (67)
地图制图与印刷工程技术人员(2-02-02-04) ………………………… (4)
地震工程技术人员(2-02-30-00) ……………………………………… (13)
地质勘探工程技术人员(2-02-01-00) ………………………………… (3)
典当业务员(4-01-04-03) ……………………………………………… (34)
电冰箱、电冰柜制造装配工(6-05-10-02)……………………………… (154)
电厂水处理值班员(6-07-02-10) ……………………………………… (186)
电工器材检验工(6-26-01-28) ………………………………………… (336)
电工仪器仪表修理工(6-06-02-02) …………………………………… (180)
电工仪器仪表装配工(6-05-06-08) …………………………………… (147)
电焊机装配工(6-05-04-07) …………………………………………… (141)
电焊条制造工(6-04-99-01) …………………………………………… (137)
电话电报交换机务员(3-03-03-03) …………………………………… (31)

电机车装配工(6-05-07-07) …………………………………………………… (149)
电机与电器工程技术人员(2-02-14-01) ……………………………………… (7)
电机装配工(6-05-03-04) ……………………………………………………… (140)
电极丝制造工(6-08-01-02) …………………………………………………… (193)
电解精炼工(6-02-04-05) ……………………………………………………… (84)
电离辐射计量工(6-26-04-10) ………………………………………………… (347)
电力电缆安装工(6-07-01-07) ………………………………………………… (185)
电力负荷控制员(6-07-05-01) ………………………………………………… (189)
电力工程内线安装工(6-07-01-09) …………………………………………… (185)
电力拖动与自动控制工程技术人员(2-02-14-02) …………………………… (7)
电炉炼钢工(6-02-02-04) ……………………………………………………… (79)
电炉装配工(6-05-04-08) ……………………………………………………… (141)
电能计量装置检修工(6-07-05-05) …………………………………………… (189)
电气设备安装工(6-23-10-02) ………………………………………………… (306)
电气试验员(6-07-04-12) ……………………………………………………… (188)
电气值班员(6-07-02-07) ……………………………………………………… (186)
电器产品检验工(6-26-01-27) ………………………………………………… (335)
电器计量工(6-26-04-06) ……………………………………………………… (346)
电切削工(6-04-03-01) ………………………………………………………… (133)
电容器制造工(6-08-02-02) …………………………………………………… (198)
电渗析器工(6-05-08-02) ……………………………………………………… (151)
电声乐器制作工(6-22-03-07) ………………………………………………… (300)
电声器件制造工(6-08-02-07) ………………………………………………… (200)
电线电缆与电工材料工程技术人员(2-02-14-03) …………………………… (7)
电线电缆制造工(6-05-04-09) ………………………………………………… (141)
电信业务营业员(3-03-02-01) ………………………………………………… (30)
电影电视场记(2-10-05-02) …………………………………………………… (23)
电影电视导演(2-10-02-01) …………………………………………………… (22)
电影电视片发行人(2-10-05-11) ……………………………………………… (23)
电影电视摄影师(2-10-05-03) ………………………………………………… (23)
电影电视演员(2-10-03-01) …………………………………………………… (22)

电影电视制片(2-10-05-01) …………………………………………………… (23)
电影放映员(6-19-04-01) ……………………………………………………… (284)
电影工程技术人员(2-02-17-03) ……………………………………………… (8)
电影洗印员(6-19-01-06) ……………………………………………………… (281)
电源调试工(6-08-04-10) ……………………………………………………… (208)
电子材料工程技术人员(2-02-11-01) ………………………………………… (6)
电子产品制版工(6-08-02-13) ……………………………………………… (202)
电子出版物编辑(2-12-02-04) ……………………………………………… (25)
电子计算机(微机)调试工(6-08-04-07) …………………………………… (207)
电子计算机(微机)维修工(计算机维修工)(6-08-05-01) ………………… (208)
电子精密机械装调工(6-08-04-06) ………………………………………… (207)
电子绝缘与介质材料制造工(6-03-99-01) ………………………………… (128)
电子器件检验工(6-26-01-33) ……………………………………………… (338)
电子商务师(4-99-00-01)★ ………………………………………………… (48)
电子设备装接工(6-08-04-02) ……………………………………………… (206)
电子仪器仪表装配工(6-05-06-03) ………………………………………… (144)
电子仪器与测量工程技术人员(2-02-11-05) ……………………………… (6)
电子用水制备工(6-08-01-11) ……………………………………………… (197)
电子元器件工程技术人员(2-02-11-02) …………………………………… (6)
电子真空镀膜工(6-08-01-04) ……………………………………………… (194)
电子专用设备装调工(6-05-05-01) ………………………………………… (143)
电阻器制造工(6-08-02-01) ………………………………………………… (198)
淀粉葡萄糖制造工(6-14-03-02) …………………………………………… (252)
雕塑翻制工(6-21-08-02) …………………………………………………… (294)
雕塑家(2-10-06-03) ………………………………………………………… (23)
丁苯橡胶生产工(6-03-08-05) ……………………………………………… (110)
丁腈橡胶生产工(6-03-08-04) ……………………………………………… (110)
动力配煤工(6-01-04-09) …………………………………………………… (72)
动物检疫检验员(5-03-05-03) ……………………………………………… (57)
动物疫病防治员(5-03-05-01) ……………………………………………… (57)
豆制品制作工(6-12-06-06) ………………………………………………… (239)

镀层工(6-04-05-01) …………………………………………………… (134)
锻造工(6-04-02-02) …………………………………………………… (131)
多基火药制造工(6-03-13-03) …………………………………………… (119)
多晶制取工(6-02-07-02) ………………………………………………… (91)
多媒体作品制作员(2-02-13-07)★ ……………………………………… (7)

E

儿科医师(2-05-01-03) ………………………………………………… (16)
儿少和学校卫生医师(2-05-05-07) …………………………………… (18)
耳鼻喉科医师(2-05-01-06) …………………………………………… (16)
二硫化碳制造工(6-03-05-14) ………………………………………… (108)

F

发电厂电动机检修工(6-07-04-05) …………………………………… (188)
发电厂电气设备安装工(6-07-01-06) ………………………………… (184)
发电车乘务员(6-24-02-09) …………………………………………… (309)
发电工程技术人员(2-02-15-01) ……………………………………… (8)
发电机氢冷值班员(6-07-02-09) ……………………………………… (186)
发电机设备安装工(6-07-01-04) ……………………………………… (184)
发酵工程制药工(6-14-02-02) ………………………………………… (248)
法官(2-08-01-00) ……………………………………………………… (20)
法学研究人员(2-01-03-00) …………………………………………… (2)
法医(2-08-05-01) ……………………………………………………… (21)
翻译(2-12-05-00) ……………………………………………………… (25)
防毒器材试验工(6-05-17-03) ………………………………………… (162)
防毒器材装配工(6-05-17-02) ………………………………………… (162)
防腐蚀工(6-03-01-15) ………………………………………………… (100)
防火员(3-02-03-03) …………………………………………………… (27)
防渗墙工(6-23-06-02) ………………………………………………… (303)
防水工(6-23-06-01) …………………………………………………… (303)
纺纱工程技术人员(2-02-27-01) ……………………………………… (12)

纺丝工(6-03-09-03) …………………………………………………… (111)
纺丝凝固浴液配制工(6-03-09-05) …………………………………… (113)
纺织纤维检验工(6-26-01-12) ……………………………………… (325)
纺织针织染色工(6-10-05-08) ……………………………………… (221)
放射科医师(2-05-01-16) …………………………………………… (16)
放射卫生医师(2-05-05-06) ………………………………………… (18)
放射肿瘤科医师(2-05-01-19) ……………………………………… (16)
飞机、发动机附件检验工(6-26-02-05)………………………………… (341)
飞机、发动机附件试验工(6-05-20-05)………………………………… (168)
飞机发动机附件装配工(6-05-19-08) ……………………………… (166)
飞机发动机设计工程技术人员(2-02-09-03) ……………………… (6)
飞机发动机制造工程技术人员(2-02-09-04) ……………………… (6)
飞机复合材料制品工(6-03-16-07) ………………………………… (125)
飞机机械员(2-04-01-02) …………………………………………… (15)
飞机检验工(6-26-02-01) …………………………………………… (340)
飞机军械安装调试工(6-05-19-06) ………………………………… (166)
飞机雷达安装调试工(6-05-19-13) ………………………………… (167)
飞机螺旋桨检验工(6-26-02-04) …………………………………… (341)
飞机螺旋桨试验工(6-05-20-04) …………………………………… (168)
飞机螺旋桨装配工(6-05-19-05) …………………………………… (166)
飞机设计工程技术人员(2-02-09-01) ……………………………… (6)
飞机试验工(6-05-20-01) …………………………………………… (168)
飞机特种设备检测与修理工(6-05-19-14) ………………………… (167)
飞机透明件制造胶接装配工(6-05-19-15) ………………………… (167)
飞机外场调试与维护工(6-05-19-16) ……………………………… (167)
飞机无线电设备安装调试工(6-05-19-12) ………………………… (167)
飞机系统安装调试工(6-05-19-02) ………………………………… (165)
飞机仪表安装试验工(6-05-19-10) ………………………………… (166)
飞机制造工程技术人员(2-02-09-02) ……………………………… (6)
飞机装配工(6-05-19-01) …………………………………………… (164)
飞行驾驶员(2-04-01-01) …………………………………………… (15)

飞行领航员(2-04-01-03) …………………………………………………… (15)
飞行通信员(2-04-01-04) …………………………………………………… (15)
非金属矿及制品工程技术人员(2-02-22-02) ……………………………… (10)
废胶再生工(6-09-01-06) …………………………………………………… (210)
废旧物资回收挑选工(4-01-05-01) ………………………………………… (34)
废旧物资加工工(4-01-05-02) ……………………………………………… (34)
废片、白银回收工(6-03-12-05)……………………………………………… (117)
废气处理工(6-25-03-03) …………………………………………………… (319)
废水处理工(6-25-03-02) …………………………………………………… (319)
分析仪器仪表装配工(6-05-06-05) ………………………………………… (145)
酚醛树脂生产工(6-03-07-06) ……………………………………………… (109)
粉末冶金制造工(6-04-02-07) ……………………………………………… (133)
风景园林工程技术人员(2-02-21-04) ……………………………………… (10)
蜂产品加工工(5-03-03-02) ………………………………………………… (57)
缝纫工(6-11-01-02) ………………………………………………………… (226)
缝纫机制造装配工(6-05-10-05) …………………………………………… (156)
缝纫品整型工(6-11-01-03) ………………………………………………… (227)
缝纫制品充填处理工(6-11-04-01) ………………………………………… (229)
服装模特(4-01-02-03) ……………………………………………………… (33)
服装设计人员(2-10-07-05) ………………………………………………… (24)
服装水洗工(6-11-04-03) …………………………………………………… (229)
服装鞋帽检验工(6-26-01-15) ……………………………………………… (328)
氟化盐生产工(6-03-05-07) ………………………………………………… (107)
浮选工(6-01-04-03) ………………………………………………………… (71)
抚育采伐工(5-02-01-03) …………………………………………………… (52)
妇产科医师(2-05-01-04) …………………………………………………… (16)
妇女联合会负责人(1-03-02-03) …………………………………………… (1)
妇幼保健医师(2-05-01-22) ………………………………………………… (16)
复合固体发动机装药工(6-03-16-06) ……………………………………… (125)
复合固体推进剂成型工(6-03-16-05) ……………………………………… (125)
复合磷肥生产工(6-03-04-07) ……………………………………………… (105)

G

钙镁磷肥生产工(6-03-04-08) …………………………………… (105)
干燥工(6-03-01-12) …………………………………………………… (100)
甘油工(6-03-17-02) …………………………………………………… (126)
感光材料检验工(6-26-01-20) …………………………………… (329)
感光材料试验工(6-03-12-03) …………………………………… (116)
感光材料制造工(6-03-12-02) …………………………………… (116)
感光鼓涂敷工(6-03-12-09) ……………………………………… (118)
钢筋工(6-23-04-01) …………………………………………………… (302)
钢琴及键盘乐器制作工(6-22-03-01) ………………………… (298)
钢丝绳制造工(6-02-08-11) ……………………………………… (95)
港口客运员(4-05-04-02) ………………………………………… (42)
港口维护工(6-24-04-06) ………………………………………… (314)
港口与航道工程技术人员(2-02-21-06) ……………………… (10)
高等教育教师(2-09-01-00) ……………………………………… (21)
高等学校校长(1-04-01-01) ……………………………………… (1)
高低压电器装配工(6-05-04-06) ……………………………… (141)
高分子防水卷材生产工(6-17-03-02) ………………………… (266)
高岭土制品工(6-17-06-03) ……………………………………… (268)
高炉炉前工(6-02-01-06) ………………………………………… (77)
高炉原料工(6-02-01-05) ………………………………………… (77)
高炉运转工(6-02-01-07) ………………………………………… (78)
高频等离子工(6-03-05-10) ……………………………………… (108)
高频电感器件制造工(6-08-02-10) …………………………… (201)
高压线路带电检修工(6-07-04-09) …………………………… (188)
高压线路架设工(6-07-01-08) …………………………………… (185)
糕点、面包烘焙工(6-12-06-01)…………………………………… (238)
糕点装饰工(6-12-06-02) ………………………………………… (239)
歌唱演员(2-10-03-06) …………………………………………… (22)
工程测量工(6-01-02-04) ………………………………………… (67)

工程测量工程技术人员(2-02-02-02) …………………………………………………… (3)
工会负责人(1-03-02-01) ………………………………………………………………… (1)
工具钳工(6-05-02-02) …………………………………………………………………… (138)
工具五金制作工(6-05-11-01) ………………………………………………………… (156)
工业气体液化工(6-03-05-12) ………………………………………………………… (108)
工业型煤工(6-01-04-10) ……………………………………………………………… (72)
工业自动化仪器仪表与装置修理工(6-06-02-01) ………………………………… (180)
工业自动化仪器仪表与装置装配工(6-05-06-07) ………………………………… (146)
工艺画制作工(6-21-99-03) …………………………………………………………… (295)
工艺品雕刻工(6-21-07-01) …………………………………………………………… (293)
工艺染织制作工(6-10-05-14) ………………………………………………………… (226)
公共游览场所服务员(4-04-02-02) ………………………………………………… (39)
公关员(3-01-02-02) ……………………………………………………………………… (26)
公路收费及监控员(4-05-01-04) …………………………………………………… (40)
公卫检验技师(2-05-07-05) …………………………………………………………… (18)
公证员(2-08-04-00) ……………………………………………………………………… (21)
功能膜工(6-05-08-01) …………………………………………………………………… (151)
供水供应工(4-07-03-02) ……………………………………………………………… (44)
供水生产工(4-07-03-01) ……………………………………………………………… (44)
供应室护士(2-05-08-05) ……………………………………………………………… (19)
供用电工程技术人员(2-02-15-03) ………………………………………………… (8)
古建琉璃工(6-18-04-06) ……………………………………………………………… (279)
古建筑结构施工工(6-23-08-01) …………………………………………………… (303)
古建筑装饰工(6-23-08-02) …………………………………………………………… (304)
古旧书画修复工(6-19-05-04) ………………………………………………………… (285)
固井工(6-01-05-03) ……………………………………………………………………… (73)
固体废物处理工(6-25-03-01) ………………………………………………………… (319)
固体废物监测工(6-25-01-06) ………………………………………………………… (318)
固体火箭发动机检测工(6-05-22-04) ……………………………………………… (172)
固体火箭发动机试验工(6-05-22-03) ……………………………………………… (171)
固体火箭发动机装配工(6-05-22-02) ……………………………………………… (171)

固体推进剂性能试验工(6-26-03-07) …………………………… (344)
挂杆复烤工(6-13-01-03) …………………………………… (241)
观赏动物饲养工(4-04-02-08) ………………………………… (39)
管道检验工(6-26-01-36) …………………………………… (339)
管工(6-23-10-03) ………………………………………… (307)
管理科学研究人员(2-01-09-00) ……………………………… (3)
管乐器制作工(6-22-03-03) ………………………………… (299)
惯性器件装配工(6-05-21-01) ……………………………… (169)
灌溉试验工(5-05-02-04) …………………………………… (63)
灌排工程工(5-05-02-01) …………………………………… (63)
灌区供水工(5-05-02-03) …………………………………… (63)
光电火控工程技术人员(2-02-08-05) ………………………… (6)
光电仪器仪表装调工(6-05-06-04) …………………………… (144)
光盘复制工(6-19-02-04) …………………………………… (283)
光学计量工(6-26-04-09) …………………………………… (347)
广播电视编播工程技术人员(2-02-17-01) …………………… (8)
广播电视传输覆盖工程技术人员(2-02-17-02) ……………… (8)
广播电视天线工(6-19-03-03) ……………………………… (283)
广播视听设备工程技术人员(2-02-11-04) …………………… (6)
广播影视设备检验工(6-26-01-31) ………………………… (338)
广告设计人员(2-10-07-08) ………………………………… (24)
硅酸盐工程技术人员(2-02-22-01) ………………………… (10)
硅冶炼工(6-02-05-04) ……………………………………… (87)
贵金属首饰、钻石、宝玉石检验员(6-26-01-35) …………… (339)
贵金属首饰机制工(6-21-01-03) …………………………… (290)
贵金属首饰手工制作工(6-21-01-02) ……………………… (290)
贵金属冶炼工(6-02-06-05) ………………………………… (91)
锅炉本体设备检修工(6-07-04-01) ………………………… (187)
锅炉操作工(4-07-03-04) …………………………………… (44)
锅炉辅机值班员(6-07-02-04) ……………………………… (186)
锅炉附属设备检修工(6-07-04-02) ………………………… (187)

锅炉设备安装工(6-07-01-02) …………………………………………………… (184)
锅炉设备装配工(6-05-03-03) …………………………………………………… (139)
锅炉运行值班员(6-07-02-03) …………………………………………………… (186)
国际商务人员(2-06-05-00) ……………………………………………………… (19)
国家权力机关及其工作机构负责人(1-02-01-00) ………………………… (1)
国家行政机关及其工作机构负责人(1-02-05-00) ………………………… (1)
果、茶、桑园艺工(5-01-03-03) …………………………………………………… (49)
果类产品加工工(5-01-06-02) …………………………………………………… (51)
果露酒酿造工(6-12-04-04) ……………………………………………………… (235)
过磷酸钙生产工(6-03-04-06) …………………………………………………… (104)
过滤工(6-03-01-04) ………………………………………………………………… (99)

H

海上救助打捞工程技术人员(2-02-18-04) ………………………………… (8)
海盐采收工(6-01-07-02) ………………………………………………………… (75)
海盐晒制工(6-01-07-01) ………………………………………………………… (75)
海洋测绘工程技术人员(2-02-02-05) ……………………………………… (4)
海洋地质取样工(6-01-01-06) …………………………………………………… (65)
海洋调查与监测工(6-25-02-01) ……………………………………………… (318)
海洋调查与监测工程技术人员(2-02-25-01) …………………………… (11)
海洋浮标工(6-25-02-02) ………………………………………………………… (318)
海洋工程勘察设计工程技术人员(2-02-25-04) ………………………… (12)
海洋环境预报工程技术人员(2-02-25-02) ……………………………… (11)
海洋水文气象观测员(6-25-02-03) …………………………………………… (318)
海洋土质试验工(6-01-01-07) …………………………………………………… (65)
海洋资源开发利用和保护工程技术人员(2-02-25-03) ……………… (11)
海藻食品加工工(5-04-03-09) …………………………………………………… (62)
海藻制醇工(5-04-03-07) ………………………………………………………… (62)
海藻制碘工(5-04-03-06) ………………………………………………………… (62)
海藻制胶工(5-04-03-08) ………………………………………………………… (62)
含水炸药制造工(6-03-14-04) …………………………………………………… (120)

焊工(6-04-02-05) …………………………………………………… (132)
焊管工(6-02-08-06) …………………………………………………… (94)
航道航务施工工(6-24-04-07) ………………………………………… (315)
航空电机电器试验设备调试工(6-05-20-08) ………………………… (169)
航空电气安装调试工(6-05-19-07) ………………………………… (166)
航空发动机检验工(6-26-02-03) …………………………………… (341)
航空发动机试车工(6-05-20-03) …………………………………… (168)
航空发动机装配工(6-05-19-04) …………………………………… (165)
航空环控救生装备检验工(6-26-02-06) …………………………… (341)
航空环控救生装备试验工(6-05-20-06) …………………………… (168)
航空气象员(6-24-03-05) ………………………………………… (312)
航空器材员(6-24-03-04) ………………………………………… (312)
航空摄影员(6-24-03-03) ………………………………………… (312)
航空通信雷达导航员(6-24-03-01) ………………………………… (310)
航空仪表检验工(6-26-02-07) …………………………………… (341)
航空仪表试验工(6-05-20-07) …………………………………… (169)
航空仪表装配工(6-05-19-09) …………………………………… (166)
航空油料员(6-24-03-02) ………………………………………… (311)
航空运输地面服务员(4-05-03-02) ………………………………… (42)
航空运输飞行服务员(4-05-03-01) ………………………………… (42)
航空运输工程技术人员(2-02-19-04) ……………………………… (9)
航空装配平衡工(6-05-19-11) …………………………………… (166)
航天工程技术人员(2-02-10-00) …………………………………… (6)
航天器材料性能测试试验工(6-26-03-02) ………………………… (342)
航天器环境试验工(6-05-23-01) …………………………………… (172)
航天器件高温处理工(6-04-07-03) ………………………………… (136)
航天器结构高低温环境试验工(6-05-23-03) ……………………… (173)
航天器结构强度环境试验工(6-05-23-02) ………………………… (172)
航天器无损检测试验工(6-26-03-01) ……………………………… (342)
航天器系统试验工(6-05-23-05) …………………………………… (173)
航天器引信装配工(6-05-21-04) …………………………………… (170)

航行航空工程技术人员(2-02-19-02) …………………………………… (9)
合成氨生产工(6-03-04-01) …………………………………………… (103)
合成革制造工(6-03-10-01) …………………………………………… (114)
合成洗涤剂制造工(6-03-17-05) ……………………………………… (126)
河道修防工(5-05-01-01) ……………………………………………… (62)
核医学医师(2-05-01-17) ……………………………………………… (16)
黑火药制造工(6-03-13-04) …………………………………………… (119)
横机工(6-10-04-03) …………………………………………………… (218)
衡器计量工(6-26-04-03) ……………………………………………… (345)
湖盐采掘工(6-01-07-03) ……………………………………………… (75)
湖盐脱水工(6-01-07-04) ……………………………………………… (75)
护林员(5-02-02-01) …………………………………………………… (52)
花卉园艺工(5-01-03-02) ……………………………………………… (49)
化工工艺试验工(6-03-01-16) ………………………………………… (101)
化工设计工程技术人员(2-02-06-02) ………………………………… (5)
化工生产工程技术人员(2-02-06-03) ………………………………… (5)
化工实验工程技术人员(2-02-06-01) ………………………………… (5)
化工添加剂制造工(6-03-11-13) ……………………………………… (115)
化工原料准备工(6-03-01-01) ………………………………………… (99)
化工总控工(6-03-01-17) ……………………………………………… (101)
化纤纺丝精密组件工(6-03-09-07) …………………………………… (113)
化纤后处理工(6-03-09-04) …………………………………………… (112)
化纤聚合工(6-03-09-01) ……………………………………………… (110)
化学合成制药工(6-14-01-01) ………………………………………… (245)
化学计量工(6-26-04-07) ……………………………………………… (346)
化学检验工(6-26-01-01) ……………………………………………… (320)
化学试剂制造工(6-03-11-12) ………………………………………… (115)
化学研究人员(2-01-12-00) …………………………………………… (3)
化妆品配制工(6-03-17-08) …………………………………………… (127)
化妆师(2-10-05-08) …………………………………………………… (23)
画家(2-10-06-01) ……………………………………………………… (23)

话务员(3-03-02-02) …………………………………………………………(30)
环境辐射监测工(6-25-01-07) ……………………………………………(318)
环境监测工程技术人员(2-02-31-02) ……………………………………(13)
环境生物监测工(6-25-01-04) ……………………………………………(318)
环境损害控制工程技术人员(2-02-31-01) ………………………………(13)
环境卫生医师(2-05-05-03) ………………………………………………(18)
环境污染治理工程技术人员(2-02-31-03) ………………………………(13)
环境噪声及振动监测工(6-25-01-05) ……………………………………(318)
环烃生产工(6-03-06-02) …………………………………………………(109)
环氧树脂生产工(6-03-07-07) ……………………………………………(109)
换流站值班员(6-07-03-04) ………………………………………………(187)
黄酒酿造工(6-12-04-03) …………………………………………………(235)
绘图仪器制作工(6-22-01-04) ……………………………………………(295)
混合火药制造工(6-03-13-05) ……………………………………………(119)
混合炸药制造工(6-03-14-02) ……………………………………………(120)
混凝土工(6-23-03-01) ……………………………………………………(302)
混凝土搅拌机械操作工(6-23-03-03) ……………………………………(302)
混凝土维修工(5-05-01-02) ………………………………………………(62)
混凝土制品模具工(6-23-03-02) …………………………………………(302)
活性炭生产工(6-03-15-03) ………………………………………………(121)
火柴制造工(6-03-17-12) …………………………………………………(128)
火法冶炼工(6-02-04-03) …………………………………………………(82)
火工品管理工(6-01-03-13) ………………………………………………(70)
火工品装配工(6-05-16-03) ………………………………………………(161)
火工装药工(6-05-14-03) …………………………………………………(161)
火箭发动机介质试验工(6-05-23-04) ……………………………………(173)
火炮枪械工程技术人员(2-02-08-02) ……………………………………(5)
火炮随动系统装试工(6-05-13-03) ………………………………………(160)
火炮随动系统装试检验工(6-05-13-04) …………………………………(160)
火炮膛线制作工(6-05-13-05) ……………………………………………(160)
火炮装试工(6-05-13-01) …………………………………………………(160)

火炮装试检验工(6-05-13-02) …………………………………………… (160)
火灾瞭望观察员(3-02-03-05) …………………………………………… (28)
火炸药工程技术人员(2-02-08-04) ……………………………………… (6)

J

机泵操作人员(6-99-02-00) ……………………………………………… (348)
机场工程技术人员(2-02-21-07) ………………………………………… (10)
机车乘务员(6-24-02-07) ………………………………………………… (309)
机车调度员(6-24-02-08) ………………………………………………… (309)
机车整备员(6-24-02-10) ………………………………………………… (309)
机动车检验工(6-26-01-26) ……………………………………………… (334)
机械产品检验工(6-26-01-24) …………………………………………… (331)
机械木工(6-15-03-02) …………………………………………………… (261)
机械设备安装工(6-23-10-01) …………………………………………… (306)
机械设计工程技术人员(2-02-07-01) …………………………………… (5)
机械制造工程技术人员(2-02-07-02) …………………………………… (5)
机修钳工(6-06-01-01) …………………………………………………… (175)
机绣工(6-21-05-01) ……………………………………………………… (292)
机载导弹检验工(6-26-02-02) …………………………………………… (340)
机载导弹例行试验工(6-05-20-02) ……………………………………… (168)
机载导弹装配工(6-05-19-03) …………………………………………… (165)
机制地毯制作工(6-21-02-02) …………………………………………… (291)
基础件装配工(6-05-01-01) ……………………………………………… (137)
基因工程产品工(6-14-02-05) …………………………………………… (249)
激光机装调工(6-08-04-11) ……………………………………………… (208)
激光全息工(6-08-04-12) ………………………………………………… (208)
急诊护士(2-05-08-03) …………………………………………………… (19)
急诊科医师(2-05-01-12) ………………………………………………… (16)
集材作业工(5-02-04-02) ………………………………………………… (55)
集控值班员(6-07-02-08) ………………………………………………… (186)
集邮业务员(3-03-01-06) ………………………………………………… (30)

计量工程技术人员(2-02-33-02) …………………………………………… (13)
计时仪器仪表装配工(6-05-06-06) ……………………………………… (146)
计算机操作员(3-01-02-05) ……………………………………………… (26)
计算机程序设计员(2-02-13-06)★ ……………………………………… (7)
计算机检验工(6-26-01-32) ……………………………………………… (338)
计算机软件技术人员(2-02-13-02) ……………………………………… (7)
计算机网络管理员(2-02-13-05)★ ……………………………………… (7)
计算机网络技术人员(2-02-13-03) ……………………………………… (7)
计算机系统分析技术人员(2-02-13-04) ………………………………… (7)
计算机硬件技术人员(2-02-13-01) ……………………………………… (7)
技术编辑(2-12-02-03) …………………………………………………… (25)
继电保护员(6-07-04-13) ………………………………………………… (188)
加工中心操作工(6-04-01-08) …………………………………………… (130)
加气混凝土制品工(6-17-02-02) ………………………………………… (265)
加湿软麻工(6-10-01-04) ………………………………………………… (214)
家禽繁殖工(5-03-02-02) ………………………………………………… (56)
家禽饲养工(5-03-02-01) ………………………………………………… (56)
家庭服务员(家政服务员)(4-07-12-02) ………………………………… (46)
家畜繁殖工(5-03-01-02) ………………………………………………… (56)
家畜饲养工(5-03-01-01) ………………………………………………… (55)
家用电器产品维修工(4-07-10-02) ……………………………………… (46)
家用电子产品维修工(4-07-10-01) ……………………………………… (46)
甲板部技术人员(2-04-02-01) …………………………………………… (15)
架子工(6-23-05-01) ……………………………………………………… (303)
假山工(4-04-02-06) ……………………………………………………… (39)
假肢制作装配工(6-05-09-02) …………………………………………… (153)
剪辑师(2-10-05-06) ……………………………………………………… (23)
剪切工(6-04-02-04) ……………………………………………………… (132)
检察官(2-08-02-00) ……………………………………………………… (21)
简单体力劳动人员(6-99-03-00) ………………………………………… (349)
碱性蓄电池制造工(6-08-03-02) ………………………………………… (204)

建(构)筑物防治工(5-05-01-05) …………………………………………………… (63)
建(构)筑物消防员(3-02-03-04) …………………………………………………… (28)
建筑设计工程技术人员(2-02-21-02) ……………………………………………… (9)
建筑五金制品制作工(6-05-11-02) ………………………………………………… (157)
剑麻生产工(5-01-04-02) …………………………………………………………… (50)
健身器材制作工(6-22-02-03) ……………………………………………………… (298)
鉴定估价师(4-01-04-01) …………………………………………………………… (34)
浆纱工(6-10-03-02) ………………………………………………………………… (216)
酱腌菜制作工(6-12-05-05) ………………………………………………………… (237)
酱油酱类制作工(6-12-05-03) ……………………………………………………… (237)
胶合板工(6-15-02-01) ……………………………………………………………… (256)
胶制服装上胶工(6-11-04-02) ……………………………………………………… (229)
焦化工程技术人员(2-02-05-03) …………………………………………………… (4)
焦炉调温工(6-03-03-02) …………………………………………………………… (102)
焦炉机车司机(6-03-03-03) ………………………………………………………… (102)
矫形器制作装配工(6-05-09-03) …………………………………………………… (153)
校对员(2-12-03-00) ………………………………………………………………… (25)
教练员(2-11-01-01) ………………………………………………………………… (24)
教育科学研究人员(2-01-05-00) …………………………………………………… (2)
接插件制造工(6-08-02-11) ………………………………………………………… (202)
节目主持人员(2-12-04-02) ………………………………………………………… (25)
结晶工(6-03-01-13) ………………………………………………………………… (100)
金刚石制品工(6-17-06-04) ………………………………………………………… (269)
金融守押员(3-02-02-03) …………………………………………………………… (27)
金属、塑料、木制玩具装配工(6-21-03-01) ……………………………………… (291)
金属摆件工(6-21-06-02) …………………………………………………………… (293)
金属材料工程技术人员(2-02-05-04) ……………………………………………… (4)
金属材热处理工(6-02-08-05) ……………………………………………………… (94)
金属材丝拉拔工(6-02-08-08) ……………………………………………………… (95)
金属材涂层工(6-02-08-04) ………………………………………………………… (93)
金属挤压工(6-02-08-09) …………………………………………………………… (95)

金属热处理工(6-04-02-06) ……………………………………………… (133)
金属软管、波纹管工(6-04-07-01)………………………………………… (136)
金属轧制工(6-02-08-02) ……………………………………………… (92)
经编工(6-10-04-02) ……………………………………………………… (218)
经济计划人员(2-06-01-00) ……………………………………………… (19)
经济林和林特产品加工工程技术人员(2-02-23-09) …………………… (11)
经济学研究人员(2-01-02-00) …………………………………………… (2)
精密仪器仪表修理工(6-06-02-03) ……………………………………… (180)
精神科医师(2-05-01-09) ………………………………………………… (16)
精算师(2-07-02-01) ……………………………………………………… (20)
精细木工(6-15-03-03) …………………………………………………… (262)
精整工(6-02-08-07) ……………………………………………………… (94)
精制盐工(6-01-07-11) …………………………………………………… (76)
井架安装工(6-01-05-01) ………………………………………………… (73)
井矿盐采卤工(6-01-07-06) ……………………………………………… (76)
井矿盐卤水净化工(6-01-07-07) ………………………………………… (76)
井筒冻结工(6-01-03-03) ………………………………………………… (68)
井下采矿工(6-01-03-05) ………………………………………………… (68)
井下作业工(6-01-06-04) ………………………………………………… (74)
景泰蓝制作工(6-21-06-01) ……………………………………………… (293)
静电复印机消耗材料制造工(6-22-01-05) ……………………………… (295)
酒精制造工(6-12-04-05) ………………………………………………… (236)
救援机械操作员(6-24-02-11) …………………………………………… (310)
剧装工(6-11-01-05) ……………………………………………………… (227)
剧作家(2-10-01-03) ……………………………………………………… (21)
锯床工(6-04-01-13) ……………………………………………………… (131)
聚苯乙烯生产工(6-03-07-03) …………………………………………… (109)
聚丙烯生产工(6-03-07-02) ……………………………………………… (109)
聚丁二烯生产工(6-03-07-04) …………………………………………… (109)
聚氯乙烯生产工(6-03-07-05) …………………………………………… (109)
聚乙烯生产工(6-03-07-01) ……………………………………………… (109)

卷烟卷接工(6-13-02-05) …………………………………………………………(244)
绢纺精炼工(6-10-01-09) …………………………………………………………(215)
绝缘处理浸渍工(6-05-04-04) ……………………………………………………(140)
绝缘制品件装配工(6-05-04-02) …………………………………………………(140)
军人(7-00-00-00) ………………………………………………………………(349)
菌类园艺工(5-01-03-04) …………………………………………………………(49)

K

开清棉工(6-10-01-02) ……………………………………………………………(213)
康复科医师(2-05-01-13) …………………………………………………………(16)
康乐服务员(4-04-03-03) …………………………………………………………(39)
考古发掘工(6-19-05-01) …………………………………………………………(284)
考古工作者(2-12-07-01) …………………………………………………………(25)
拷贝检片员(6-19-04-02) …………………………………………………………(284)
拷贝字幕员(6-19-04-03) …………………………………………………………(284)
栲胶生产工(6-03-15-04) …………………………………………………………(121)
珂罗版印刷工(6-20-02-06) ………………………………………………………(288)
科研单位负责人(1-04-03-00) ……………………………………………………(2)
刻制印章工(4-07-09-01) …………………………………………………………(45)
客房服务员(4-04-01-02) …………………………………………………………(39)
坑探工(6-01-01-02) ………………………………………………………………(65)
空调机装配工(6-05-10-01) ………………………………………………………(154)
空间环境模拟光学装测工(6-05-23-06) …………………………………………(174)
空间环境模拟温度试验工(6-05-23-07) …………………………………………(174)
空间环境模拟真空试验工(6-05-23-08) …………………………………………(174)
孔版印刷工(6-20-02-04) …………………………………………………………(287)
孔版制版工(6-20-01-04) …………………………………………………………(287)
口腔科医师(2-05-01-07) …………………………………………………………(16)
苦卤综合利用工(6-01-07-10) ……………………………………………………(76)
会计人员(2-06-03-00) ……………………………………………………………(19)
矿灯、自救器管理工(6-01-03-12) …………………………………………………(70)

矿井机车运输工(6-01-03-08) ……………………………………………(69)
矿井开掘工(6-01-03-04) ………………………………………………………(68)
矿井通风工(6-01-03-09) ………………………………………………………(69)
矿山安全监测工(6-01-03-10) ……………………………………………(69)
矿山检查验收工(6-01-03-11) ……………………………………………(70)
矿山救护工(6-01-03-14) ………………………………………………………(71)
矿山提升机操作工(6-01-03-07) ………………………………………(69)
矿物开采辅助工(6-01-03-15) ……………………………………………(71)

L

垃圾清运工(4-07-13-01) ………………………………………………………(47)
拉床工(6-04-01-12) ……………………………………………………………(130)
劳动(职业)卫生医师(2-05-05-05) ………………………………………(18)
雷达调试工(6-08-04-05) ………………………………………………………(207)
雷达系统工程技术人员(2-02-11-03) …………………………………(6)
雷达装配工(6-08-04-04) ………………………………………………………(207)
雷管制造工(6-05-16-01) ………………………………………………………(161)
冷藏工(4-02-01-05) ……………………………………………………………(36)
冷冻提硝工(6-01-07-09) ………………………………………………………(76)
冷食品制作工(6-12-03-03) …………………………………………………(233)
冷作钣金工(6-04-04-01) ………………………………………………………(134)
理货员(4-02-01-02) ……………………………………………………………(36)
锂冶炼工(6-02-06-06) …………………………………………………………(91)
力学仪器仪表装配工(6-05-06-02) ………………………………………(144)
历史学研究人员(2-01-08-00) ……………………………………………(3)
联合收割机驾驶员(5-99-01-02) …………………………………………(64)
炼钢浇铸工(6-02-02-05) ………………………………………………………(79)
炼钢原料工(6-02-02-01) ………………………………………………………(78)
炼钢准备工(6-02-02-06) ………………………………………………………(79)
粮油管理员(4-01-06-01) ………………………………………………………(35)
列车运转乘务员(6-24-02-06) ……………………………………………(309)

列车轴温检测员(6-24-02-12) …………………………………………(310)
林木种苗工(5-02-01-01) ……………………………………………………(52)
林业生态环境工程技术人员(2-02-23-01) ……………………………(10)
临床检验技师(2-05-07-04) …………………………………………(18)
磷酸生产工(6-03-05-04) ……………………………………………(106)
流行病学医师(2-05-05-01) …………………………………………(18)
硫酸铵生产工(6-03-04-05) …………………………………………(104)
硫酸生产工(6-03-05-01) ……………………………………………(105)
露天采矿挖掘机司机(6-01-03-01) …………………………………(67)
录音师(2-10-05-05) ……………………………………………………(23)
滤棒工(6-13-03-03) ……………………………………………………(244)
滤毒材料制造工(6-05-17-01) ………………………………………(162)
旅店服务员(4-04-01-03) ……………………………………………(39)
旅客列车乘务员(4-05-02-01) ………………………………………(41)
铝电解工(6-02-05-02) …………………………………………………(86)
铝制品制作工(6-05-11-04) …………………………………………(158)
律师(2-08-03-00) ………………………………………………………(21)
氯丁橡胶生产工(6-03-08-06) ………………………………………(110)
氯化钾生产工(6-03-04-09) …………………………………………(105)
轮机部技术人员(2-04-02-02) ………………………………………(15)
螺丝纹挤形工(6-04-01-10) …………………………………………(130)

M

麻醉技师(2-05-07-02) …………………………………………………(18)
麻醉科医师(2-05-01-14) ……………………………………………(16)
盲文印制工(6-20-02-07) ……………………………………………(288)
毛笔制作工(6-22-01-06) ……………………………………………(295)
毛皮加工工(6-11-03-02) ……………………………………………(228)
煤制气工(6-03-03-04) …………………………………………………(103)
酶制剂制造工(6-12-05-01) …………………………………………(236)
美发师(4-07-04-02) ……………………………………………………(44)

美工师(2-10-05-07) …………………………………………………………(23)
美容师(4-07-04-01) …………………………………………………………(44)
美术编辑(2-12-02-02) ………………………………………………………(25)
镁冶炼工(6-02-05-03) ………………………………………………………(87)
门诊护士(2-05-08-02) ………………………………………………………(19)
米面主食制作工(6-12-06-03) ………………………………………………(239)
秘书(3-01-02-01) ……………………………………………………………(26)
蜜蜂饲养工(5-03-03-01) ……………………………………………………(56)
棉花加工工(5-01-06-01) ……………………………………………………(51)
棉花检验员(6-26-01-37)★ …………………………………………………(340)
灭火员(3-02-03-01) …………………………………………………………(27)
民间工艺品制作工(6-21-99-01) ……………………………………………(294)
民用航空器维护人员(6-06-03-01) …………………………………………(181)
民用航空器修理人员(6-06-03-02) …………………………………………(182)
民用航空维修与适航专业技术人员(2-02-19-01) …………………………(9)
民主党派负责人(1-03-01-00) ………………………………………………(1)
民族拉弦、弹拨乐器制作工(6-22-03-04) …………………………………(300)
民族医师(2-05-04-00) ………………………………………………………(18)
民族乐器演奏员(2-10-04-01) ………………………………………………(22)
摩托车装配工(6-05-07-08) …………………………………………………(149)
磨工(6-04-01-04) ……………………………………………………………(129)
磨具制造工(6-04-06-02) ……………………………………………………(136)
磨矿工(6-01-04-07) …………………………………………………………(72)
磨料制造工(6-04-06-01) ……………………………………………………(135)
磨片工(6-01-01-09) …………………………………………………………(65)
墨水制造工(6-22-01-02) ……………………………………………………(295)
墨汁制造工(6-22-01-03) ……………………………………………………(295)
墨制作工(6-22-01-01) ………………………………………………………(295)
木材采伐工(5-02-04-01) ……………………………………………………(55)
木材干燥工(6-15-01-02) ……………………………………………………(255)
木材及家具检验工(6-26-01-16) ……………………………………………(328)

木材水解工(6-03-15-07) ……………………………………………… (122)
木材水运工(5-02-04-03) ……………………………………………… (55)
木刻水印印刷工(6-20-02-05) ………………………………………… (288)
木偶戏演员(2-10-03-08) ……………………………………………… (22)
木、竹材加工工程技术人员(2-02-23-07)…………………………… (11)
牧草工(5-03-06-02) …………………………………………………… (58)
墓地管理员(4-07-14-06) ……………………………………………… (47)

N

内科医师(2-05-01-01) ………………………………………………… (15)
内燃机装配工(6-05-03-02) …………………………………………… (139)
耐火材料成型工(6-17-07-02) ………………………………………… (269)
耐火材料工程技术人员(2-02-05-05) ………………………………… (4)
耐火材料烧成工(6-17-07-03) ………………………………………… (269)
耐火纤维制品工(6-17-07-05) ………………………………………… (270)
耐火原料加工工(6-17-07-01) ………………………………………… (269)
耐火制品浸油工(6-17-07-04) ………………………………………… (270)
捻线工(6-10-02-03) …………………………………………………… (216)
尿素生产工(6-03-04-02) ……………………………………………… (104)
柠檬酸制造工(6-12-05-02) …………………………………………… (237)
牛羊屠宰加工工(6-12-07-02) ………………………………………… (240)
农村节能员(5-99-02-02) ……………………………………………… (64)
农情测报员(5-01-02-02) ……………………………………………… (48)
农药生物测试试验工(6-03-11-02) …………………………………… (114)
农业科学研究人员(2-01-16-00) ……………………………………… (3)
农业实验工(5-01-02-01) ……………………………………………… (48)
农艺工(5-01-01-01) …………………………………………………… (48)
农用太阳能设施工(5-99-02-03) ……………………………………… (64)
农用运输车驾驶员(5-99-01-03) ……………………………………… (64)
农作物植保工(5-01-01-04) …………………………………………… (48)

P

拍卖师(4-01-04-02) …………………………………………… (34)
抛磨光工(6-04-01-11) ………………………………………… (130)
炮弹装配工(6-05-14-01) ……………………………………… (160)
盆景工(4-04-02-05) …………………………………………… (39)
膨胀烟丝工(6-13-02-02) ……………………………………… (243)
坯布检查处理工(6-10-05-01) ………………………………… (219)
劈岩与保管工(6-01-01-11) …………………………………… (65)
皮肤科医师(2-05-01-08) ……………………………………… (16)
皮革加工工(6-11-03-01) ……………………………………… (228)
皮影戏木偶戏作家(2-10-01-07) ……………………………… (22)
皮影戏演员(2-10-03-07) ……………………………………… (22)
啤酒花生产工(5-01-01-02) …………………………………… (48)
啤酒酿造工(6-12-04-02) ……………………………………… (234)
片基制造工(6-03-12-01) ……………………………………… (115)
平版印刷工(6-20-02-01) ……………………………………… (287)
平版制版工(6-20-01-01) ……………………………………… (285)
平炉炼钢工(6-02-02-02) ……………………………………… (78)
平台水手(6-01-05-04) ………………………………………… (73)
评茶员(6-26-01-38)★ ………………………………………… (340)
普通工业工程技术人员(2-02-34-01) ………………………… (13)

Q

漆器镶嵌工(6-21-04-03) ……………………………………… (292)
漆器制胎工(6-21-04-01) ……………………………………… (291)
其他安全保卫和消防人员(3-02-99-00) ……………………… (28)
其他靶场试验人员(6-05-24-99) ……………………………… (175)
其他办公设备维修人员(4-07-11-99) ………………………… (46)
其他办事人员和有关人员(3-99-00-00) ……………………… (32)
其他半导体材料制备人员(6-02-07-99) ……………………… (92)

其他保管人员(4-02-01-99) …………………………………………………… (36)
其他保险业务人员(2-07-02-99) …………………………………………… (20)
其他保育、家庭服务人员(4-07-12-99)……………………………………… (46)
其他编导和音乐指挥人员(2-10-02-99) …………………………………… (22)
其他编辑(2-12-02-99) ………………………………………………………… (25)
其他标准化、计量、质量工程技术人员(2-02-33-99) ……………………… (13)
其他殡葬服务人员(4-07-14-99) …………………………………………… (47)
其他兵器工程技术人员(2-02-08-99) ……………………………………… (6)
其他玻璃、陶瓷、搪瓷及其制品生产加工人员(6-18-99-00) ……………… (280)
其他玻璃熔制人员(6-18-01-99) …………………………………………… (275)
其他玻璃纤维及制品生产人员(6-18-02-99) ……………………………… (276)
其他播音员及节目主持人(2-12-04-99) …………………………………… (25)
其他裁剪缝纫和皮革、毛皮制品加工制作人员(6-11-99-00)……………… (229)
其他裁剪缝纫人员(6-11-01-99) …………………………………………… (227)
其他采购人员(4-01-03-99) ………………………………………………… (34)
其他餐厅服务人员(4-03-05-99) …………………………………………… (38)
其他餐饮服务人员(4-03-99-00) …………………………………………… (38)
其他仓储人员(4-02-99-00) ………………………………………………… (37)
其他草业生产人员(5-03-06-99) …………………………………………… (58)
其他测绘工程技术人员(2-02-02-99) ……………………………………… (4)
其他测绘人员(6-01-02-99) ………………………………………………… (67)
其他抽纱刺绣工艺品制作人员(6-21-05-99) ……………………………… (293)
其他储运人员(4-02-02-99) ………………………………………………… (37)
其他船舶指挥和引航人员(2-04-02-99) …………………………………… (15)
其他船舶制造人员(6-05-18-99) …………………………………………… (164)
其他大田作物生产人员(5-01-01-99) ……………………………………… (48)
其他弹制造人员(6-05-14-99) ……………………………………………… (161)
其他导弹卫星装配测试人员(6-05-21-99) ………………………………… (171)
其他地毯制作人员(6-21-02-99) …………………………………………… (291)
其他地质勘查人员(6-01-01-99) …………………………………………… (66)
其他电池制造人员(6-08-03-99) …………………………………………… (206)

其他电力工程技术人员(2-02-15-99) ……………………………………(8)
其他电力设备安装、运行、检修及供电人员(6-07-99-00) ……………(191)
其他电力设备安装人员(6-07-01-99) …………………………………(185)
其他电力设备检修人员(6-07-04-99) …………………………………(188)
其他电气工程技术人员(2-02-14-99) …………………………………(7)
其他电气元件及设备装配人员(6-05-04-99) …………………………(143)
其他电信通信传输业务人员(3-03-03-99) ……………………………(32)
其他电信业务人员(3-03-02-99) ………………………………………(31)
其他电影电视制作及舞台专业人员(2-10-05-99) ……………………(23)
其他电影放映人员(6-19-04-99) ………………………………………(284)
其他电子产品维修人员(6-08-05-99) …………………………………(208)
其他电子工程技术人员(2-02-11-99) …………………………………(7)
其他电子器件制造人员(6-08-01-99) …………………………………(198)
其他电子设备装配调试人员(6-08-04-99) ……………………………(208)
其他电子元件制造人员(6-08-02-99) …………………………………(202)
其他电子元器件与设备制造、装配调试及维修人员(6-08-99-00)………(208)
其他电子专用设备装配调试人员(6-05-05-99) ………………………(143)
其他雕刻工艺品制作人员(6-21-07-99) ………………………………(293)
其他动力设备装配人员(6-05-03-99) …………………………………(140)
其他动物疫病防治人员(5-03-05-99) …………………………………(57)
其他发电运行值班人员(6-07-02-99) …………………………………(187)
其他法律专业人员(2-08-99-00) ………………………………………(21)
其他饭店、旅游及健身娱乐场所服务人员(4-04-99-00)………………(40)
其他饭店服务人员(4-04-01-99) ………………………………………(39)
其他防化器材制造人员(6-05-17-99) …………………………………(162)
其他纺纱人员(6-10-02-99) ……………………………………………(216)
其他纺织、针织、印染人员(6-10-99-00) ……………………………(226)
其他纺织工程技术人员(2-02-27-99) …………………………………(12)
其他飞机和船舶技术人员(2-04-99-00) ………………………………(15)
其他飞行人员和领航人员(2-04-01-99) ………………………………(15)
其他非金属矿及其制品生产加工人员(6-17-06-99) …………………(269)

其他废旧物资回收利用人员(4-01-05-99) …………………………………… (35)
其他废物处理人员(6-25-03-99) ………………………………………………… (319)
其他缝纫制品再加工人员(6-11-04-99) …………………………………… (229)
其他复合材料加工人员(6-03-16-99) ……………………………………… (126)
其他钢筋加工人员(6-23-04-99) ………………………………………………… (303)
其他工程防水人员(6-23-06-99) ………………………………………………… (303)
其他工程技术人员(2-02-99-00) ………………………………………………… (14)
其他工程设备安装人员(6-23-10-99) ……………………………………… (307)
其他工件表面处理加工人员(6-04-05-99) ……………………………… (135)
其他工艺美术专业人员(2-10-07-99) ……………………………………… (24)
其他公(道)路运输机械设备操作及有关人员(6-24-01-99) ……… (308)
其他公共卫生医师(2-05-05-99) ………………………………………………… (18)
其他公路道路运输服务人员(4-05-01-99) ……………………………… (40)
其他供水、供热及生活燃料供应服务人员(4-07-03-99)………………… (44)
其他供用电人员(6-07-05-99) ……………………………………………………… (189)
其他古建筑修建人员(6-23-08-99) ………………………………………… (304)
其他管理(工业)工程技术人员(2-02-34-99) …………………………… (14)
其他广播电影电视工程技术人员(2-02-17-99) ……………………… (8)
其他广播影视舞台设备安装调试及运行操作人员(6-19-03-99) ……… (284)
其他广播影视制品制作、播放及文物保护作业人员(6-19-99-00)……… (285)
其他国家机关及其工作机构负责人(1-02-99-00) ……………………… (1)
其他海洋工程技术人员(2-02-25-99) ……………………………………… (12)
其他海洋环境调查与监测人员(6-25-02-99) ………………………… (318)
其他航空产品检验人员(6-26-02-99) ……………………………………… (342)
其他航空产品试验人员(6-05-20-99) ……………………………………… (169)
其他航空产品装配与调试人员(6-05-19-99) ………………………… (168)
其他航空工程技术人员(2-02-09-99) ……………………………………… (6)
其他航空运输服务人员(4-05-03-99) ……………………………………… (42)
其他航天器检验测试人员(6-26-03-99) ………………………………… (344)
其他航天器件加工成型人员(6-04-07-99) ……………………………… (136)
其他航天器结构强度温度环境试验人员(6-05-23-99) ……………… (174)

其他合成革生产人员(6-03-10-99) ……………………………………………… (114)
其他合成树脂生产人员(6-03-07-99) …………………………………………… (109)
其他合成橡胶生产人员(6-03-08-99) …………………………………………… (110)
其他合成药物制造人员(6-14-01-99) …………………………………………… (248)
其他河道、水库管养人员(5-05-01-99)……………………………………………… (63)
其他护理人员(2-05-08-99) ……………………………………………………… (19)
其他化工产品生产通用工艺人员(6-03-01-99) ………………………………… (101)
其他化工工程技术人员(2-02-06-99) …………………………………………… (5)
其他化学肥料生产人员(6-03-04-99) …………………………………………… (105)
其他化学纤维生产人员(6-03-09-99) …………………………………………… (114)
其他环境保护工程技术人员(2-02-31-99) ……………………………………… (13)
其他环境监测人员(6-25-01-99) ………………………………………………… (318)
其他环境监测与废物处理人员(6-25-99-00) …………………………………… (319)
其他环境卫生人员(4-07-13-99) ………………………………………………… (47)
其他混凝土配制及制品加工人员(6-23-03-99) ………………………………… (302)
其他火工品制造人员(6-05-16-99) ……………………………………………… (162)
其他火箭发动机装配试验人员(6-05-22-99) …………………………………… (172)
其他火药制造人员(6-03-13-99) ………………………………………………… (119)
其他机电产品装配人员(6-05-99-00) …………………………………………… (175)
其他机械工程技术人员(2-02-07-99) …………………………………………… (5)
其他机械冷加工人员(6-04-01-99)……………………………………………… (131)
其他机械热加工人员(6-04-02-99) ……………………………………………… (133)
其他机械设备维修人员(6-06-01-99) …………………………………………… (180)
其他机械设备修理人员(6-06-99-00) …………………………………………… (183)
其他机械设备装配人员(6-05-02-99) …………………………………………… (139)
其他基本有机化工产品生产人员(6-03-06-99) ………………………………… (109)
其他基础件、部件装配人员(6-05-01-99)………………………………………… (138)
其他计量人员(6-26-04-99) ……………………………………………………… (347)
其他计算机与应用工程技术人员(2-02-13-99) ………………………………… (7)
其他记者(2-12-01-99) …………………………………………………………… (25)
其他家禽饲养人员(5-03-02-99) ………………………………………………… (56)

其他家畜饲养人员(5-03-01-99) …………………………………………(56)
其他检验、计量人员(6-26-99-00)………………………………………(347)
其他检验人员(6-26-01-99) ……………………………………………(340)
其他建材工程技术人员(2-02-22-99) …………………………………(10)
其他建筑保温及吸音材料生产人员(6-17-04-99) ……………………(267)
其他建筑材料生产加工人员(6-17-99-00) ……………………………(270)
其他建筑防水密封材料生产人员(6-17-03-99) ………………………(266)
其他建筑工程技术人员(2-02-21-99) …………………………………(10)
其他健身和娱乐场所服务人员(4-04-03-99) …………………………(40)
其他交通工程技术人员(2-02-18-99) …………………………………(9)
其他教学人员(2-09-99-00) ……………………………………………(21)
其他教育教学单位负责人(1-04-01-99) ………………………………(2)
其他金融业务人员(2-07-99-00) ………………………………………(20)
其他金属工艺品制作人员(6-21-06-99) ………………………………(293)
其他金属轧制人员(6-02-08-99) ………………………………………(95)
其他经济业务人员(2-06-99-00) ………………………………………(19)
其他精细化工产品生产人员(6-03-11-99) ……………………………(115)
其他卷烟生产人员(6-13-02-99) ………………………………………(244)
其他勘测及矿物开采人员(6-01-99-00) ………………………………(77)
其他考古及文物保护专业人员(2-12-07-99) …………………………(26)
其他矿山工程技术人员(2-02-03-99) …………………………………(4)
其他矿物处理人员(6-01-04-99) ………………………………………(73)
其他矿物开采人员(6-01-03-99) ………………………………………(71)
其他冷作钣金加工人员(6-04-04-99) …………………………………(134)
其他炼钢人员(6-02-02-99) ……………………………………………(79)
其他炼铁人员(6-02-01-99) ……………………………………………(78)
其他粮油、食品、饮料生产加工及饲料生产加工人员(6-12-99-00) ……(241)
其他粮油管理人员(4-01-06-99) ………………………………………(35)
其他粮油生产加工人员(6-12-01-99) …………………………………(230)
其他粮油食品制作人员(6-12-06-99) …………………………………(239)
其他林产化工产品生产人员(6-03-15-99) ……………………………(123)

其他林业工程技术人员(2-02-23-99) ……………………………………… (11)
其他林业生产及野生动植物保护人员(5-02-99-00) ………………………… (55)
其他旅游及公共游览场所服务人员(4-04-02-99) …………………………… (39)
其他煤化工生产人员(6-03-03-99) ………………………………………… (103)
其他美容美发人员(4-07-04-99) …………………………………………… (44)
其他美术品制作人员(6-21-08-99) ………………………………………… (294)
其他美术专业人员(2-10-06-99) …………………………………………… (24)
其他蜜蜂饲养人员(5-03-03-99) …………………………………………… (57)
其他民用航空工程技术人员(2-02-19-99) ………………………………… (9)
其他民用航空器维修人员(6-06-03-99) …………………………………… (183)
其他民用航空设备操作及有关人员(6-24-03-99) ………………………… (313)
其他膜法水处理设备制造人员(6-05-08-99) ……………………………… (151)
其他磨料磨具制造加工人员(6-04-06-99) ………………………………… (136)
其他木材采运人员(5-02-04-99) …………………………………………… (55)
其他木材加工、人造板生产及木材制品制作人员(6-15-99-00)………… (262)
其他木材加工人员(6-15-01-99) …………………………………………… (256)
其他木材制品制作人员(6-15-03-99) ……………………………………… (262)
其他耐火材料生产人员(6-17-07-99) ……………………………………… (270)
其他酿酒人员(6-12-04-99) ………………………………………………… (236)
其他农村能源开发利用人员(5-99-02-99) ………………………………… (64)
其他农副林特产品加工人员(5-01-06-99) ………………………………… (52)
其他农林专用机械操作人员(5-99-01-99) ………………………………… (64)
其他农田灌排工程建设管理维护人员(5-05-02-99) ……………………… (63)
其他农业技术人员(2-03-99-00) …………………………………………… (15)
其他农业实验人员(5-01-02-99) …………………………………………… (49)
其他拍卖、典当及租赁业务人员(4-01-04-99)…………………………… (34)
其他皮革、毛皮加工人员(6-11-03-99)…………………………………… (229)
其他漆器工艺品制作人员(6-21-04-99) …………………………………… (292)
其他企业负责人(1-05-01-99) ……………………………………………… (2)
其他起重装卸机械操作及有关人员(6-24-05-99) ………………………… (317)
其他气象工程技术人员(2-02-29-99) ……………………………………… (13)

其他砌筑人员(6-23-02-99) …………………………………………………(301)
其他枪炮制造人员(6-05-13-99) ……………………………………………(160)
其他墙体屋面材料生产人员(6-17-02-99) ……………………………………(266)
其他轻有色金属冶炼人员(6-02-05-99) ………………………………………(87)
其他热带作物生产人员(5-01-04-99) …………………………………………(50)
其他人民团体及其工作机构负责人(1-03-02-99) ……………………………(1)
其他人造板生产人员(6-15-02-99) …………………………………………(260)
其他日用化学品生产人员(6-03-17-99) ……………………………………(128)
其他日用机电产品维修人员(4-07-10-99) …………………………………(46)
其他日用机械电器制造装配人员(6-05-10-99) ……………………………(156)
其他肉、蛋食品加工人员(6-12-08-99)………………………………………(240)
其他乳品、冷食品及罐头、饮料制作人员(6-12-03-99) ……………………(234)
其他森林资源管护人员(5-02-02-99) ………………………………………(53)
其他商品监督和市场管理人员(4-01-07-99) ………………………………(35)
其他商业、服务业人员(4-99-00-00)…………………………………………(48)
其他社会服务和居民生活服务人员(4-07-99-00) …………………………(47)
其他社会团体及其工作机构负责人(1-03-99-00) …………………………(1)
其他社会中介服务人员(4-07-01-99) ………………………………………(43)
其他摄影服务人员(4-07-05-99) ……………………………………………(45)
其他生活生产电力设备安装、操作、修理人员(6-07-06-99) ………………(191)
其他生物技术制药(品)人员(6-14-02-99) …………………………………(249)
其他施工架子搭设人员(6-23-05-99) ………………………………………(303)
其他石英玻璃制品加工人员(6-18-03-99) …………………………………(277)
其他石油、天然气开采人员(6-01-06-99)……………………………………(75)
其他石油工程技术人员(2-02-04-99) ………………………………………(4)
其他石油炼制生产人员(6-03-02-99) ………………………………………(102)
其他实验动物饲养人员(5-03-04-99) ………………………………………(57)
其他食品添加剂及调味品制作人员(6-12-05-99) …………………………(238)
其他事业单位负责人(1-04-99-00) …………………………………………(2)
其他兽医兽药技术人员(2-03-05-99) ………………………………………(15)
其他输电、配电、变电设备值班人员(6-07-03-99) …………………………(187)

其他水产捕捞及有关人员(5-04-02-99) …………………………（60）
其他水产工程技术人员(2-02-26-99) …………………………（12）
其他水产品加工人员(5-04-03-99) …………………………（62）
其他水产养殖人员(5-04-01-99) …………………………（59）
其他水利工程技术人员(2-02-24-99) …………………………（11）
其他水利设施管理养护人员(5-05-99-00) …………………………（64）
其他水泥及水泥制品生产加工人员(6-17-01-99) …………………………（265）
其他水上运输服务人员(4-05-04-99) …………………………（43）
其他水上运输设备操作及有关人员(6-24-04-99) …………………………（315）
其他水土保持作业人员(5-05-03-99) …………………………（63）
其他水文勘测作业人员(5-05-04-99) …………………………（63）
其他司法鉴定人员(2-08-05-99) …………………………（21）
其他饲料生产加工人员(6-12-09-99) …………………………（241）
其他塑料制品加工人员(6-09-02-99) …………………………（213）
其他碳素制品生产人员(6-02-10-99) …………………………（97）
其他搪瓷制品生产人员(6-18-05-99) …………………………（280）
其他陶瓷制品生产人员(6-18-04-99) …………………………（279）
其他特种加工设备操作人员(6-04-03-99) …………………………（133）
其他体育工作人员(2-11-01-99) …………………………（24）
其他体育用品制作人员(6-22-02-99) …………………………（298）
其他调酒和茶艺人员(4-03-03-99) …………………………（38）
其他铁合金冶炼人员(6-02-03-99) …………………………（81）
其他铁路、地铁运输机械设备操作及有关人员(6-24-02-99)…………（310）
其他铁路工程技术人员(2-02-20-99) …………………………（9）
其他铁路客货运输服务人员(4-05-02-99) …………………………（42）
其他图书资料与档案业务人员(2-12-06-99) …………………………（25）
其他屠宰加工人员(6-12-07-99) …………………………（240）
其他土石方施工人员(6-23-01-99) …………………………（301）
其他推销、展销人员(4-01-02-99)…………………………（33）
其他玩具制作人员(6-21-03-99) …………………………（291）
其他卫生专业技术人员(2-05-99-00) …………………………（19）

其他文化教育、体育用品制作人员(6-22-99-00)……………………(300)
其他文教用品制作人员(6-22-01-99) ………………………………(297)
其他文物保护作业人员(6-19-05-99) ………………………………(285)
其他文学艺术工作人员(2-10-99-00) ……………………………… (24)
其他文艺创作和评论人员(2-10-01-99) …………………………… (22)
其他无机化工产品生产人员(6-03-05-99) …………………………(108)
其他五金制品制作装配人员(6-05-11-99) …………………………(159)
其他物业管理人员(4-07-02-99) …………………………………… (43)
其他西餐烹饪人员(4-03-02-99) …………………………………… (38)
其他西医医师(2-05-01-99) ………………………………………… (17)
其他稀贵金属冶炼人员(6-02-06-99) ……………………………… (91)
其他洗染织补人员(4-07-07-99) …………………………………… (45)
其他纤维预处理人员(6-10-01-99) …………………………………(216)
其他橡胶和塑料制品生产人员(6-09-99-00) ………………………(213)
其他橡胶制品生产人员(6-09-01-99) ………………………………(211)
其他消防人员(3-02-03-99) ………………………………………… (28)
其他鞋帽制作人员(6-11-02-99) ……………………………………(228)
其他新闻出版、文化工作人员(2-12-99-00)………………………… (26)
其他信息记录材料生产人员(6-03-12-99) …………………………(118)
其他行政办公人员(3-01-99-00) …………………………………… (26)
其他行政事务人员(3-01-02-99) …………………………………… (26)
其他行政业务人员(3-01-01-99) …………………………………… (26)
其他畜牧业生产人员(5-03-99-00) ………………………………… (58)
其他畜牧与草业技术人员(2-03-06-99) …………………………… (15)
其他烟草及其制品加工人员(6-13-99-00) …………………………(245)
其他烟用醋酸纤维丝束滤棒制作人员(6-13-03-99) ………………(244)
其他盐业生产人员(6-01-07-99) …………………………………… (77)
其他演员(2-10-03-99) ……………………………………………… (22)
其他验光配镜人员(4-07-06-99) …………………………………… (45)
其他药剂人员(2-05-06-99) ………………………………………… (18)
其他药品生产人员(6-14-99-00) ……………………………………(255)

其他药物制剂人员(6-14-03-99) …………………………………………………… (252)
其他冶金工程技术人员(2-02-05-99) ……………………………………………… (5)
其他野生动植物保护及自然保护区人员(5-02-03-99) ……………………… (55)
其他医疗技术人员(2-05-07-99) …………………………………………………… (19)
其他医疗器械装配及假肢与矫形器制作人员(6-05-09-99) ……………… (153)
其他医疗卫生辅助服务人员(4-06-01-99) ………………………………………… (43)
其他仪器仪表修理人员(6-06-02-99) ……………………………………………… (181)
其他仪器仪表装配人员(6-05-06-99) ……………………………………………… (147)
其他音像制品制作复制人员(6-19-02-99) ………………………………………… (283)
其他银行业务人员(2-07-01-99) …………………………………………………… (20)
其他引信加工制造人员(6-05-15-99) ……………………………………………… (161)
其他印后制作人员(6-20-03-99) …………………………………………………… (290)
其他印前处理人员(6-20-01-99) …………………………………………………… (287)
其他印染人员(6-10-05-99) ………………………………………………………… (226)
其他印刷操作人员(6-20-02-99) …………………………………………………… (288)
其他印刷人员(6-20-99-00) ………………………………………………………… (290)
其他印章刻字人员(4-07-09-99) …………………………………………………… (45)
其他营养配餐人员(4-03-04-99) …………………………………………………… (38)
其他营业人员(4-01-01-99) ………………………………………………………… (32)
其他营造林人员(5-02-01-99) ……………………………………………………… (52)
其他影视制品制作人员(6-19-01-99) ……………………………………………… (282)
其他硬质合金生产人员(6-02-11-99) ……………………………………………… (99)
其他邮政和电信业务人员(3-03-99-00) …………………………………………… (32)
其他邮政业务人员(3-03-01-99) …………………………………………………… (30)
其他渔业生产人员(5-04-99-00) …………………………………………………… (62)
其他浴池服务人员(4-07-08-99) …………………………………………………… (45)
其他园艺作物生产人员(5-01-03-99) ……………………………………………… (49)
其他原烟复烤人员(6-13-01-99) …………………………………………………… (243)
其他乐器演奏员(2-10-04-99) ……………………………………………………… (23)
其他乐器制作人员(6-22-03-99) …………………………………………………… (300)
其他运输车辆装配人员(6-05-07-99) ……………………………………………… (151)

其他运输服务人员(4-05-99-00) …………………………………………… (43)
其他运输设备操作人员及有关人员(6-24-99-00) ……………………… (317)
其他造纸人员(6-16-02-99) …………………………………………………… (263)
其他炸药制造人员(6-03-14-99) ……………………………………………… (120)
其他针织人员(6-10-04-99) …………………………………………………… (219)
其他证券业务人员(2-07-03-99) ……………………………………………… (20)
其他织造人员(6-10-03-99) …………………………………………………… (218)
其他纸制品制作人员(6-16-03-99) …………………………………………… (264)
其他制浆、造纸和纸制品生产加工人员(6-16-99-00)……………………… (264)
其他制浆人员(6-16-01-99) …………………………………………………… (263)
其他制糖和糖制品加工人员(6-12-02-99) ………………………………… (231)
其他治安保卫人员(3-02-02-99) ……………………………………………… (27)
其他中餐烹饪人员(4-03-01-99) ……………………………………………… (38)
其他中等职业教育教师(2-09-02-99) ……………………………………… (21)
其他中药材生产人员(5-01-05-99) …………………………………………… (51)
其他中药制药人员(6-14-04-99) ……………………………………………… (255)
其他中医医师(2-05-02-99) …………………………………………………… (17)
其他种植业生产人员(5-01-99-00) …………………………………………… (52)
其他重有色金属冶炼人员(6-02-04-99) …………………………………… (85)
其他珠宝首饰加工制作人员(6-21-01-99) ………………………………… (290)
其他筑路、养护、维修人员(6-23-09-99) ………………………………… (306)
其他铸铁管人员(6-02-09-99) ………………………………………………… (96)
其他专业技术人员(2-99-00-00) ……………………………………………… (26)
其他装甲车辆装试人员(6-05-12-99) ……………………………………… (160)
其他装饰石材生产人员(6-17-05-99) ……………………………………… (267)
其他装饰装修人员(6-23-07-99) ……………………………………………… (303)
其他钻井人员(6-01-05-99) …………………………………………………… (73)
企业董事(1-05-01-01) ………………………………………………………… (2)
企业经理(1-05-01-02) ………………………………………………………… (2)
企业培训师(2-02-34-08)★ ………………………………………………… (14)
企业信息管理师(2-02-34-10)★ …………………………………………… (14)

企业职能部门经理或主管(1-05-01-03) …………………………(2)
起爆药制造工(6-03-14-03) ……………………………………(120)
起重工(6-24-05-02) …………………………………………(316)
起重装卸机械操作工(6-24-05-01) ……………………………(315)
气候监测预测人员(2-02-29-03) ………………………………(12)
气体净化工(6-03-01-03) ………………………………………(99)
气体深冷分离工(6-03-05-11) …………………………………(108)
气象服务人员(2-02-29-05) ……………………………………(12)
气象观测人员(2-02-29-01) ……………………………………(12)
汽车(拖拉机)装配工(6-05-07-01) …………………………(147)
汽车货运站务员(4-05-01-02) …………………………………(40)
汽车驾驶员(6-24-01-01) ………………………………………(308)
汽车客运服务员(4-05-01-01) …………………………………(40)
汽车修理工(6-06-01-02) ………………………………………(178)
汽车运输调度员(4-05-01-03) …………………………………(40)
汽车运用工程技术人员(2-02-18-01) …………………………(8)
汽轮机本体设备检修工(6-07-04-03) …………………………(187)
汽轮机附属设备检修工(6-07-04-04) …………………………(187)
汽轮机设备安装工(6-07-01-03) ………………………………(184)
汽轮机运行值班员(6-07-02-05) ………………………………(186)
汽轮机装配工(6-05-03-01) ……………………………………(139)
砌筑工(6-23-02-01) …………………………………………(301)
牵引电力线路安装维护工(6-07-06-04) ………………………(189)
铅笔制造工(6-22-01-09) ………………………………………(297)
铅酸蓄电池制造工(6-08-03-01) ………………………………(202)
前厅服务员(4-04-01-01) ………………………………………(38)
潜水员(6-24-04-04) …………………………………………(314)
枪弹装配工(6-05-14-02) ………………………………………(160)
枪管膛线制作工(6-05-13-08) …………………………………(160)
枪管校直工(6-05-13-07) ………………………………………(160)
枪支装配工(6-05-13-06) ………………………………………(160)

桥梁工(6-23-09-05) ……………………………………………………… (305)
巧克力制造工(6-12-02-03) ……………………………………………… (231)
禽类屠宰加工工(6-12-07-04) …………………………………………… (240)
球拍、球网制作工(6-22-02-02)…………………………………………… (298)
球团焙烧工(6-02-01-03) ………………………………………………… (77)
曲艺演员(2-10-03-04) …………………………………………………… (22)
曲艺作家(2-10-01-02) …………………………………………………… (21)
渠道维护工(5-05-02-02) ………………………………………………… (63)
全科医师(2-05-01-20) …………………………………………………… (16)
群众自治组织负责人(1-03-03-00) ……………………………………… (1)

R

燃料检验工(6-26-01-19) ………………………………………………… (329)
燃料油生产工(6-03-02-01) ……………………………………………… (101)
燃料值班员(6-07-02-02) ………………………………………………… (185)
燃气储运工(6-03-03-05) ………………………………………………… (103)
染料标准工(6-03-11-03) ………………………………………………… (114)
染料拼混工(6-03-11-05) ………………………………………………… (114)
染料应用试验工(6-03-11-04) …………………………………………… (114)
染色师(4-07-07-02) ……………………………………………………… (45)
染整工程技术人员(2-02-27-03) ………………………………………… (12)
热电池制造工(6-08-03-04) ……………………………………………… (206)
热工计量工(6-26-04-02) ………………………………………………… (345)
热工仪表及控制装置安装试验工(6-07-01-05) ………………………… (184)
热力网值班员(6-07-02-06) ……………………………………………… (186)
人工合成晶体工(6-17-06-05) …………………………………………… (269)
人力资源开发与管理工程技术人员(企业人力资源管理人员)
(2-02-34-07) ……………………………………………………………… (14)
人民法院负责人(1-02-03-00) …………………………………………… (1)
人民检察院负责人(1-02-04-00) ………………………………………… (1)
人民警察(3-02-01-00) …………………………………………………… (27)

人民政协及其工作机构负责人(1-02-02-00) …………………………（1）
人造板饰面工(6-15-02-06) ………………………………………（260）
人造板制胶工(6-15-02-04) ………………………………………（259）
人造宝石制造工(6-04-99-04) ……………………………………（137）
人造花制作工(6-21-99-02) ………………………………………（294）
刃具扭制工(6-04-01-14) …………………………………………（131）
日用五金制品制作工(6-05-11-05) ………………………………（158）
容量计量工(6-26-04-05) …………………………………………（345）
溶剂制造工(6-03-11-11) …………………………………………（114）
乳品加工工(6-12-03-02) …………………………………………（232）
乳品预处理工(6-12-03-01) ………………………………………（231）
润滑油、脂生产工(6-03-02-02)……………………………………（102）

S

缫丝工(6-10-02-05) ………………………………………………（216）
森林保护工程技术人员(2-02-23-06) ……………………………（11）
森林病虫害防治员(5-02-02-02) …………………………………（52）
森林采伐和运输工程技术人员(2-02-23-08) ……………………（11）
森林培育工程技术人员(2-02-23-02) ……………………………（10）
森林资源管理与监测工程技术人员(2-02-23-10) ………………（11）
筛选破碎工(6-01-04-01) …………………………………………（71）
商品储运员(4-02-02-01) …………………………………………（37）
商品护运员(4-02-02-02) …………………………………………（37）
商品监督员(4-01-07-01) …………………………………………（35）
商品养护员(4-02-01-03) …………………………………………（36）
烧碱生产工(6-03-05-06) …………………………………………（106）
烧结成品工(6-02-01-04) …………………………………………（77）
烧结工(6-02-01-02) ………………………………………………（77）
烧结球团原料工(6-02-01-01) ……………………………………（77）
设备工程技术人员(2-02-07-04) …………………………………（5）
设施规划与设计工程技术人员(2-02-34-03) ……………………（13）

社会体育指导员(4-04-03-01) …………………………………………(39)
社会学研究人员(2-01-04-00) …………………………………………(2)
社区护士(2-05-08-06) ……………………………………………………(19)
摄影测量工(6-01-02-02) ………………………………………………(66)
摄影测量与遥感工程技术人员(2-02-02-03) ……………………………(4)
摄影记者(2-12-01-02) …………………………………………………(25)
摄影师(4-07-05-01) ………………………………………………………(44)
审计人员(2-06-04-00) …………………………………………………(19)
生产组织与管理工程技术人员(2-02-34-04) …………………………(14)
生化药品制造工(6-14-02-01) ………………………………………(248)
生活燃料供应工(4-07-03-03) …………………………………………(44)
生物饵料培养工(5-04-01-06) …………………………………………(59)
生物科学研究人员(2-01-15-00) ………………………………………(3)
生物质能设备工(5-99-02-04) …………………………………………(64)
声学计量工(6-26-04-08) ……………………………………………(346)
尸体防腐工(4-07-14-03) ………………………………………………(47)
尸体火化工(4-07-14-05) ………………………………………………(47)
尸体接运工(4-07-14-02) ………………………………………………(47)
尸体整容工(4-07-14-04) ………………………………………………(47)
湿法冶炼工(6-02-04-04) ………………………………………………(84)
湿纺原液制造工(6-03-09-02) ………………………………………(111)
石膏浮雕板工(6-17-02-04) …………………………………………(266)
石工(6-23-02-02) ………………………………………………………(301)
石灰焙烧工(6-17-01-03) ……………………………………………(265)
石棉制品工(6-17-06-02) ……………………………………………(268)
石英玻璃制品加工工(6-18-03-01) …………………………………(276)
石英晶体生长设备操作工(6-08-02-04) ……………………………(200)
石英晶体元器件制造工(6-08-02-06) ………………………………(200)
石油产品精制工(6-03-02-03) ………………………………………(102)
石油储运工程技术人员(2-02-04-02) …………………………………(4)
石油开采工程技术人员(2-02-04-01) …………………………………(4)

实习指导教师(2-09-02-02) …………………………………… (21)
实验动物饲养工(5-03-04-01) ……………………………… (57)
实用工艺设计人员(2-10-07-02) …………………………… (24)
食醋制作工(6-12-05-04) …………………………………… (237)
食品工程技术人员(2-02-28-00) …………………………… (12)
食品罐头加工工(6-12-03-05) ……………………………… (233)
食品检验工(6-26-01-08) …………………………………… (325)
食糖制造工(6-12-02-01) …………………………………… (230)
食用调料制作工(6-12-05-06) ……………………………… (237)
市场管理员(4-01-07-02) …………………………………… (35)
市话测量员(3-03-03-06) …………………………………… (32)
视觉航标工(6-24-04-05) …………………………………… (314)
试车台测力计量检定工(6-26-03-08) ……………………… (344)
试车台测量工(6-26-03-03) ………………………………… (342)
试车台控制工(6-26-03-05) ………………………………… (343)
试车台液、气系统操作工(6-26-03-04)……………………… (343)
室内成套设施装饰工(6-23-07-02) ………………………… (303)
室内装饰设计人员(2-10-07-06) …………………………… (24)
收发员(3-01-02-03) ………………………………………… (26)
收购员(4-01-03-02) ………………………………………… (33)
收银员(4-01-01-02) ………………………………………… (32)
手工地毯制作工(6-21-02-01) ……………………………… (290)
手工木工(6-15-03-01) ……………………………………… (260)
手术室护士(2-05-08-04) …………………………………… (19)
手绣制作工(6-21-05-02) …………………………………… (292)
兽药技术人员(2-03-05-02) ………………………………… (15)
兽医(2-03-05-01) …………………………………………… (14)
兽医化验员(5-03-05-02) …………………………………… (57)
书法家(2-10-06-04) ………………………………………… (24)
书记员(2-08-06-00) ………………………………………… (21)
输(采供)血技师(2-05-07-07) ……………………………… (19)

输(采供)血医师(2-05-01-23) …………………………………………………………(17)
输变电工程技术人员(2-02-15-02) ………………………………………………………(8)
输送机操作工(6-24-05-03) ……………………………………………………………(316)
蔬菜加工工(5-01-06-04) ………………………………………………………………(51)
蔬菜园艺工(5-01-03-01) ………………………………………………………………(49)
熟肉制品加工工(6-12-08-01) …………………………………………………………(240)
树脂基复合材料工(6-03-16-01) ………………………………………………………(123)
数学研究人员(2-01-10-00) ……………………………………………………………(3)
栓皮制品工(6-03-15-06) ………………………………………………………………(122)
双基火药制造工(6-03-13-02) …………………………………………………………(118)
水产捕捞工(5-04-02-01) ………………………………………………………………(59)
水产品腌熏烤制工(5-04-03-02) ………………………………………………………(60)
水产品原料处理工(5-04-03-01) ………………………………………………………(60)
水产养殖工程技术人员(2-02-26-01) …………………………………………………(12)
水产养殖潜水工(5-04-01-07) …………………………………………………………(59)
水电站水力机械试验工(6-07-04-07) …………………………………………………(188)
水电自动装置检修工(6-07-04-08) ……………………………………………………(188)
水工检测工(5-05-01-04) ………………………………………………………………(62)
水环境监测工(6-25-01-02) ……………………………………………………………(317)
水利水电建筑工程技术人员(2-02-21-09) ……………………………………………(10)
水轮发电机值班员(6-07-02-01) ………………………………………………………(185)
水轮机检修工(6-07-04-06) ……………………………………………………………(188)
水轮机设备安装工(6-07-01-01) ………………………………………………………(183)
水煤浆制备工(6-01-04-08) ……………………………………………………………(72)
水泥生产制造工(6-17-01-01) …………………………………………………………(264)
水泥制品工(6-17-01-02) ………………………………………………………………(265)
水上交通工程技术人员(2-02-18-03) …………………………………………………(8)
水生动物苗种繁育工(5-04-01-01) ……………………………………………………(58)
水生动物饲养工(5-04-01-03) …………………………………………………………(59)
水生动植物采集工(5-04-02-03) ………………………………………………………(60)
水生植物苗种培育工(5-04-01-02) ……………………………………………………(59)

水生植物栽培工(5-04-01-04) …………………………………………… (59)
水声换能器制造工(6-08-02-08) ……………………………………………(201)
水土保持测试工(5-05-03-02) …………………………………………… (63)
水土保持防治工(5-05-03-01) …………………………………………… (63)
水土保持勘测工(5-05-03-03) …………………………………………… (63)
水文地质工(6-01-01-05) …………………………………………………… (65)
水文勘测船工(5-05-04-02) ……………………………………………… (63)
水文勘测工(5-05-04-01) ………………………………………………… (63)
水下设备操作工(6-01-05-05) …………………………………………… (73)
水资源工程技术人员(2-02-24-01) ……………………………………… (11)
顺丁橡胶生产工(6-03-08-01) …………………………………………… (109)
伺服机构装配调试工(6-05-21-02) ……………………………………… (169)
饲料厂中央控制室操作工(6-12-09-06) ………………………………… (241)
饲料粉碎工(6-12-09-02) ………………………………………………… (241)
饲料检验工(6-26-01-09) ………………………………………………… (325)
饲料配料混合工(6-12-09-03) …………………………………………… (241)
饲料添加剂预混工(6-12-09-05) ………………………………………… (241)
饲料原料清理上料工(6-12-09-01) ……………………………………… (240)
饲料制粒工(6-12-09-04) ………………………………………………… (241)
松节油制品工(6-03-15-02) ……………………………………………… (121)
松香工(6-03-15-01) ……………………………………………………… (120)
送电、配电线路工(6-07-03-01)……………………………………………(187)
速冻食品制作工(6-12-03-04) …………………………………………… (233)
塑料制品成型制作工(6-09-02-02) ……………………………………… (211)
塑料制品配料工(6-09-02-01) …………………………………………… (211)
酸洗工(6-02-08-03) ……………………………………………………… (93)
碎样工(6-01-01-08) ……………………………………………………… (65)
隧道工(6-23-09-06) ……………………………………………………… (306)
缩聚磷酸盐生产工(6-03-05-08) ………………………………………… (107)
缩微摄影人员(2-12-06-03) ……………………………………………… (25)
索道运输机械操作工(6-24-05-05) ……………………………………… (317)

索状爆破器材制造工(6-05-16-02) …………………………………………… (161)

T

太阳电池制造工(6-08-03-05) …………………………………………… (206)
钛冶炼工(6-02-06-03) …………………………………………… (89)
摊商(4-01-99-03) …………………………………………… (35)
弹性元件制造工(6-04-01-15) …………………………………………… (131)
钽铌冶炼工(6-02-06-02) …………………………………………… (88)
炭黑制造工(6-03-05-13) …………………………………………… (108)
碳基复合材料工(6-03-16-03) …………………………………………… (124)
碳素焙烧工(6-02-10-03) …………………………………………… (96)
碳素材料工程技术人员(2-02-05-06) …………………………………………… (5)
碳素成型工(6-02-10-02) …………………………………………… (96)
碳素煅烧工(6-02-10-01) …………………………………………… (96)
碳素浸渍工(6-02-10-04) …………………………………………… (97)
碳素石墨化工(6-02-10-05) …………………………………………… (97)
碳素石墨加工工(6-02-10-06) …………………………………………… (97)
碳素纤维工(6-02-10-07) …………………………………………… (97)
碳酸氢铵生产工(6-03-04-04) …………………………………………… (104)
镗工(6-04-01-05) …………………………………………… (130)
搪瓷花版饰花工(6-18-05-04) …………………………………………… (280)
搪瓷坯体制作工(6-18-05-02) …………………………………………… (279)
搪瓷涂搪烧成工(6-18-05-03) …………………………………………… (280)
搪瓷釉浆熔制工(6-18-05-01) …………………………………………… (279)
搪塑玩具制作工(6-21-03-03) …………………………………………… (291)
糖果制造工(6-12-02-02) …………………………………………… (231)
陶瓷成型工(6-18-04-02) …………………………………………… (278)
陶瓷基复合材料工(6-03-16-04) …………………………………………… (125)
陶瓷烧成工(6-18-04-03) …………………………………………… (278)
陶瓷原料准备工(6-18-04-01) …………………………………………… (277)
陶瓷装饰工(6-18-04-04) …………………………………………… (279)

陶艺家(2-10-06-05) …………………………………………………… (24)
淘洗工(6-01-01-10) …………………………………………………… (65)
特殊教育教师(2-09-06-00) ………………………………………… (21)
特种工艺设计人员(2-10-07-01) ………………………………… (24)
特种植物原料加工工(5-01-06-06) ……………………………… (52)
提琴制作工(6-22-03-02) …………………………………………… (299)
体育场地工(4-04-03-02) …………………………………………… (39)
体育研究人员(2-01-99-01) ………………………………………… (3)
天气预报人员(2-02-29-02) ………………………………………… (12)
天然气净化工(6-01-06-05) ………………………………………… (74)
天然橡胶生产工(5-01-04-01) …………………………………… (49)
天文学研究人员(2-01-13-00) …………………………………… (3)
调酒师(4-03-03-01) …………………………………………………… (38)
调相机值班员(6-07-03-03) ………………………………………… (187)
铁道线路工(6-23-09-04) …………………………………………… (305)
铁道运输工程技术人员(2-02-20-01) ………………………… (9)
铁合金焙烧工(6-02-03-03) ………………………………………… (80)
铁合金电炉冶炼工(6-02-03-02) ………………………………… (79)
铁合金炉外法冶炼工(6-02-03-05) ……………………………… (80)
铁合金湿法冶炼工(6-02-03-04) ………………………………… (80)
铁合金原料工(6-02-03-01) ………………………………………… (79)
铁路车辆电气装修工(6-05-07-05) ……………………………… (149)
铁路车辆工程技术人员(2-02-20-03) ………………………… (9)
铁路车辆机械制修工(6-05-07-03) ……………………………… (148)
铁路电控组调工(6-08-04-15) …………………………………… (208)
铁路电务工程技术人员(2-02-20-04) ………………………… (9)
铁路电源工(6-24-02-14) …………………………………………… (310)
铁路机车车辆制动修造工(6-05-07-06) ……………………… (149)
铁路机车电气装修工(6-05-07-04) ……………………………… (148)
铁路机车机械制修工(6-05-07-02) ……………………………… (148)
铁路机务工程技术人员(2-02-20-02) ………………………… (9)

铁路建筑工程技术人员(2-02-21-08) …………………………………………(10)
铁路通信工(6-24-02-13) ………………………………………………………(310)
铁路通信组调工(6-08-04-13) …………………………………………………(208)
铁路信号工(6-24-02-15) ………………………………………………………(310)
铁路信号组调工(6-08-04-14) …………………………………………………(208)
铁路舟桥工(6-23-09-07) ………………………………………………………(306)
铁心叠装工(6-05-04-01) ………………………………………………………(140)
烃类衍生物生产工(6-03-06-03) ………………………………………………(109)
通信电力机务员(3-03-03-05) …………………………………………………(32)
通信工程技术人员(2-02-12-00) ………………………………………………(7)
通信设备检验工(6-26-01-30) …………………………………………………(337)
通讯交换设备调试工(6-08-04-09) ……………………………………………(207)
通用航空技术人员(2-02-19-03) ………………………………………………(9)
统计人员(2-06-02-00) …………………………………………………………(19)
筒并摇工(6-10-02-02) …………………………………………………………(216)
投递员(3-03-01-03) ……………………………………………………………(29)
凸版印刷工(6-20-02-02) ………………………………………………………(287)
凸版制版工(6-20-01-02) ………………………………………………………(285)
图书馆学、情报学研究人员(2-01-07-00)……………………………………(3)
图书资料业务人员(2-12-06-01) ………………………………………………(25)
涂料合成树脂工(6-03-11-09) …………………………………………………(114)
涂装工(6-04-05-02) ……………………………………………………………(135)
土木建筑工程技术人员(2-02-21-03) …………………………………………(9)
土壤肥料技术人员(2-03-01-00) ………………………………………………(14)
土壤环境监测工(6-25-01-03) …………………………………………………(317)
土石方机械操作工(6-23-01-03) ………………………………………………(301)
土石维修工(5-05-01-03) ………………………………………………………(62)
推拿按摩科医师(2-05-02-11) …………………………………………………(17)
推销员(营销师)(4-01-02-01) …………………………………………………(32)
拖拉机驾驶员(5-99-01-01) ……………………………………………………(64)
驼峰设备操作员(6-24-02-04) …………………………………………………(309)

W

瓦楞纸箱制作工(6-16-03-01) ……………………………………………… (263)
外国乐器演奏员(2-10-04-02) ……………………………………………… (23)
外科医师(2-05-01-02) ……………………………………………………… (16)
微波铁氧体元器件制造工(6-08-02-03) …………………………………… (199)
微量元素混肥生产工(6-03-04-10) ………………………………………… (105)
违禁品检查员(3-02-02-02) ………………………………………………… (27)
维修电工(6-07-06-05) ……………………………………………………… (190)
尾矿处理工(6-01-04-06) …………………………………………………… (72)
纬编工(6-10-04-01) ………………………………………………………… (218)
卫生单位负责人(1-04-02-00) ……………………………………………… (2)
卫生防疫、妇幼保健员(4-06-01-03)………………………………………… (43)
卫生工程技师(2-05-07-06) ………………………………………………… (18)
卫星光学冷加工工(6-04-07-02) …………………………………………… (136)
卫星总体装配工(6-05-21-07) ……………………………………………… (170)
味精制作工(6-12-05-07) …………………………………………………… (237)
文体用品及出版物品检验工(6-26-01-18) ………………………………… (328)
文物保护专业人员(2-12-07-03) …………………………………………… (26)
文物鉴定和保管人员(2-12-07-02) ………………………………………… (26)
文物拓印工(6-19-05-03) …………………………………………………… (285)
文物修复工(6-19-05-02) …………………………………………………… (284)
文学、艺术研究人员(2-01-06-00)…………………………………………… (2)
文学作家(2-10-01-01) ……………………………………………………… (21)
文艺评论员(2-10-01-06) …………………………………………………… (22)
文字编辑(2-12-02-01) ……………………………………………………… (25)
文字记者(2-12-01-01) ……………………………………………………… (25)
钨钼冶炼工(6-02-06-01) …………………………………………………… (87)
无纺布制造工(6-03-09-06) ………………………………………………… (113)
无机非金属新材料工程技术人员(2-02-22-03) …………………………… (10)
无机化学反应工(6-03-05-09) ……………………………………………… (107)

无损检测员(6-26-01-04) ……………………………………………………(323)
无线电调试工(6-08-04-03) …………………………………………………(206)
无线电航标操作工(6-24-04-03) ……………………………………………(314)
无线电设备机械装校工(6-08-04-01) ………………………………………(206)
五金制品检验工(6-26-01-23) ………………………………………………(331)
舞蹈编导(2-10-02-03) ………………………………………………………(22)
舞蹈演员(2-10-03-03) ………………………………………………………(22)
舞台监督(2-10-05-12) ………………………………………………………(23)
舞台音响效果工(6-19-03-06) ………………………………………………(284)
物理学研究人员(2-01-11-00) ………………………………………………(3)
物探工(6-01-01-03) …………………………………………………………(65)
物业管理员(4-07-02-01) ……………………………………………………(43)

X

西式面点师(4-03-02-02) ……………………………………………………(38)
西式烹调师(4-03-02-01) ……………………………………………………(38)
西药剂师(2-05-06-01) ………………………………………………………(18)
吸附工(6-03-01-11) …………………………………………………………(100)
吸收工(6-03-01-10) …………………………………………………………(100)
吸音材料生产工(6-17-04-02) ………………………………………………(267)
稀土冶炼工(6-02-06-04) ……………………………………………………(89)
洗衣粉成型工(6-03-17-04) …………………………………………………(126)
洗衣机制造装配工(6-05-10-03) ……………………………………………(154)
洗衣师(4-07-07-01) …………………………………………………………(45)
铣工(6-04-01-02) ……………………………………………………………(129)
戏剧导演(2-10-02-02) ………………………………………………………(22)
戏剧演员(2-10-03-02) ………………………………………………………(22)
戏剧制作人(2-10-05-13) ……………………………………………………(23)
系统规划与管理工程技术人员(2-02-34-02) ………………………………(13)
细纱工(6-10-02-01) …………………………………………………………(216)
匣钵、模型制作工(6-18-04-05)……………………………………………(279)

纤维板工(6-15-02-02) …………………………………………………… (257)
纤维染色工(6-10-01-03) ………………………………………………… (213)
纤维梳理工(6-10-01-06) ………………………………………………… (214)
纤维验配工(6-10-01-01) ………………………………………………… (213)
现代工艺设计人员(2-10-07-03) ……………………………………… (24)
线桥专用机械操作工(6-23-09-03) …………………………………… (305)
线圈绕制工(6-05-04-03) ………………………………………………… (140)
线务员(3-03-03-02) ……………………………………………………… (31)
乡村医师(2-05-01-21) …………………………………………………… (16)
香精配制工(6-03-17-07) ………………………………………………… (127)
香料制造工(6-03-17-06) ………………………………………………… (126)
项目管理师(2-02-34-09)★ ……………………………………………… (14)
橡胶半成品制造工(6-09-01-03) ……………………………………… (209)
橡胶成型工(6-09-01-04) ………………………………………………… (209)
橡胶基复合材料工(6-03-16-02) ……………………………………… (124)
橡胶炼胶工(6-09-01-02) ………………………………………………… (209)
橡胶硫化工(6-09-01-05) ………………………………………………… (210)
橡胶制品配料工(6-09-01-01) ………………………………………… (208)
消防抢险救援员(3-02-03-02) ………………………………………… (27)
硝酸铵生产工(6-03-04-03) …………………………………………… (104)
硝酸生产工(6-03-05-02) ………………………………………………… (105)
小型家用电器装配工(6-05-10-04) …………………………………… (155)
小学教师(2-09-04-00) …………………………………………………… (21)
心理医师(2-05-01-10) …………………………………………………… (16)
心理咨询师(4-07-99-01)★ ……………………………………………… (47)
行包运输服务员(4-05-02-03) ………………………………………… (41)
行政业务办公人员(3-01-01-01) ……………………………………… (26)
行政执法人员(3-01-01-02) …………………………………………… (26)
修脚师(4-07-08-02) ……………………………………………………… (45)
畜牧技术人员(2-03-06-01) …………………………………………… (15)
畜禽产品检验工(6-26-01-10) ………………………………………… (325)

宣纸书画纸制作工(6-16-02-03) …………………………………… (263)
选剥煮茧工(6-10-01-05) ……………………………………………… (214)
选矿脱水工(6-01-04-05) ……………………………………………… (72)
选矿与矿物加工工程技术人员(2-02-03-02) ……………………… (4)
血液制品工(6-14-02-04) ……………………………………………… (249)

Y

压电石英晶片加工工(6-08-02-05) ………………………………… (200)
压缩机工(6-03-01-02) ………………………………………………… (99)
牙膏制造工(6-03-17-09) ……………………………………………… (127)
烟草薄片工(6-13-02-04) ……………………………………………… (243)
烟草检验工(6-26-01-11) ……………………………………………… (325)
烟花爆竹制作工(6-21-99-04) ………………………………………… (295)
烟气制酸工(6-02-04-06) ……………………………………………… (84)
烟叶调制工(6-13-01-01) ……………………………………………… (241)
烟叶发酵工(6-13-01-06) ……………………………………………… (243)
烟叶分级工(6-13-01-02) ……………………………………………… (241)
烟叶回潮工(6-13-01-05) ……………………………………………… (243)
烟叶制丝工(6-13-02-01) ……………………………………………… (243)
烟用二醋片制造工(6-13-03-01) ……………………………………… (244)
烟用丝束制造工(6-13-03-02) ………………………………………… (244)
研磨分散工(6-03-11-06) ……………………………………………… (114)
盐酸生产工(6-03-05-03) ……………………………………………… (105)
眼镜定配工(4-07-06-02) ……………………………………………… (45)
眼镜验光员(4-07-06-01) ……………………………………………… (45)
眼科医师(2-05-01-05) ………………………………………………… (16)
养老护理员(4-07-12-03)★ …………………………………………… (46)
氧化铝制取工(6-02-05-01) …………………………………………… (85)
药房辅助员(4-06-01-02) ……………………………………………… (43)
药物检验工(6-26-01-21) ……………………………………………… (330)
药物制剂工(6-14-03-01) ……………………………………………… (249)

冶金热能工程技术人员(2-02-05-07) ………………………………… (5)
冶炼风机工(6-02-99-01) ………………………………………………… (99)
冶炼工程技术人员(2-02-05-01) ……………………………………… (4)
野生动物保护与繁殖利用工程技术人员(2-02-23-04) ……………… (11)
野生动物保护员(5-02-03-01) ………………………………………… (53)
野生植物保护员(5-02-03-02) ………………………………………… (53)
液晶显示器件制造工(6-08-01-07) ………………………………… (196)
液体火箭发动机装配试验工(6-05-22-01) ………………………… (171)
液体推进剂性能试验工(6-26-03-06) ……………………………… (343)
医疗临床辅助服务员(4-06-01-01) …………………………………… (43)
医疗器械检验工(6-26-01-25) ……………………………………… (333)
医疗器械装配工(6-05-09-01) ……………………………………… (151)
医学研究人员(2-01-17-00) ………………………………………… (3)
医药商品储运员(4-02-02-03) ………………………………………… (37)
医药商品购销员(4-01-99-01) ………………………………………… (35)
仪器仪表工程技术人员(2-02-07-03) ……………………………… (5)
仪器仪表检验工(6-26-01-34) ……………………………………… (339)
仪器仪表元件制造工(6-04-99-02) ………………………………… (137)
仪器仪表元器件装调工(6-05-06-01) ……………………………… (143)
乙丙橡胶生产工(6-03-08-02) ……………………………………… (109)
异戊橡胶生产工(6-03-08-03) ……………………………………… (110)
疫苗制品工(6-14-02-03) …………………………………………… (249)
意匠纹版工(6-10-03-06) …………………………………………… (217)
音乐指挥(2-10-02-04) ………………………………………………… (22)
音响调音员(6-19-03-05) …………………………………………… (284)
音像带复制工(6-19-02-03) ………………………………………… (282)
银行储蓄员(2-07-01-09) ……………………………………………… (20)
银行国库业务员(2-07-01-02) ………………………………………… (19)
银行国外业务员(2-07-01-06) ………………………………………… (20)
银行货币发行员(2-07-01-01) ………………………………………… (19)
银行清算员(2-07-01-04) ……………………………………………… (20)

银行外汇管理员(2-07-01-03) …………………………………………………… (20)
银行信贷员(2-07-01-05) ……………………………………………………………… (20)
银行信托业务员(2-07-01-07) …………………………………………………… (20)
银行信用卡业务员(2-07-01-08) ………………………………………………… (20)
引信装试工(6-05-15-01) …………………………………………………………… (161)
饮料制作工(6-12-03-06) …………………………………………………………… (233)
印花工(6-10-05-09) ………………………………………………………………… (221)
印泥制作工(6-22-01-10) …………………………………………………………… (297)
印品整饰工(6-20-03-02) …………………………………………………………… (289)
印染成品定等装潢工(6-10-05-12) ………………………………………………… (224)
印染雕刻制版工(6-10-05-10) ……………………………………………………… (222)
印染定型工(6-10-05-07) …………………………………………………………… (220)
印染工艺检验工(6-26-01-14) ……………………………………………………… (327)
印染烘干工(6-10-05-05) …………………………………………………………… (220)
印染后整理工(6-10-05-11) ………………………………………………………… (223)
印染染化料配制工(6-10-05-13) …………………………………………………… (225)
印染烧毛工(6-10-05-02) …………………………………………………………… (219)
印染丝光工(6-10-05-06) …………………………………………………………… (220)
印染洗涤工(6-10-05-04) …………………………………………………………… (220)
印制电路制作工(6-08-02-14) ……………………………………………………… (202)
应用气象人员(2-02-29-04) ………………………………………………………… (12)
营林试验工(5-02-01-04) …………………………………………………………… (52)
营销工程技术人员(2-02-34-06) …………………………………………………… (14)
营养配餐员(4-03-04-01) …………………………………………………………… (38)
营养与食品卫生医师(2-05-05-02) ………………………………………………… (18)
营业员(4-01-01-01) ………………………………………………………………… (32)
影视动画制作员(6-19-01-04) ……………………………………………………… (281)
影视服装员(6-19-01-02) …………………………………………………………… (281)
影视木偶制作员(6-19-01-05) ……………………………………………………… (281)
影视设备机械员(6-19-03-02) ……………………………………………………… (283)
影视舞台烟火特效员(6-19-01-03) ………………………………………………… (281)

影视置景制作员(6-19-01-01) …………………………………………(280)
影像技师(2-05-07-01) ………………………………………………(18)
硬度测力计量工(6-26-04-04) …………………………………………(345)
硬质合金成型工(6-02-11-02) …………………………………………(98)
硬质合金混合料制备工(6-02-11-01) …………………………………(98)
硬质合金精加工工(6-02-11-04) ………………………………………(99)
硬质合金烧结工(6-02-11-03) …………………………………………(98)
用电监察员(6-07-05-02) ………………………………………………(189)
用户通信终端维修员(3-03-03-04) ……………………………………(32)
邮件处理员(3-03-01-02) ………………………………………………(29)
邮政储汇员(3-03-01-04) ………………………………………………(29)
邮政工程技术人员(2-02-16-00) ………………………………………(8)
邮政机务员(3-03-01-08) ………………………………………………(30)
邮政业务档案员(3-03-01-07) …………………………………………(30)
邮政营业员(3-03-01-01) ………………………………………………(28)
油、气井测试工(6-01-06-01)……………………………………………(73)
油画外框制作工(6-21-08-04) …………………………………………(294)
油加热工(6-03-01-05) …………………………………………………(100)
油墨制造工(6-03-17-10) ………………………………………………(127)
油气管道保护工(6-01-06-07) …………………………………………(75)
油气输送工(6-01-06-06) ………………………………………………(75)
油毡生产工(6-17-03-01) ………………………………………………(266)
油脂制品工(6-12-06-04) ………………………………………………(239)
油制气工(6-03-02-04) …………………………………………………(102)
有机合成工(6-03-11-01) ………………………………………………(114)
有线广播电视机线员(6-19-03-04) ……………………………………(283)
有线通信传输设备调试工(6-08-04-08) ………………………………(207)
幼儿教师(2-09-05-00) …………………………………………………(21)
鱼粉加工工(5-04-03-04) ………………………………………………(61)
鱼肝油及制品加工工(5-04-03-05) ……………………………………(61)
鱼糜及鱼糜制品加工工(5-04-03-03) …………………………………(60)

渔网具装配工(5-04-02-04) …………………………………………………… (60)
渔业生产船员(5-04-02-02) …………………………………………………… (60)
渔业资源开发利用工程技术人员(2-02-26-02) ……………………………… (12)
浴池服务员(4-07-08-01) ……………………………………………………… (45)
园林绿化工程技术人员(2-02-23-03) ……………………………………… (10)
园林植物保护工(4-04-02-07) ………………………………………………… (39)
园艺技术人员(2-03-03-00) …………………………………………………… (14)
原电池制造工(6-08-03-03) …………………………………………………… (204)
圆珠笔制作工(6-22-01-08) …………………………………………………… (296)
乐器维修工(4-07-10-05) ……………………………………………………… (46)
云母制品加工工(6-17-06-01) ………………………………………………… (267)
运动员(2-11-01-03) …………………………………………………………… (24)

Z

杂技魔术演员(2-10-03-05) …………………………………………………… (22)
凿岩工(6-23-01-01) …………………………………………………………… (300)
造粒工(6-03-01-14) …………………………………………………………… (100)
造林更新工(5-02-01-02) ……………………………………………………… (52)
造纸工(6-16-02-01) …………………………………………………………… (263)
轧制工程技术人员(2-02-05-02) ……………………………………………… (4)
轧制原料工(6-02-08-01) ……………………………………………………… (92)
闸门运行工(6-24-05-04) ……………………………………………………… (317)
展览讲解员(4-04-02-03) ……………………………………………………… (39)
沼气生产工(5-99-02-01) ……………………………………………………… (64)
照明电器检验工(6-26-01-29) ………………………………………………… (337)
照明设备操作员(6-19-03-01) ………………………………………………… (283)
照明师(2-10-05-04) …………………………………………………………… (23)
照相器材维修工(4-07-10-03) ………………………………………………… (46)
哲学研究人员(2-01-01-00) …………………………………………………… (2)
针纺织品检验工(6-26-01-13) ………………………………………………… (326)
针灸科医师(2-05-02-10) ……………………………………………………… (17)

珍珠岩制造工(6-17-04-03) …………………………………………………… (267)
珍珠养殖工(5-04-01-05) …………………………………………………… (59)
真空测试工(6-05-05-02) …………………………………………………… (143)
真空电子器件化学零件制造工(6-08-01-01) ……………………………… (191)
真空电子器件金属零件制造工(6-08-01-03) ……………………………… (193)
真空电子器件装调工(6-08-01-06) ………………………………………… (195)
真空电子器件装配工(6-08-01-05) ………………………………………… (194)
真空干燥处理工(6-04-99-03) ……………………………………………… (137)
真空制盐工(6-01-07-08) …………………………………………………… (76)
枕木处理工(6-23-09-09) …………………………………………………… (306)
蒸发工(6-03-01-07) ………………………………………………………… (100)
蒸馏工(6-03-01-08) ………………………………………………………… (100)
整经工(6-10-03-01) ………………………………………………………… (216)
整脱模工(6-02-02-07) ……………………………………………………… (79)
证券发行员(2-07-03-01) …………………………………………………… (20)
证券交易员(2-07-03-02) …………………………………………………… (20)
证券投资顾问(2-07-03-03) ………………………………………………… (20)
支护工(6-01-03-06) ………………………………………………………… (68)
织布工(6-10-03-04) ………………………………………………………… (217)
织袜工(6-10-04-04) ………………………………………………………… (218)
织物验修工(6-10-03-05) …………………………………………………… (217)
织造工程技术人员(2-02-27-02) …………………………………………… (12)
脂肪酸工(6-03-17-03) ……………………………………………………… (126)
脂肪烃生产工(6-03-06-01) ………………………………………………… (109)
职业病医师(2-05-05-04) …………………………………………………… (18)
职业指导员(4-07-01-02) …………………………………………………… (43)
植物保护技术人员(2-03-02-00) …………………………………………… (14)
植物蛋白制作工(6-12-06-05) ……………………………………………… (239)
纸盒制作工(6-16-03-02) …………………………………………………… (263)
纸面石膏板生产工(6-17-02-03) …………………………………………… (266)
纸张整饰工(6-16-02-02) …………………………………………………… (263)

制材工(6-15-01-01) …………………………………………………… (255)
制齿工(6-04-01-09) …………………………………………………… (130)
制粉工(6-12-01-02) …………………………………………………… (230)
制浆备料工(6-16-01-01) ……………………………………………… (262)
制浆废液回收利用工(6-16-01-03) …………………………………… (263)
制浆设备操作工(6-16-01-02) ………………………………………… (262)
制胶工(6-03-17-11) …………………………………………………… (128)
制冷工(6-03-01-06) …………………………………………………… (100)
制帽工(6-11-02-02) …………………………………………………… (228)
制米工(6-12-01-01) …………………………………………………… (229)
制漆配色调制工(6-03-11-10) ………………………………………… (114)
制球工(6-22-02-01) …………………………………………………… (297)
制锁工(6-05-11-03) …………………………………………………… (158)
制图员(3-01-02-06) …………………………………………………… (26)
制线工(6-10-02-04) …………………………………………………… (216)
制鞋工(6-11-02-01) …………………………………………………… (227)
制油工(6-12-01-03) …………………………………………………… (230)
制皂工(6-03-17-01) …………………………………………………… (126)
治河及泥沙治理工程技术人员(2-02-24-02) ………………………… (11)
质量工程技术人员(2-02-33-03) ……………………………………… (13)
质量管理与可靠性控制工程技术人员(2-02-34-05) ………………… (14)
置景师(2-10-05-09) …………………………………………………… (23)
中等职业教育理论教师(2-09-02-01) ……………………………… (21)
中等职业教育学校校长(1-04-01-02) ……………………………… (2)
中国共产党中央委员会和地方各级党组织负责人(1-01-00-00) ……… (1)
中国共产主义青年团负责人(1-03-02-02) …………………………… (1)
中介代理人(4-07-01-01) ……………………………………………… (43)
中式面点师(4-03-01-02) ……………………………………………… (38)
中式烹调师(4-03-01-01) ……………………………………………… (38)
中兽医员(5-03-05-04) ………………………………………………… (57)
中西医结合医师(2-05-03-00) ………………………………………… (17)

中小型施工机械操作工(6-23-99-01) …………………………… (307)
中小学校校长(1-04-01-03) ………………………………………… (2)
中学教师(2-09-03-00) ……………………………………………… (21)
中药材生产管理员(5-01-05-03) …………………………………… (50)
中药材养殖员(5-01-05-02) ………………………………………… (50)
中药材种植员(5-01-05-01) ………………………………………… (50)
中药调剂员(4-01-99-02) …………………………………………… (35)
中药购销员(4-01-03-03) …………………………………………… (33)
中药固体制剂工(6-14-04-03) ……………………………………… (254)
中药检验工(6-26-01-22) …………………………………………… (330)
中药炮制与配制工(6-14-04-01) …………………………………… (253)
中药药师(2-05-06-02) ……………………………………………… (18)
中药液体制剂工(6-14-04-02) ……………………………………… (253)
中医儿科医师(2-05-02-04) ………………………………………… (17)
中医耳鼻喉科医师(2-05-02-09) …………………………………… (17)
中医妇科医师(2-05-02-03) ………………………………………… (17)
中医肛肠科医师(2-05-02-08) ……………………………………… (17)
中医骨伤科医师(2-05-02-07) ……………………………………… (17)
中医内科医师(2-05-02-01) ………………………………………… (17)
中医皮肤科医师(2-05-02-06) ……………………………………… (17)
中医外科医师(2-05-02-02) ………………………………………… (17)
中医眼科医师(2-05-02-05) ………………………………………… (17)
钟表维修工(4-07-10-04) …………………………………………… (46)
重力选矿工(6-01-04-02) …………………………………………… (71)
重冶备料工(6-02-04-01) …………………………………………… (81)
猪屠宰加工工(6-12-07-01) ………………………………………… (239)
竹、藤、麻、棕、草制品加工工(5-01-06-05) ………………………… (52)
煮炼漂工(6-10-05-03) ……………………………………………… (219)
助产士(2-05-08-07) ………………………………………………… (19)
助动车、自行车装配工(6-05-07-09)……………………………… (150)
筑路、养护工(6-23-09-02)………………………………………… (304)

筑路机械操作工(6-23-09-01) …………………………………………………… (304)
铸、钳针工(6-10-04-05)……………………………………………………………… (219)
铸管备品工(6-02-09-01) …………………………………………………………… (96)
铸管工(6-02-09-02) ………………………………………………………………… (96)
铸管精整工(6-02-09-03) …………………………………………………………… (96)
铸造工(6-04-02-01) ………………………………………………………………… (131)
铸轧工(6-02-08-10) ………………………………………………………………… (95)
专用计量器具计量工(6-26-04-11) ………………………………………………… (347)
专用继电器制造工(6-08-02-09) …………………………………………………… (201)
砖、瓦生产工(6-17-02-01)………………………………………………………… (265)
转炉炼钢工(6-02-02-03) …………………………………………………………… (78)
篆刻家(2-10-06-02) ………………………………………………………………… (23)
装表接电工(6-07-05-04) …………………………………………………………… (189)
装裱工(6-21-08-05) ………………………………………………………………… (294)
装订工(6-20-03-01) ………………………………………………………………… (288)
装潢美术设计人员(2-10-07-04) …………………………………………………… (24)
装甲车辆发动机装试工(6-05-12-04) ……………………………………………… (159)
装甲车辆工程技术人员(2-02-08-01) ……………………………………………… (5)
装甲车辆驾驶试验工(6-05-12-03) ………………………………………………… (159)
装甲车辆装配工(6-05-12-01) ……………………………………………………… (159)
装甲车辆装配检验工(6-05-12-02) ………………………………………………… (159)
装配钳工(6-05-02-01) ……………………………………………………………… (138)
装饰层压板工(6-15-02-05) ………………………………………………………… (259)
装饰美工(6-21-08-01) ……………………………………………………………… (293)
装饰石材生产工(6-17-05-01) ……………………………………………………… (267)
装饰装修工(6-23-07-01) …………………………………………………………… (303)
装卸归楞工(5-02-04-04) …………………………………………………………… (55)
紫胶生产工(6-03-15-05) …………………………………………………………… (122)
自来水笔制作工(6-22-01-07) ……………………………………………………… (296)
自然保护区工程技术人员(2-02-23-05) …………………………………………… (11)
自然保护区巡护监测员(5-02-03-03) ……………………………………………… (54)

自行车维修工(4-07-10-06) …………………………………………………… (46)
宗教职业者(2-13-00-00) ……………………………………………………… (26)
租赁业务员(4-01-04-04) ……………………………………………………… (34)
组合机床操作工(6-04-01-07) ……………………………………………… (130)
钻床工(6-04-01-06) …………………………………………………………… (130)
钻井工(6-01-05-02) …………………………………………………………… (73)
钻孔机司机(6-01-03-02) ……………………………………………………… (68)
钻探工(6-01-01-01) …………………………………………………………… (64)
作曲家(2-10-01-04) …………………………………………………………… (22)
作物遗传育种栽培技术人员(2-03-04-00) ………………………………… (14)
作物种子繁育工(5-01-01-03) ……………………………………………… (48)

序号	职业名称及代码	编码	工种名称及代码	编码
1	中国共产党中央委员会和地方各级党组织负责人(1-01-00-00)	101000000		
2	国家权力机关及其工作机构负责人(1-02-01-00)	102010000		
3	人民政协及其工作机构负责人(1-02-02-00)	102020000		
4	人民法院负责人(1-02-03-00)	102030000		
5	人民检察院负责人(1-02-04-00)	102040000		
6	国家行政机关及其工作机构负责人(1-02-05-00)	102050000		
7	其他国家机关及其工作机构负责人(1-02-99-00)	102990000		
8	民主党派负责人(1-03-01-00)	103010000		
9	工会负责人(1-03-02-01)	103020100		
10	中国共产主义青年团负责人(1-03-02-02)	103020200		
11	妇女联合会负责人(1-03-02-03)	103020300		
12	其他人民团体及其工作机构负责人(1-03-02-99)	103029900		
13	群众自治组织负责人(1-03-03-00)	103030000		
14	其他社会团体及其工作机构负责人(1-03-99-00)	103990000		
15	高等学校校长(1-04-01-01)	104010100		

序号	职业名称及代码	编码	工种名称及代码	编码
16	中等职业教育学校校长(1-04-01-02)	104010200		
17	中小学校校长(1-04-01-03)	104010300		
18	其他教育教学单位负责人(1-04-01-99)	104019900		
19	卫生单位负责人(1-04-02-00)	104020000		
20	科研单位负责人(1-04-03-00)	104030000		
21	其他事业单位负责人(1-04-99-00)	104990000		
22	企业董事(1-05-01-01)	105010100		
23	企业经理(1-05-01-02)	105010200		
24	企业职能部门经理或主管(1-05-01-03)	105010300		
25	其他企业负责人(1-05-01-99)	105019900		
26	哲学研究人员(2-01-01-00)	201010000		
27	经济学研究人员(2-01-02-00)	201020000		
28	法学研究人员(2-01-03-00)	201030000		
29	社会学研究人员(2-01-04-00)	201040000		
30	教育科学研究人员(2-01-05-00)	201050000		
31	文学、艺术研究人员(2-01-06-00)	201060000		

序号	职业名称及代码	编码	工种名称及代码	编码
32	图书馆学、情报学研究人员(2-01-07-00)	201070000		
33	历史学研究人员(2-01-08-00)	201080000		
34	管理科学研究人员(2-01-09-00)	201090000		
35	数学研究人员(2-01-10-00)	201100000		
36	物理学研究人员(2-01-11-00)	201110000		
37	化学研究人员(2-01-12-00)	201120000		
38	天文学研究人员(2-01-13-00)	201130000		
39	地球科学研究人员(2-01-14-00)	201140000		
40	生物科学研究人员(2-01-15-00)	201150000		
41	农业科学研究人员(2-01-16-00)	201160000		
42	医学研究人员(2-01-17-00)	201170000		
43	体育研究人员(2-01-99-01)	201990100		
44	地质勘探工程技术人员(2-02-01-00)	202010000		
45	大地测量工程技术人员(2-02-02-01)	202020100		
46	工程测量工程技术人员(2-02-02-02)	202020200		

序号	职业名称及代码	编码	工种名称及代码	编码
47	摄影测量与遥感工程技术人员(2-02-02-03)	202020300		
48	地图制图与印刷工程技术人员(2-02-02-04)	202020400		
49	海洋测绘工程技术人员(2-02-02-05)	202020500		
50	其他测绘工程技术人员(2-02-02-99)	202029900		
51	采矿工程技术人员(2-02-03-01)	202030100		
52	选矿与矿物加工工程技术人员(2-02-03-02)	202030200		
53	其他矿山工程技术人员(2-02-03-99)	202039900		
54	石油开采工程技术人员(2-02-04-01)	202040100		
55	石油储运工程技术人员(2-02-04-02)	202040200		
56	其他石油工程技术人员(2-02-04-99)	202049900		
57	冶炼工程技术人员(2-02-05-01)	202050100		
58	轧制工程技术人员(2-02-05-02)	202050200		
59	焦化工程技术人员(2-02-05-03)	202050300		
60	金属材料工程技术人员(2-02-05-04)	202050400		
61	耐火材料工程技术人员(2-02-05-05)	202050500		

序号	职业名称及代码	编码	工种名称及代码	编码
62	碳素材料工程技术人员 (2-02-05-06)	202050600		
63	冶金热能工程技术人员 (2-02-05-07)	202050700		
64	其他冶金工程技术人员 (2-02-05-99)	202059900		
65	化工实验工程技术人员 (2-02-06-01)	202060100		
66	化工设计工程技术人员 (2-02-06-02)	202060200		
67	化工生产工程技术人员 (2-02-06-03)	202060300		
68	其他化工工程技术人员 (2-02-06-99)	202069900		
69	机械设计工程技术人员 (2-02-07-01)	202070100		
70	机械制造工程技术人员 (2-02-07-02)	202070200		
71	仪器仪表工程技术人员 (2-02-07-03)	202070300		
72	设备工程技术人员(2-02-07-04)	202070400		
73	其他机械工程技术人员 (2-02-07-99)	202079900		
74	装甲车辆工程技术人员 (2-02-08-01)	202080100		
75	火炮枪械工程技术人员 (2-02-08-02)	202080200		
76	弹箭工程技术人员(2-02-08-03)	202080300		

序号	职业名称及代码	编码	工种名称及代码	编码
77	火炸药工程技术人员(2-02-08-04)	202080400		
78	光电火控工程技术人员(2-02-08-05)	202080500		
79	其他兵器工程技术人员(2-02-08-99)	202089900		
80	飞机设计工程技术人员(2-02-09-01)	202090100		
81	飞机制造工程技术人员(2-02-09-02)	202090200		
82	飞机发动机设计工程技术人员(2-02-09-03)	202090300		
83	飞机发动机制造工程技术人员(2-02-09-04)	202090400		
84	其他航空工程技术人员(2-02-09-99)	202099900		
85	航天工程技术人员(2-02-10-00)	202100000		
86	电子材料工程技术人员(2-02-11-01)	202110100		
87	电子元器件工程技术人员(2-02-11-02)	202110200		
88	雷达系统工程技术人员(2-02-11-03)	202110300		
89	广播视听设备工程技术人员(2-02-11-04)	202110400		
90	电子仪器与测量工程技术人员(2-02-11-05)	202110500		

序号	职业名称及代码	编码	工种名称及代码	编码
91	其他电子工程技术人员(2-02-11-99)	202119900		
92	通信工程技术人员(2-02-12-00)	202120000		
93	计算机硬件技术人员(2-02-13-01)	202130100		
94	计算机软件技术人员(2-02-13-02)	202130200		
95	计算机网络技术人员(2-02-13-03)	202130300		
96	计算机系统分析技术人员(2-02-13-04)	202130400		
97	★计算机网络管理员(2-02-13-05)	202130500		
98	★计算机程序设计员(2-02-13-06)	202130600		
99	★多媒体作品制作员(2-02-13-07)	202130700		
100	其他计算机与应用工程技术人员(2-02-13-99)	202139900		
101	电机与电器工程技术人员(2-02-14-01)	202140100		
102	电力拖动与自动控制工程技术人员(2-02-14-02)	202140200		
103	电线电缆与电工材料工程技术人员(2-02-14-03)	202140300		
104	其他电气工程技术人员(2-02-14-99)	202149900		

序号	职业名称及代码	编码	工种名称及代码	编码
105	发电工程技术人员(2-02-15-01)	202150100		
106	输变电工程技术人员(2-02-15-02)	202150200		
107	供用电工程技术人员(2-02-15-03)	202150300		
108	其他电力工程技术人员(2-02-15-99)	202159900		
109	邮政工程技术人员(2-02-16-00)	202160000		
110	广播电视编播工程技术人员(2-02-17-01)	202170100		
111	广播电视传输覆盖工程技术人员(2-02-17-02)	202170200		
112	电影工程技术人员(2-02-17-03)	202170300		
113	其他广播电影电视工程技术人员(2-02-17-99)	202179900		
114	汽车运用工程技术人员(2-02-18-01)	202180100		
115	船舶运用工程技术人员(2-02-18-02)	202180200		
116	水上交通工程技术人员(2-02-18-03)	202180300		
117	海上救助打捞工程技术人员(2-02-18-04)	202180400		
118	船舶检验工程技术人员(2-02-18-05)	202180500		

序号	职业名称及代码	编码	工种名称及代码	编码
119	其他交通工程技术人员(2-02-18-99)	202189900		
120	民用航空维修与适航专业技术人员(2-02-19-01)	202190100		
121	航行航空工程技术人员(2-02-19-02)	202190200		
122	通用航空技术人员(2-02-19-03)	202190300		
123	航空运输工程技术人员(2-02-19-04)	202190400		
124	其他民用航空工程技术人员(2-02-19-99)	202199900		
125	铁道运输工程技术人员(2-02-20-01)	202200100		
126	铁路机务工程技术人员(2-02-20-02)	202200200		
127	铁路车辆工程技术人员(2-02-20-03)	202200300		
128	铁路电务工程技术人员(2-02-20-04)	202200400		
129	其他铁路工程技术人员(2-02-20-99)	202209900		
130	城镇规划设计工程技术人员(2-02-21-01)	202210100		
131	建筑设计工程技术人员(2-02-21-02)	202210200		
132	土木建筑工程技术人员(2-02-21-03)	202210300		

序号	职业名称及代码	编码	工种名称及代码	编码
133	风景园林工程技术人员(2-02-21-04)	202210400		
134	道路与桥梁工程技术人员(2-02-21-05)	202210500		
135	港口与航道工程技术人员(2-02-21-06)	202210600		
136	机场工程技术人员(2-02-21-07)	202210700		
137	铁路建筑工程技术人员(2-02-21-08)	202210800		
138	水利水电建筑工程技术人员(2-02-21-09)	202210900		
139	其他建筑工程技术人员(2-02-21-99)	202219900		
140	硅酸盐工程技术人员(2-02-22-01)	202220100		
141	非金属矿及制品工程技术人员(2-02-22-02)	202220200		
142	无机非金属新材料工程技术人员(2-02-22-03)	202220300		
143	其他建材工程技术人员(2-02-22-99)	202229900		
144	林业生态环境工程技术人员(2-02-23-01)	202230100		
145	森林培育工程技术人员(2-02-23-02)	202230200		
146	园林绿化工程技术人员(2-02-23-03)	202230300		

序号	职业名称及代码	编码	工种名称及代码	编码
147	野生动物保护与繁殖利用工程技术人员(2-02-23-04)	202230400		
148	自然保护区工程技术人员(2-02-23-05)	202230500		
149	森林保护工程技术人员(2-02-23-06)	202230600		
150	木、竹材加工工程技术人员(2-02-23-07)	202230700		
151	森林采伐和运输工程技术人员(2-02-23-08)	202230800		
152	经济林和林特产品加工工程技术人员(2-02-23-09)	202230900		
153	森林资源管理与监测工程技术人员(2-02-23-10)	202231000		
154	其他林业工程技术人员(2-02-23-99)	202239900		
155	水资源工程技术人员(2-02-24-01)	202240100		
156	治河及泥沙治理工程技术人员(2-02-24-02)	202240200		
157	其他水利工程技术人员(2-02-24-99)	202249900		
158	海洋调查与监测工程技术人员(2-02-25-01)	202250100		
159	海洋环境预报工程技术人员(2-02-25-02)	202250200		
160	海洋资源开发利用和保护工程技术人员(2-02-25-03)	202250300		

序号	职业名称及代码	编码	工种名称及代码	编码
161	海洋工程勘察设计工程技术人员(2-02-25-04)	202250400		
162	其他海洋工程技术人员(2-02-25-99)	202259900		
163	水产养殖工程技术人员(2-02-26-01)	202260100		
164	渔业资源开发利用工程技术人员(2-02-26-02)	202260200		
165	其他水产工程技术人员(2-02-26-99)	202269900		
166	纺纱工程技术人员(2-02-27-01)	202270100		
167	织造工程技术人员(2-02-27-02)	202270200		
168	染整工程技术人员(2-02-27-03)	202270300		
169	其他纺织工程技术人员(2-02-27-99)	202279900		
170	食品工程技术人员(2-02-28-00)	202280000		
171	气象观测人员(2-02-29-01)	202290100		
172	天气预报人员(2-02-29-02)	202290200		
173	气候监测预测人员(2-02-29-03)	202290300		
174	应用气象人员(2-02-29-04)	202290400		
175	气象服务人员(2-02-29-05)	202290500		

序号	职业名称及代码	编码	工种名称及代码	编码
176	其他气象工程技术人员(2-02-29-99)	202299900		
177	地震工程技术人员(2-02-30-00)	202300000		
178	环境损害控制工程技术人员(2-02-31-01)	202310100		
179	环境监测工程技术人员(2-02-31-02)	202310200		
180	环境污染治理工程技术人员(2-02-31-03)	202310300		
181	其他环境保护工程技术人员(2-02-31-99)	202319900		
182	安全工程技术人员(2-02-32-00)	202320000		
183	标准化工程技术人员(2-02-33-01)	202330100		
184	计量工程技术人员(2-02-33-02)	202330200		
185	质量工程技术人员(2-02-33-03)	202330300		
186	其他标准化、计量、质量工程技术人员(2-02-33-99)	202339900		
187	普通工业工程技术人员(2-02-34-01)	202340100		
188	系统规划与管理工程技术人员(2-02-34-02)	202340200		
189	设施规划与设计工程技术人员(2-02-34-03)	202340300		

序号	职业名称及代码	编码	工种名称及代码	编码
190	生产组织与管理工程技术人员(2-02-34-04)	202340400		
191	质量管理与可靠性控制工程技术人员(2-02-34-05)	202340500		
192	营销工程技术人员(2-02-34-06)	202340600		
193	人力资源开发与管理工程技术人员(企业人力资源管理人员)(2-02-34-07)	202340700		
194	★企业培训师(2-02-34-08)	202340800		
195	★项目管理师(2-02-34-09)	202340900		
196	★企业信息管理师(2-02-34-10)	202341000		
197	其他管理(工业)工程技术人员(2-02-34-99)	202349900		
198	其他工程技术人员(2-02-99-00)	202990000		
199	土壤肥料技术人员(2-03-01-00)	203010000		
200	植物保护技术人员(2-03-02-00)	203020000		
201	园艺技术人员(2-03-03-00)	203030000		
202	作物遗传育种栽培技术人员(2-03-04-00)	203040000		
203	兽医(2-03-05-01)	203050100		

序号	职业名称及代码	编码	工种名称及代码	编码
204	兽药技术人员(2-03-05-02)	203050200		
205	其他兽医兽药技术人员(2-03-05-99)	203059900		
206	畜牧技术人员(2-03-06-01)	203060100		
207	草业技术人员(2-03-06-02)	203060200		
208	其他畜牧与草业技术人员(2-03-06-99)	203069900		
209	其他农业技术人员(2-03-99-00)	203990000		
210	飞行驾驶员(2-04-01-01)	204010100		
211	飞机机械员(2-04-01-02)	204010200		
212	飞行领航员(2-04-01-03)	204010300		
213	飞行通信员(2-04-01-04)	204010400		
214	其他飞行人员和领航人员(2-04-01-99)	204019900		
215	甲板部技术人员(2-04-02-01)	204020100		
216	轮机部技术人员(2-04-02-02)	204020200		
217	船舶引航员(2-04-02-03)	204020300		
218	其他船舶指挥和引航人员(2-04-02-99)	204029900		
219	其他飞机和船舶技术人员(2-04-99-00)	204990000		
220	内科医师(2-05-01-01)	205010100		

序号	职业名称及代码	编码	工种名称及代码	编码
221	外科医师(2-05-01-02)	205010200		
222	儿科医师(2-05-01-03)	205010300		
223	妇产科医师(2-05-01-04)	205010400		
224	眼科医师(2-05-01-05)	205010500		
225	耳鼻喉科医师(2-05-01-06)	205010600		
226	口腔科医师(2-05-01-07)	205010700		
227	皮肤科医师(2-05-01-08)	205010800		
228	精神科医师(2-05-01-09)	205010900		
229	心理医师(2-05-01-10)	205011000		
230	传染病科医师(2-05-01-11)	205011100		
231	急诊科医师(2-05-01-12)	205011200		
232	康复科医师(2-05-01-13)	205011300		
233	麻醉科医师(2-05-01-14)	205011400		
234	病理科医师(2-05-01-15)	205011500		
235	放射科医师(2-05-01-16)	205011600		
236	核医学医师(2-05-01-17)	205011700		
237	超声诊断科医师(2-05-01-18)	205011800		
238	放射肿瘤科医师(2-05-01-19)	205011900		
239	全科医师(2-05-01-20)	205012000		
240	乡村医师(2-05-01-21)	205012100		
241	妇幼保健医师(2-05-01-22)	205012200		

序号	职业名称及代码	编码	工种名称及代码	编码
242	输(采供)血医师(2-05-01-23)	205012300		
243	其他西医医师(2-05-01-99)	205019900		
244	中医内科医师(2-05-02-01)	205020100		
245	中医外科医师(2-05-02-02)	205020200		
246	中医妇科医师(2-05-02-03)	205020300		
247	中医儿科医师(2-05-02-04)	205020400		
248	中医眼科医师(2-05-02-05)	205020500		
249	中医皮肤科医师(2-05-02-06)	205020600		
250	中医骨伤科医师(2-05-02-07)	205020700		
251	中医肛肠科医师(2-05-02-08)	205020800		
252	中医耳鼻喉科医师(2-05-02-09)	205020900		
253	针灸科医师(2-05-02-10)	205021000		
254	推拿按摩科医师(2-05-02-11)	205021100		
255	其他中医医师(2-05-02-99)	205029900		
256	中西医结合医师(2-05-03-00)	205030000		

序号	职业名称及代码	编码	工种名称及代码	编码
257	民族医师(2-05-04-00)	205040000		
258	流行病学医师(2-05-05-01)	205050100		
259	营养与食品卫生医师(2-05-05-02)	205050200		
260	环境卫生医师(2-05-05-03)	205050300		
261	职业病医师(2-05-05-04)	205050400		
262	劳动(职业)卫生医师(2-05-05-05)	205050500		
263	放射卫生医师(2-05-05-06)	205050600		
264	儿少和学校卫生医师(2-05-05-07)	205050700		
265	其他公共卫生医师(2-05-05-99)	205059900		
266	西药剂师(2-05-06-01)	205060100		
267	中药药师(2-05-06-02)	205060200		
268	其他药剂人员(2-05-06-99)	205069900		
269	影像技师(2-05-07-01)	205070100		
270	麻醉技师(2-05-07-02)	205070200		
271	病理技师(2-05-07-03)	205070300		
272	临床检验技师(2-05-07-04)	205070400		
273	公卫检验技师(2-05-07-05)	205070500		
274	卫生工程技师(2-05-07-06)	205070600		

序号	职业名称及代码	编码	工种名称及代码	编码
275	输(采供)血技师(2-05-07-07)	205070700		
276	其他医疗技术人员(2-05-07-99)	205079900		
277	病房护士(2-05-08-01)	205080100		
278	门诊护士(2-05-08-02)	205080200		
279	急诊护士(2-05-08-03)	205080300		
280	手术室护士(2-05-08-04)	205080400		
281	供应室护士(2-05-08-05)	205080500		
282	社区护士(2-05-08-06)	205080600		
283	助产士(2-05-08-07)	205080700		
284	其他护理人员(2-05-08-99)	205089900		
285	其他卫生专业技术人员(2-05-99-00)	205990000		
286	经济计划人员(2-06-01-00)	206010000		
287	统计人员(2-06-02-00)	206020000		
288	会计人员(2-06-03-00)	206030000		
289	审计人员(2-06-04-00)	206040000		
290	国际商务人员(2-06-05-00)	206050000		
291	其他经济业务人员(2-06-99-00)	206990000		
292	银行货币发行员(2-07-01-01)	207010100		
293	银行国库业务员(2-07-01-02)	207010200		

序号	职业名称及代码	编码	工种名称及代码	编码
294	银行外汇管理员(2-07-01-03)	207010300		
295	银行清算员(2-07-01-04)	207010400		
296	银行信贷员(2-07-01-05)	207010500		
297	银行国外业务员(2-07-01-06)	207010600		
298	银行信托业务员(2-07-01-07)	207010700		
299	银行信用卡业务员(2-07-01-08)	207010800		
300	银行储蓄员(2-07-01-09)	207010900		
301	其他银行业务人员(2-07-01-99)	207019900		
302	精算师(2-07-02-01)	207020100		
303	保险推销员(2-07-02-02)	207020200		
304	保险理赔员(2-07-02-03)	207020300		
305	其他保险业务人员(2-07-02-99)	207029900		
306	证券发行员(2-07-03-01)	207030100		
307	证券交易员(2-07-03-02)	207030200		
308	证券投资顾问(2-07-03-03)	207030300		
309	其他证券业务人员(2-07-03-99)	207039900		
310	其他金融业务人员(2-07-99-00)	207990000		
311	法官(2-08-01-00)	208010000		

序号	职业名称及代码	编码	工种名称及代码	编码
312	检察官(2-08-02-00)	208020000		
313	律师(2-08-03-00)	208030000		
314	公证员(2-08-04-00)	208040000		
315	法医(2-08-05-01)	208050100		
316	其他司法鉴定人员(2-08-05-99)	208059900		
317	书记员(2-08-06-00)	208060000		
318	其他法律专业人员(2-08-99-00)	208990000		
319	高等教育教师(2-09-01-00)	209010000		
320	中等职业教育理论教师(2-09-02-01)	209020100		
321	实习指导教师(2-09-02-02)	209020200		
322	其他中等职业教育教师(2-09-02-99)	209029900		
323	中学教师(2-09-03-00)	209030000		
324	小学教师(2-09-04-00)	209040000		
325	幼儿教师(2-09-05-00)	209050000		
326	特殊教育教师(2-09-06-00)	209060000		
327	其他教学人员(2-09-99-00)	209990000		
328	文学作家(2-10-01-01)	210010100		
329	曲艺作家(2-10-01-02)	210010200		
330	剧作家(2-10-01-03)	210010300		

序号	职业名称及代码	编码	工种名称及代码	编码
331	作曲家(2-10-01-04)	210010400		
332	词作家(2-10-01-05)	210010500		
333	文艺评论员(2-10-01-06)	210010600		
334	皮影戏木偶戏作家(2-10-01-07)	210010700		
335	其他文艺创作和评论人员(2-10-01-99)	210019900		
336	电影电视导演(2-10-02-01)	210020100		
337	戏剧导演(2-10-02-02)	210020200		
338	舞蹈编导(2-10-02-03)	210020300		
339	音乐指挥(2-10-02-04)	210020400		
340	其他编导和音乐指挥人员(2-10-02-99)	210029900		
341	电影电视演员(2-10-03-01)	210030100		
342	戏剧演员(2-10-03-02)	210030200		
343	舞蹈演员(2-10-03-03)	210030300		
344	曲艺演员(2-10-03-04)	210030400		
345	杂技魔术演员(2-10-03-05)	210030500		
346	歌唱演员(2-10-03-06)	210030600		
347	皮影戏演员(2-10-03-07)	210030700		
348	木偶戏演员(2-10-03-08)	210030800		
349	其他演员(2-10-03-99)	210039900		
350	民族乐器演奏员(2-10-04-01)	210040100		

序号	职业名称及代码	编码	工种名称及代码	编码
351	外国乐器演奏员(2-10-04-02)	210040200		
352	其他乐器演奏员(2-10-04-99)	210049900		
353	电影电视制片(2-10-05-01)	210050100		
354	电影电视场记(2-10-05-02)	210050200		
355	电影电视摄影师(2-10-05-03)	210050300		
356	照明师(2-10-05-04)	210050400		
357	录音师(2-10-05-05)	210050500		
358	剪辑师(2-10-05-06)	210050600		
359	美工师(2-10-05-07)	210050700		
360	化妆师(2-10-05-08)	210050800	化妆工(22-002)	210050801
361	置景师(2-10-05-09)	210050900		
362	道具师(2-10-05-10)	210051000	影视道具员(23-012)	210051001
363	电影电视片发行人(2-10-05-11)	210051100		
364	舞台监督(2-10-05-12)	210051200		
365	戏剧制作人(2-10-05-13)	210051300		
366	其他电影电视制作及舞台专业人员(2-10-05-99)	210059900		
367	画家(2-10-06-01)	210060100		
368	篆刻家(2-10-06-02)	210060200		
369	雕塑家(2-10-06-03)	210060300		

序号	职业名称及代码	编码	工种名称及代码	编码
370	书法家(2-10-06-04)	210060400		
371	陶艺家(2-10-06-05)	210060500		
372	其他美术专业人员(2-10-06-99)	210069900		
373	特种工艺设计人员(2-10-07-01)	210070100		
374	实用工艺设计人员(2-10-07-02)	210070200		
375	现代工艺设计人员(2-10-07-03)	210070300		
376	装潢美术设计人员(2-10-07-04)	210070400		
377	服装设计人员(2-10-07-05)	210070500		
378	室内装饰设计人员(2-10-07-06)	210070600		
379	陈列展览设计人员(2-10-07-07)	210070700		
380	广告设计人员(2-10-07-08)	210070800		
381	其他工艺美术专业人员(2-10-07-99)	210079900		
382	其他文学艺术工作人员(2-10-99-00)	210990000		
383	教练员(2-11-01-01)	211010100		
384	裁判员(2-11-01-02)	211010200		
385	运动员(2-11-01-03)	211010300		
386	其他体育工作人员(2-11-01-99)	211019900		

序号	职业名称及代码	编码	工种名称及代码	编码
387	文字记者(2-12-01-01)	212010100		
388	摄影记者(2-12-01-02)	212010200		
389	其他记者(2-12-01-99)	212019900		
390	文字编辑(2-12-02-01)	212020100		
391	美术编辑(2-12-02-02)	212020200		
392	技术编辑(2-12-02-03)	212020300		
393	电子出版物编辑(2-12-02-04)	212020400		
394	其他编辑(2-12-02-99)	212029900		
395	校对员(2-12-03-00)	212030000		
396	播音员(2-12-04-01)	212040100		
397	节目主持人员(2-12-04-02)	212040200		
398	其他播音员及节目主持人(2-12-04-99)	212049900		
399	翻译(2-12-05-00)	212050000		
400	图书资料业务人员(2-12-06-01)	212060100		
401	档案业务人员(2-12-06-02)	212060200		
402	缩微摄影人员(2-12-06-03)	212060300	缩微摄影工(22-014)	212060301
			缩微胶片处理工(22-015)	212060302
403	其他图书资料与档案业务人员(2-12-06-99)	212069900		
404	考古工作者(2-12-07-01)	212070100		

序号	职业名称及代码	编码	工种名称及代码	编码
405	文物鉴定和保管人员(2-12-07-02)	212070200		
406	文物保护专业人员(2-12-07-03)	212070300		
407	其他考古及文物保护专业人员(2-12-07-99)	212079900		
408	其他新闻出版、文化工作人员(2-12-99-00)	212990000		
409	宗教职业者(2-13-00-00)	213000000		
410	其他专业技术人员(2-99-00-00)	299000000		
411	行政业务办公人员(3-01-01-01)	301010100		
412	行政执法人员(3-01-01-02)	301010200		
413	其他行政业务人员(3-01-01-99)	301019900		
414	秘书(3-01-02-01)	301020100		
415	公关员(3-01-02-02)	301020200		
416	收发员(3-01-02-03)	301020300		
417	打字员(3-01-02-04)	301020400		
418	计算机操作员(3-01-02-05)	301020500	计算机文字录入处理员(36-042)	301020501
419	制图员(3-01-02-06)	301020600	制图员(46-001)	301020601
420	其他行政事务人员(3-01-02-99)	301029900		
421	其他行政办公人员(3-01-99-00)	301990000		

序号	职业名称及代码	编码	工种名称及代码	编码
422	人民警察(3-02-01-00)	302010000		
423	保安员(3-02-02-01)	302020100		
424	违禁品检查员(3-02-02-02)	302020200		
425	金融守押员(3-02-02-03)	302020300		
426	其他治安保卫人员(3-02-02-99)	302029900		
427	灭火员(3-02-03-01)	302030100	消防战斗员	302030101
			消防供水员	302030102
			消防通信员	302030103
			特种灭火装备修配工	302030104
			森林报务员	302030105
			消防船艇机匠	302030106
			消防船艇电匠	302030107
			消防船艇水手	302030108
			灭火战斗员	302030109
428	消防抢险救援员(3-02-03-02)	302030200	防毒防化抢险员	302030201
			防核抢险员	302030202
			一般事故抢险员	302030203
			抢险救援器材工具调配工	302030204
			抢险救援器材维修工	302030205
429	防火员(3-02-03-03)	302030300	防火员	302030301
			可燃气体(毒气)检测员	302030302

序号	职业名称及代码	编码	工种名称及代码	编码
			危险物品监督员	302030303
			防火审核员	302030304
430	建（构）筑物消防员（3-02-03-04）	302030400	消防中控室监管员	302030401
			消防巡逻员	302030402
			火警报警系统操作员	302030403
			固定灭火系统操作员	302030404
431	火灾瞭望观察员（3-02-03-05）	302030500	城市消防瞭望员	302030501
			水上消防安全观察员	302030502
			森林消防瞭望员	302030503
			森林航空护林观察员	302030504
432	其他消防人员（3-02-03-99）	302039900		
433	其他安全保卫和消防人员(3-02-99-00)	302990000		
434	邮政营业员(3-03-01-01)	303010100	邮电营业员(21-001)	303010101
			机要营业员(21-008)	303010102
			国际邮电营业员(21-011)	303010103
			特快专递邮件业务员(21-014)	303010104
			电子信函业务员(21-025)	303010105

序号	职业名称及代码	编码	工种名称及代码	编码
435	邮件处理员(3-03-01-02)	303010200	邮件分拣员(21-002)	303010201
			邮件接发员(21-003)	303010202
			邮件转运员(21-004)	303010203
			火车、轮船邮件押运员(21-005)	303010204
			汽车邮件押运员(21-006)	303010205
			机要分拣员(21-009)	303010206
			国际邮件分拣员(21-012)	303010207
			国际邮件接发员(21-013)	303010208
			报刊分发员(21-019)	303010209
436	投递员(3-03-01-03)	303010300	城乡投递员(21-007)	303010301
			机要投递员(21-010)	303010302
			电报投递员(21-023)	303010303
437	邮政储汇员(3-03-01-04)	303010400	邮政储蓄业务员(21-015)	303010401
			汇兑检查员(21-016)	303010402
			汇兑稽核员(21-017)	303010403

序号	职业名称及代码	编码	工种名称及代码	编码
438	报刊发行员(3-03-01-05)	303010500	报刊发行员(21-018)	303010501
			报刊零售员(21-020)	303010502
439	集邮业务员(3-03-01-06)	303010600	集邮业务员(21-021)	303010601
440	邮政业务档案员(3-03-01-07)	303010700	邮政业务档案员(21-022)	303010701
441	邮政机务员(3-03-01-08)	303010800	邮政机务员(21-034)	303010801
442	其他邮政业务人员(3-03-01-99)	303019900		
443	电信业务营业员(3-03-02-01)	303020100	电信册报员(21-024)	303020101
			传真值机处理员(21-030)	303020102
			电信营业员	303020103
			国际电信营业员	303020104
			电信业务营销员	303020105
444	话务员(3-03-02-02)	303020200	话务员(21-027)	303020201
			长途话务员(21-028)	303020202
			查号话务员(21-029)	303020203
			国际话务员(21-032)	303020204
			无线寻呼业务员(21-033)	303020205
			信息服务话务员	303020206

序号	职业名称及代码	编码	工种名称及代码	编码
445	报务员(3-03-02-03)	303020300	报务员(21-026)	303020301
			国际报务员(21-031)	303020302
446	其他电信业务人员(3-03-02-99)	303029900		
447	传输机务员(3-03-03-01)	303030100	电报机务员(21-035)	303030101
			微波机务员(21-038)	303030102
			卫星地球站机务员(21-039)	303030103
			载波机务员(21-040)	303030104
			短波通信机务员	303030105
			移动通信机务员	303030106
			光通信机务员	303030107
			数据通信机务员	303030108
448	线务员(3-03-03-02)	303030200	长途线务员(21-045)	303030201
			电缆线务员(21-046)	303030202
			市话线务员(21-047)	303030203
			机线员(21-048)	303030204
			天线线务员(21-049)	303030205
			光缆线务员	303030206
449	电话电报交换机务员(3-03-03-03)	303030300	电报自动交换机务员(21-036)	303030301

序号	职业名称及代码	编码	工种名称及代码	编码
			长途机务员(21-041)	303030302
			市话机务员(21-042)	303030303
450	用户通信终端维修员(3-03-03-04)	303030400		
451	通信电力机务员(3-03-03-05)	303030500	电力机务员(21-044)	303030501
452	市话测量员(3-03-03-06)	303030600	市话测量员(21-043)	303030601
453	其他电信通信传输业务人员(3-03-03-99)	303039900		
454	其他邮政和电信业务人员(3-03-99-00)	303990000		
455	其他办事人员和有关人员(3-99-00-00)	399000000		
456	营业员(4-01-01-01)	401010100	商品营业员(03-013)	401010101
457	收银员(4-01-01-02)	401010200	收银审核员(04-002)	401010201
			收银员	401010202
458	其他营业人员(4-01-01-99)	401019900		
459	推销员(营销师)(4-01-02-01)	401020100	商品供应员(03-015)	401020101
			商品送货员(03-026)	401020102
			物资供应员(06-002)	401020103

序号	职业名称及代码	编码	工种名称及代码	编码
			推销员	401020104
460	出版物发行员(4-01-02-02)	401020200	音像发行员(29-075)	401020201
			图书发行员(29-079)	401020202
461	服装模特(4-01-02-03)	401020300		
462	其他推销、展销人员(4-01-02-99)	401029900		
463	采购员(4-01-03-01)	401030100	商品采购员(03-014)	401030101
			商品购销信件收发员(03-024)	401030102
			商品查询员(03-025)	401030103
			物资进货员(06-001)	401030104
464	收购员(4-01-03-02)	401030200	商品收购员(03-016)	401030201
			蔬菜作价员(03-023)	401030202
			蔬菜生产联络员(03-131)	401030203
465	中药购销员(4-01-03-03)	401030300	中药材收购员(34-005)	401030301
			中药购销员(34-008)	401030302
			◆中药验收员(34-009)	

序号	职业名称及代码	编码	工种名称及代码	编码
			中药保管员(34-010)	401030303
			中药养护员(34-011)	401030304
466	其他采购人员(4-01-03-99)	401039900		
467	鉴定估价师(4-01-04-01)	401040100	旧货估价员	401040101
			旧机动车鉴定估价师	401040102
468	拍卖师(4-01-04-02)	401040200		
469	典当业务员(4-01-04-03)	401040300	典当业务员	401040301
470	租赁业务员(4-01-04-04)	401040400	租赁业务员	401040401
471	其他拍卖、典当及租赁业务人员(4-01-04-99)	401049900		
472	废旧物资回收挑选工(4-01-05-01)	401050100	废旧物资挑选工(03-124)	401050101
473	废旧物资加工工(4-01-05-02)	401050200	废旧物资加工工(03-125)	401050201
			废金属加工挑选工(06-003)	401050202
			废金属机械打包工(06-004)	401050203
			废旧金属设备修旧利废工(06-005)	401050204
474	船体拆解工(4-01-05-03)	401050300	仪表拆解工(06-009)	401050301
			机舱拆解工(06-010)	401050302

序号	职业名称及代码	编码	工种名称及代码	编码
			船体拆解工(06-011)	401050303
			油船清洗工(06-012)	401050304
475	其他废旧物资回收利用人员(4-01-05-99)	401059900		
476	粮油管理员(4-01-06-01)	401060100	粮油票证员(03-022)	401060101
			粮油管理员(03-130)	401060102
477	其他粮油管理人员(4-01-06-99)	401069900		
478	商品监督员(4-01-07-01)	401070100	商品监督员	401070101
479	市场管理员(4-01-07-02)	401070200		
480	其他商品监督和市场管理人员(4-01-07-99)	401079900		
481	医药商品购销员(4-01-99-01)	401990100	医用商品营业员(33-191)	401990101
			医用商品采购员(33-192)	401990102
			医用商品供应员(33-193)	401990103
482	中药调剂员(4-01-99-02)	401990200	中药调剂员(34-006)	401990201
			中药临方制剂员(34-007)	401990202
483	摊商(4-01-99-03)	401990300		
484	保管员(4-02-01-01)	402010100	钞币库房管理工(02-019)	402010101

序号	职业名称及代码	编码	工种名称及代码	编码
			金库管库工(02-041)	402010102
			商品保管员(03-027)	402010103
			库工(03-030)	402010104
			商业储运机械操作工(03-041)	402010105
			仓库保管工(06-007)	402010106
			汽车货运库工(20-016)	402010107
485	理货员(4-02-01-02)	402010200	船舶理货员(20-044)	402010201
			港口理货员(20-062)	402010202
			商品理货员	402010203
486	商品养护员(4-02-01-03)	402010300	商品养护员(03-029)	402010301
			粮食烘干工(03-040)	402010302
			物资维护保养工(06-006)	402010303
487	保鲜员(4-02-01-04)	402010400	商品保鲜员(03-028)	402010401
488	冷藏工(4-02-01-05)	402010500	▲制冷工(03-031)	
			冷藏工(03-032)	402010501
			制冰工(03-033)	402010502
489	其他保管人员(4-02-01-99)	402019900		

序号	职业名称及代码	编码	工种名称及代码	编码
490	商品储运员(4-02-02-01)	402020100	商品运输员(03-042)	402020101
			物资调运员(06-014)	402020102
			商品组配员	402020103
491	商品护运员(4-02-02-02)	402020200	商品押运员(03-043)	402020201
			畜禽赶运员(03-044)	402020202
492	医药商品储运员(4-02-02-03)	402020300	药品保管养护工(33-092)	402020301
			医用商品保管员(33-194)	402020302
			医用商品组配员(33-195)	402020303
			药品、化学试剂分装员(33-196)	402020304
			医用商品运输员(33-197)	402020305
493	出版物储运员(4-02-02-04)	402020400	图书仓储员(29-076)	402020401
			图书发货员(29-077)	402020402
			图书运输员(29-078)	402020403
494	其他储运人员(4-02-02-99)	402029900		
495	其他仓储人员(4-02-99-00)	402990000		

序号	职业名称及代码	编码	工种名称及代码	编码
496	中式烹调师(4-03-01-01)	403010100	中式烹调师(46-006)	403010101
497	中式面点师(4-03-01-02)	403010200	中式面点师(46-008)	403010201
498	其他中餐烹饪人员(4-03-01-99)	403019900		
499	西式烹调师(4-03-02-01)	403020100	西式烹调师(46-007)	403020101
500	西式面点师(4-03-02-02)	403020200	西式面点师(46-009)	403020201
501	其他西餐烹饪人员(4-03-02-99)	403029900		
502	调酒师(4-03-03-01)	403030100	调酒师(04-001)	403030101
503	茶艺师(4-03-03-02)	403030200		
504	其他调酒和茶艺人员(4-03-03-99)	403039900		
505	营养配餐员(4-03-04-01)	403040100	营养配餐员	403040101
506	其他营养配餐人员(4-03-04-99)	403049900		
507	餐厅服务员(4-03-05-01)	403050100	餐厅服务员(46-010)	403050101
508	餐具清洗保管员(4-03-05-02)	403050200	餐具清洗工(04-008)	403050201
509	其他餐厅服务人员(4-03-05-99)	403059900		
510	其他餐饮服务人员(4-03-99-00)	403990000		
511	前厅服务员(4-04-01-01)	404010100	前厅服务员(04-004)	404010101

序号	职业名称及代码	编码	工种名称及代码	编码
			宾客行李员(04-007)	404010102
512	客房服务员(4-04-01-02)	404010200	客房服务员(04-003)	404010201
513	旅店服务员(4-04-01-03)	404010300	旅店服务员(03-001)	404010301
514	其他饭店服务人员(4-04-01-99)	404019900	订票员(04-006)	404019901
515	导游(4-04-02-01)	404020100	导游员(04-011)	404020101
516	公共游览场所服务员(4-04-02-02)	404020200		
517	展览讲解员(4-04-02-03)	404020300		
518	插花员(4-04-02-04)	404020400		
519	盆景工(4-04-02-05)	404020500	盆景工(13-086)	404020501
520	假山工(4-04-02-06)	404020600	假山工(13-088)	404020601
521	园林植物保护工(4-04-02-07)	404020700	植保工(13-087)	404020701
522	观赏动物饲养工(4-04-02-08)	404020800	观赏动物饲养工(13-089)	404020801
523	其他旅游及公共游览场所服务人员(4-04-02-99)	404029900		
524	社会体育指导员(4-04-03-01)	404030100		
525	体育场地工(4-04-03-02)	404030200	体育场地工(24-001)	404030201
526	康乐服务员(4-04-03-03)	404030300	康乐服务员(04-005)	404030301
527	保健按摩师(4-04-03-04)	404030400	按摩师(46-013)	404030401

序号	职业名称及代码	编码	工种名称及代码	编码
			足部按摩师	404030402
528	其他健身和娱乐场所服务人员(4-04-03-99)	404039900		
529	其他饭店、旅游及健身娱乐场所服务人员(4-04-99-00)	404990000		
530	汽车客运服务员(4-05-01-01)	405010100	电汽车售票员(13-050)	405010101
			汽车客运行包员(20-006)	405010102
			汽车客运售票员(20-007)	405010103
			汽车客运服务员(20-009)	405010104
			汽车客运乘务员(20-010)	405010105
531	汽车货运站务员(4-05-01-02)	405010200	汽车货运站务员(20-013)	405010201
532	汽车运输调度员(4-05-01-03)	405010300	汽车客运调度员(20-005)	405010301
			汽车货运站场调度员(20-012)	405010302
533	公路收费及监控员(4-05-01-04)	405010400	公路监控设备操作工(20-037)	405010401
			车辆通行费收费员(20-040)	405010402
			公路交通量调查工(20-041)	405010403
534	其他公路道路运输服务人员(4-05-01-99)	405019900		

序号	职业名称及代码	编码	工种名称及代码	编码
535	旅客列车乘务员（4-05-02-01）	405020100	◆值班员（19-003）	
			列车员（19-030）	405020101
			餐车长（19-032）	405020102
536	车站客运服务员（4-05-02-02）	405020200	◆值班员（19-003）	
			铁路客运员（19-023）	405020201
			铁路检票员（19-024）	405020202
			铁路售票员（19-025）	405020203
			客运计划员（19-026）	405020204
537	行包运输服务员（4-05-02-03）	405020300	◆值班员（19-003）	
			铁路行李员（19-027）	405020301
			◆货运计划员（19-037）	
538	车站货运作业组织员（4-05-02-04）	405020400	货运值班员（19-035）	405020401
			货运调度员（19-036）	405020402
			货运计划员（19-037）	405020403
539	车站货运员（4-05-02-05）	405020500	货运核算员（19-038）	405020501
			货运安全员（19-039）	405020502

序号	职业名称及代码	编码	工种名称及代码	编码
			货运检查员(19-040)	405020503
			货运员(19-041)	405020504
			交接员(19-042)	405020505
			篷布工(19-043)	405020506
540	其他铁路客货运输服务人员(4-05-02-99)	405029900		
541	航空运输飞行服务员(4-05-03-01)	405030100	民航乘务员(26-062)	405030101
542	航空运输地面服务员(4-05-03-02)	405030200	民航(国内)售票员(26-059)	405030201
			民航(国内)客运员(26-060)	405030202
			民航(国内)货运员(26-061)	405030203
			配载员(26-063)	405030204
			机场地面服务员(26-064)	405030205
			航空货物储运员(26-065)	405030206
543	其他航空运输服务人员(4-05-03-99)	405039900		
544	船舶业务员(4-05-04-01)	405040100	船舶客运员(20-052)	405040101
			船舶业务员(20-053)	405040102
545	港口客运员(4-05-04-02)	405040200	港口客运员(20-073)	405040201

序号	职业名称及代码	编码	工种名称及代码	编码
			港口行李员(20-074)	405040202
			港口售票员(20-075)	405040203
546	其他水上运输服务人员(4-05-04-99)	405049900		
547	其他运输服务人员(4-05-99-00)	405990000		
548	医疗临床辅助服务员(4-06-01-01)	406010100	病案员	406010101
			护理员	406010102
			口腔修复工	406010103
			配膳员	406010104
			卫生检验员	406010105
			医用气体工	406010106
549	药房辅助员(4-06-01-02)	406010200	药剂员	406010201
550	卫生防疫、妇幼保健员(4-06-01-03)	406010300	防疫员	406010301
			妇幼保健员	406010302
			消毒员	406010303
551	其他医疗卫生辅助服务人员(4-06-01-99)	406019900		
552	中介代理人(4-07-01-01)	407010100		
553	职业指导员(4-07-01-02)	407010200		
554	其他社会中介服务人员(4-07-01-99)	407019900		
555	物业管理员(4-07-02-01)	407020100		
556	其他物业管理人员(4-07-02-99)	407029900		

序号	职业名称及代码	编码	工种名称及代码	编码
557	供水生产工(4-07-03-01)	407030100	净水工(13-054)	407030101
			水井工(13-058)	407030102
558	供水供应工(4-07-03-02)	407030200	供水调度员(13-057)	407030201
			水表装修工(13-059)	407030202
			供水营销员	407030203
559	生活燃料供应工(4-07-03-03)	407030300	成型煤生产工(06-008)	407030301
560	锅炉操作工(4-07-03-04)	407030400	热力运行工(13-079)	407030401
			供热仪表工(13-080)	407030402
			热力司炉工(13-081)	407030403
			专用供热工(25-129)	407030404
561	其他供水、供热及生活燃料供应服务人员(4-07-03-99)	407039900		
562	美容师(4-07-04-01)	407040100	美容师(46-012)	407040101
563	美发师(4-07-04-02)	407040200	美发师(46-011)	407040201
564	其他美容美发人员(4-07-04-99)	407049900		
565	摄影师(4-07-05-01)	407050100	摄影师(03-002)	407050101
566	冲印师(4-07-05-02)	407050200	暗室师(03-003)	407050201
			整修师(03-004)	407050202
			着色师(03-005)	407050203

序号	职业名称及代码	编码	工种名称及代码	编码
			彩照扩印工(03-006)	407050204
567	其他摄影服务人员(4-07-05-99)	407059900		
568	眼镜验光员(4-07-06-01)	407060100	眼镜验光员(03-127)	407060101
569	眼镜定配工(4-07-06-02)	407060200	眼镜修理工(03-057)	407060201
			眼镜加工工(03-128)	407060202
570	其他验光配镜人员(4-07-06-99)	407069900		
571	洗衣师(4-07-07-01)	407070100	洗衣师(03-007)	407070101
			织补师(03-009)	407070102
			烫衣师(03-010)	407070103
572	染色师(4-07-07-02)	407070200	染色师(03-008)	407070201
573	其他洗染织补人员(4-07-07-99)	407079900		
574	浴池服务员(4-07-08-01)	407080100	浴池服务员(03-012)	407080101
575	修脚师(4-07-08-02)	407080200	修脚师(03-011)	407080201
576	其他浴池服务人员(4-07-08-99)	407089900		
577	刻制印章工(4-07-09-01)	407090100	政府印章制作工(02-020)	407090101
			刻制印章工(03-045)	407090102
578	其他印章刻字人员(4-07-09-99)	407099900		

序号	职业名称及代码	编码	工种名称及代码	编码
579	家用电子产品维修工(4-07-10-01)	407100100	家用视频设备维修工(03-047)	407100101
			家用音频设备维修工(03-049)	407100102
580	家用电器产品维修工(4-07-10-02)	407100200	制冷设备维修工(03-048)	407100201
			家用电热器与电动器具维修工(03-050)	407100202
581	照相器材维修工(4-07-10-03)	407100300	照相器材维修工(03-052)	407100301
582	钟表维修工(4-07-10-04)	407100400	钟表维修工(03-055)	407100401
583	乐器维修工(4-07-10-05)	407100500	乐器维修工(03-053)	407100501
584	自行车维修工(4-07-10-06)	407100600	自行车维修工(03-056)	407100601
585	其他日用机电产品维修人员(4-07-10-99)	407109900		
586	办公设备维修工(4-07-11-01)	407110100	办公设备维修工(03-051)	407110101
587	其他办公设备维修人员(4-07-11-99)	407119900		
588	保育员(4-07-12-01)	407120100		
589	家庭服务员(家政服务员)(4-07-12-02)	407120200		
590	★养老护理员(4-07-12-03)	407120300		
591	其他保育、家庭服务人员(4-07-12-99)	407129900		

序号	职业名称及代码	编码	工种名称及代码	编码
592	垃圾清运工(4-07-13-01)	407130100	粪便清理工(13-093)	407130101
			环卫机动车驾驶员(13-100)	407130102
593	保洁员(4-07-13-02)	407130200	公共区域保洁员(04-009)	407130201
			道路清扫工(13-092)	407130202
			公厕保洁工(13-094)	407130203
594	其他环境卫生人员(4-07-13-99)	407139900		
595	殡仪服务员(4-07-14-01)	407140100	殡仪服务员(01-004)	407140101
596	尸体接运工(4-07-14-02)	407140200	尸体接运工(01-006)	407140201
597	尸体防腐工(4-07-14-03)	407140300	尸体防腐工(01-003)	407140301
598	尸体整容工(4-07-14-04)	407140400	尸体整容工(01-001)	407140401
599	尸体火化工(4-07-14-05)	407140500	尸体火化工(01-002)	407140501
600	墓地管理员(4-07-14-06)	407140600	墓地管理员(01-005)	407140601
601	其他殡葬服务人员(4-07-14-99)	407149900		
602	其他社会服务和居民生活服务人员(4-07-99-00)	407990000		
603	★心理咨询师(4-07-99-01)	407990100		

序号	职业名称及代码	编码	工种名称及代码	编码
604	其他商业、服务业人员(4-99-00-00)	499000000		
605	★电子商务师(4-99-00-01)	499000100		
606	农艺工(5-01-01-01)	501010100	农艺工(07-001)	501010101
			粮食作物栽培工	501010102
			棉花栽培工	501010103
			油料作物栽培工	501010104
			糖料作物栽培工	501010105
			麻、烟类作物栽培工	501010106
607	啤酒花生产工(5-01-01-02)	501010200	啤酒花栽培工(07-005)	501010201
			啤酒花加工工(07-006)	501010202
608	作物种子繁育工(5-01-01-03)	501010300	作物种子繁育员	501010301
609	农作物植保工(5-01-01-04)	501010400	病虫草害防治工	501010401
			生物防治工	501010402
			植物检疫工	501010403
			庄稼医生	501010404
610	其他大田作物生产人员(5-01-01-99)	501019900		
611	农业实验工(5-01-02-01)	501020100	农业实验工(07-014)	501020101
			土肥测试员	501020102
612	农情测报员(5-01-02-02)	501020200	农情测报员	501020201

序号	职业名称及代码	编码	工种名称及代码	编码
613	其他农业实验人员（5-01-02-99）	501029900		
614	蔬菜园艺工（5-01-03-01）	501030100	蔬菜工（07-003）	501030101
615	花卉园艺工（5-01-03-02）	501030200	育苗工（13-083）	501030201
			绿化工（13-084）	501030202
			花卉工（13-085）	501030203
616	果、茶、桑园艺工（5-01-03-03）	501030300	蚕茧烘烤工（03-118）	501030301
			果树工（07-002）	501030302
			桑园工（07-007）	501030303
			蚕业工（07-008）	501030304
			茶园工（07-011）	501030305
617	菌类园艺工（5-01-03-04）	501030400	食用菌菌种工（03-117）	501030401
			食用菌生产技术指导员（03-133）	501030402
			食用菌生产工（07-004）	501030403
618	其他园艺作物生产人员（5-01-03-99）	501039900		
619	天然橡胶生产工（5-01-04-01）	501040100	橡胶育苗工（07-015）	501040101
			橡胶栽培工（07-016）	501040102
			橡胶割胶工（07-017）	501040103
			橡胶制胶工（07-018）	501040104

序号	职业名称及代码	编码	工种名称及代码	编码
620	剑麻生产工(5-01-04-02)	501040200	剑麻栽培工(07-020)	501040201
			剑麻制品工(07-021)	501040202
			◆剑麻制品检验工(07-022)	
621	其他热带作物生产人员(5-01-04-99)	501049900	热带作物育苗工(07-023)	501049901
			热带作物栽培工(07-024)	501049902
			热带作物植保工(07-025)	501049903
			热带作物初制工(07-026)	501049904
			热带作物初制品检验工(07-027)	501049905
622	中药材种植员(5-01-05-01)	501050100	参业工(07-009)	501050101
			人参加工工(07-010)	501050102
			中药材种植员(34-001)	501050103
623	中药材养殖员(5-01-05-02)	501050200	鹿茸加工工(07-072)	501050201
			中药材养殖员(34-002)	501050202
624	中药材生产管理员(5-01-05-03)	501050300	中药材生产管理员(34-003)	501050301
			中药材资源护管员(34-004)	501050302

序号	职业名称及代码	编码	工种名称及代码	编码
625	其他中药材生产人员(5-01-05-99)	501059900		
626	棉花加工工(5-01-06-01)	501060100	锯齿轧花工(03-104)	501060101
			气力输送工(03-105)	501060102
			皮辊轧花工(03-106)	501060103
			锯齿剥绒工(03-107)	501060104
			絮棉加工工(03-108)	501060105
			棉花加工辅助工(03-109)	501060106
627	果类产品加工工(5-01-06-02)	501060200	果汁酱加工工(03-110)	501060201
			果脯蜜饯加工工(03-111)	501060202
			炒货加工工(03-116)	501060203
628	茶叶加工工(5-01-06-03)	501060300	茶叶精制工(03-122)	501060301
			茶叶初制工(07-012)	501060302
629	蔬菜加工工(5-01-06-04)	501060400	魔芋切片工(03-119)	501060401
			菜类干制加工工(03-120)	501060402
			蔬菜加工工(03-121)	501060403

序号	职业名称及代码	编码	工种名称及代码	编码
630	竹、藤、麻、棕、草制品加工工(5-01-06-05)	501060500	竹制品加工工(03-114)	501060501
			穿、织、绷工(18-273)	501060502
631	特种植物原料加工工(5-01-06-06)	501060600	野生植物原料加工工(03-112)	501060601
			生漆加工工(03-113)	501060602
			芳香油类加工工(03-123)	501060603
632	其他农副林特产品加工人员(5-01-06-99)	501069900		
633	其他种植业生产人员(5-01-99-00)	501990000		
634	林木种苗工(5-02-01-01)	502010100	林木种苗工(08-001)	502010101
			林木种苗质量检验工	502010102
635	造林更新工(5-02-01-02)	502010200	造林工(08-002)	502010201
636	抚育采伐工(5-02-01-03)	502010300	抚育间伐工(08-003)	502010301
637	营林试验工(5-02-01-04)	502010400	营林试验工(08-005)	502010401
638	其他营造林人员(5-02-01-99)	502019900		
639	护林员(5-02-02-01)	502020100	森林管护工(08-004)	502020101
640	森林病虫害防治员(5-02-02-02)	502020200	森林病虫害防治工	502020201

序号	职业名称及代码	编码	工种名称及代码	编码
641	其他森林资源管护人员(5-02-02-99)	502029900		
642	野生动物保护员(5-02-03-01)	502030100	野生动物管护工	502030101
			野生动物饲养工	502030102
			野生动物驯化工	502030103
			野生动物繁殖工	502030104
			野生动物疫病防治工	502030105
			野生动物采收工	502030106
			野生动物加工工	502030107
			野生动物标本工	502030108
			野生动物猎捕工	502030109
			狩猎导猎员	502030110
			野生动物监测工	502030111
			野生动物实验辅助工	502030112
643	野生植物保护员(5-02-03-02)	502030200	野生植物管护巡护工	502030201
			野生植物监测工	502030202
			野生植物物候期观测工	502030203
			野生植物救护工	502030204
			野生植物实验辅助工	502030205
			野生植物培植工	502030206
			野生植物采集工	502030207

序号	职业名称及代码	编码	工种名称及代码	编码
			野生植物加工工	502030208
644	自然保护区巡护监测员(5-02-03-03)	502030300	自然保护区环境巡护监测工	502030301
			自然保护区检查工	502030302
			自然保护区社区共管联络工	502030303
645	标本员(5-02-03-04)	502030400	动物标本制作工(13-091)	502030401
			生物标本工(46-003)	502030402
			生物玻片标本工(46-004)	502030403
			生物模型工(46-005)	502030404
			动物标本采集工	502030405
			植物标本采集工	502030406
			植物标本制作工	502030407
			昆虫标本采集工	502030408
			昆虫标本制作工	502030409
			苔藓标本制作工	502030410
			菌类标本制作工	502030411
			非生物标本采集工	502030412
			非生物标本制作工	502030413
			标本管理员	502030414

序号	职业名称及代码	编码	工种名称及代码	编码
646	其他野生动植物保护及自然保护区人员(5-02-03-99)	502039900		
647	木材采伐工(5-02-04-01)	502040100	油锯工(08-006)	502040101
			人力采伐工(08-007)	502040102
648	集材作业工(5-02-04-02)	502040200	集材拖拉机司机(08-008)	502040201
			集材工(08-009)	502040202
649	木材水运工(5-02-04-03)	502040300	单漂流送工(08-016)	502040301
			木材收储工(08-017)	502040302
			编放排工(08-018)	502040303
			出河机司机(08-019)	502040304
650	装卸归楞工(5-02-04-04)	502040400	装卸归楞工(08-014)	502040401
651	其他木材采运人员(5-02-04-99)	502049900		
652	其他林业生产及野生动植物保护人员(5-02-99-00)	502990000		
653	家畜饲养工(5-03-01-01)	503010100	家畜饲养工(07-040)	503010101
			特种经济动物饲养工(07-042)	503010102
			挤奶工(07-051)	503010103

序号	职业名称及代码	编码	工种名称及代码	编码
			放牧工	503010104
			驯马工	503010105
			剪毛工	503010106
654	家畜繁殖工(5-03-01-02)	503010200	◆畜禽繁殖工(07-045)	
			◆畜禽育种工(07-046)	
			冷冻精液制作工(07-047)	503010201
			胚胎移植工	503010202
655	其他家畜饲养人员(5-03-01-99)	503019900		
656	家禽饲养工(5-03-02-01)	503020100	家禽饲养工(07-041)	503020101
			特种禽类饲养工	503020102
657	家禽繁殖工(5-03-02-02)	503020200	畜禽繁殖工(07-045)	503020201
			畜禽育种工(07-046)	503020202
			孵化工(07-048)	503020203
			雏禽性别鉴别工(07-049)	503020204
658	其他家禽饲养人员(5-03-02-99)	503029900		
659	蜜蜂饲养工(5-03-03-01)	503030100	养蜂工(07-044)	503030101
			蜂具制造工(07-073)	503030102
			益虫饲养工	503030103

序号	职业名称及代码	编码	工种名称及代码	编码
660	蜂产品加工工(5-03-03-02)	503030200	蜜蜂产品加工工(03-115)	503030201
661	其他蜜蜂饲养人员(5-03-03-99)	503039900		
662	实验动物饲养工(5-03-04-01)	503040100	实验动物饲养工(07-043)	503040101
			药理实验动物饲养工(33-091)	503040102
			实验动物繁殖工	503040103
663	其他实验动物饲养人员(5-03-04-99)	503049900		
664	动物疫病防治员(5-03-05-01)	503050100	畜禽阉割工(07-050)	503050101
			兽医防治员(07-065)	503050102
			动物疫情信息员	503050103
			兽医消毒工	503050104
665	兽医化验员(5-03-05-02)	503050200	兽医化验员(07-064)	503050201
666	动物检疫检验员(5-03-05-03)	503050300	动物检疫检验员(07-066)	503050301
667	中兽医员(5-03-05-04)	503050400	中兽医员	503050401
			兽医药剂员	503050402
668	其他动物疫病防治人员(5-03-05-99)	503059900		
669	草地监护员(5-03-06-01)	503060100	草地植保工(07-056)	503060101
			草地资源监测员	503060102

序号	职业名称及代码	编码	工种名称及代码	编码
			草地自然保护区管护工	503060103
			草地珍稀濒危植物保护工	503060104
670	牧草工(5-03-06-02)	503060200	牧草种子繁育工(07-052)	503060201
			牧草种子检验工(07-053)	503060202
			牧草栽培工(07-054)	503060203
			草地培育工(07-055)	503060204
			牧草产品加工工(07-057)	503060205
671	草坪建植工(5-03-06-03)	503060300	草坪检测工	503060301
			草坪建植工	503060302
			草坪管护工	503060303
672	其他草业生产人员(5-03-06-99)	503069900		
673	其他畜牧业生产人员(5-03-99-00)	503990000		
674	水生动物苗种繁育工(5-04-01-01)	504010100	淡水鱼苗种繁育工(07-076)	504010101
			海水鱼苗种繁育工	504010102
			淡水虾、蟹、贝类苗种繁育工	504010103
			海水虾、蟹、贝类苗种繁育工	504010104

序号	职业名称及代码	编码	工种名称及代码	编码
			珍稀水生动物苗种繁育工	504010105
675	水生植物苗种培育工(5-04-01-02)	504010200	海藻育苗工(07-080)	504010201
			淡水水生植物苗种培育工	504010202
676	水生动物饲养工(5-04-01-03)	504010300	淡水成鱼饲养工(07-077)	504010301
			淡水虾、蟹、贝类饲养工	504010302
			海水成鱼饲养工	504010303
			海水虾、蟹、贝类饲养工	504010304
			珍稀水生动物饲养工	504010305
677	水生植物栽培工(5-04-01-04)	504010400	海水藻、贝类养殖工(07-081)	504010401
			水生植物栽培工(07-120)	504010402
678	珍珠养殖工(5-04-01-05)	504010500	淡水育珠工(07-078)	504010501
			海水育珠工	504010502
679	生物饵料培养工(5-04-01-06)	504010600	生物饵料培养工(07-121)	504010601
680	水产养殖潜水工(5-04-01-07)	504010700	水产养殖潜水员(07-119)	504010701
681	其他水产养殖人员(5-04-01-99)	504019900		
682	水产捕捞工(5-04-02-01)	504020100	淡水捕捞工(07-079)	504020101

序号	职业名称及代码	编码	工种名称及代码	编码
			海水捕捞工	504020102
683	渔业生产船员(5-04-02-02)	504020200	渔场驾驶员	504020201
			渔捞员	504020202
			渔船轮机员	504020203
684	水生动植物采集工(5-04-02-03)	504020300	水生动植物采集工	504020301
685	渔网具装配工(5-04-02-04)	504020400	网具装配工(07-115)	504020401
			机织有结网片工(07-116)	504020402
			机织无结网片工(07-117)	504020403
686	其他水产捕捞及有关人员(5-04-02-99)	504029900		
687	水产品原料处理工(5-04-03-01)	504030100	水产品原料处理工(07-101)	504030101
			水产品剖片工(07-102)	504030102
688	水产品腌熏烤制工(5-04-03-02)	504030200	水产品干燥工(07-100)	504030201
			水产品调味摊片工(07-103)	504030202
			水产品烘烤辊压工(07-104)	504030203
			水产品腌制工	504030204
			水产品熏制工	504030205
			水产品烤制工	504030206
689	鱼糜及鱼糜制品加工工(5-04-03-03)	504030300	鱼糜工(07-106)	504030301

序号	职业名称及代码	编码	工种名称及代码	编码
			鱼糜充填结扎工(07-107)	504030302
			鱼糜成型工	504030303
690	鱼粉加工工(5-04-03-04)	504030400	湿法鱼粉工(07-086)	504030401
			干法鱼粉蒸干工(07-087)	504030402
			干法鱼粉脱脂工(07-088)	504030403
			◆水产品水解蛋白工(07-097)	
			◆水产品要素合剂工(07-098)	
			鱼蛋白胨工(07-099)	504030404
691	鱼肝油及制品加工工(5-04-03-05)	504030500	鱼肝油制(炼)油工(07-089)	504030501
			鱼肝油滤油工(07-090)	504030502
			鱼肝油配油工(07-091)	504030503
			鱼肝油溶胶工(07-092)	504030504
			鱼肝油酸钠工(07-093)	504030505
			鱼肝油丸成型工(07-094)	504030506
			鱼肝油乳白糖浆工(07-096)	504030507

序号	职业名称及代码	编码	工种名称及代码	编码
			水产品水解蛋白工(07-097)	504030508
			水产品要素合剂工(07-098)	504030509
			◆鱼蛋白胨工(07-099)	
			鱼肝油酯化工	504030510
692	海藻制碘工(5-04-03-06)	504030600	海藻制碘工(07-082)	504030601
693	海藻制醇工(5-04-03-07)	504030700	海藻制醇工(07-083)	504030701
694	海藻制胶工(5-04-03-08)	504030800	海藻制胶工(07-084)	504030801
695	海藻食品加工工(5-04-03-09)	504030900	海藻食品加工工(07-085)	504030901
696	贝类净化工(5-04-03-10)	504031000	贝类净化工	504031001
			水质净化工	504031002
697	其他水产品加工人员(5-04-03-99)	504039900		
698	其他渔业生产人员(5-04-99-00)	504990000		
699	河道修防工(5-05-01-01)	505010100	河道修防工(12-020)	505010101
700	混凝土维修工(5-05-01-02)	505010200	混凝土维修工(12-015)	505010201
701	土石维修工(5-05-01-03)	505010300	土石维修工(12-016)	505010301
702	水工检测工(5-05-01-04)	505010400	水工监测工(12-019)	505010401

序号	职业名称及代码	编码	工种名称及代码	编码
703	建(构)筑物防治工(5-05-01-05)	505010500	防治工(12-030)	505010501
704	其他河道、水库管养人员(5-05-01-99)	505019900		
705	灌排工程工(5-05-02-01)	505020100	灌排工程工(12-026)	505020101
706	渠道维护工(5-05-02-02)	505020200	渠道维护工(12-021)	505020201
707	灌区供水工(5-05-02-03)	505020300	灌区供水工(12-022)	505020301
708	灌溉试验工(5-05-02-04)	505020400	灌溉试验工(12-023)	505020401
709	其他农田灌排工程建设管理维护人员(5-05-02-99)	505029900		
710	水土保持防治工(5-05-03-01)	505030100	水土保持防治工(12-031)	505030101
711	水土保持测试工(5-05-03-02)	505030200	水土保持测试工(12-032)	505030201
712	水土保持勘测工(5-05-03-03)	505030300	水土保持勘测工(12-033)	505030301
713	其他水土保持作业人员(5-05-03-99)	505039900		
714	水文勘测工(5-05-04-01)	505040100	水文勘测工(12-027)	505040101
715	水文勘测船工(5-05-04-02)	505040200	水文勘测船工(12-028)	505040201
716	其他水文勘测作业人员(5-05-04-99)	505049900		

序号	职业名称及代码	编码	工种名称及代码	编码
717	其他水利设施管理养护人员(5-05-99-00)	505990000		
718	拖拉机驾驶员(5-99-01-01)	599010100	◆拖拉机(联合收获机)驾驶员(07-122)	
719	联合收割机驾驶员(5-99-01-02)	599010200	拖拉机(联合收获机)驾驶员(07-122)	599010201
720	农用运输车驾驶员(5-99-01-03)	599010300	农业机械操作工(07-123)	599010301
721	其他农林专用机械操作人员(5-99-01-99)	599019900		
722	沼气生产工(5-99-02-01)	599020100	沼气生产工(07-133)	599020101
723	农村节能员(5-99-02-02)	599020200	节能改灶工(07-134)	599020201
724	农用太阳能设施工(5-99-02-03)	599020300	太阳能利用工(07-135)	599020301
725	生物质能设备工(5-99-02-04)	599020400		
726	其他农村能源开发利用人员(5-99-02-99)	599029900		
727	钻探工(6-01-01-01)	601010100	固体矿产钻探工(14-001)	601010101
			水文、水井钻探工(14-002)	601010102
			工程地质工程施工钻探工(14-003)	601010103
			轻型浅孔钻探工(14-004)	601010104

序号	职业名称及代码	编码	工种名称及代码	编码
			航道钻探工(20-079)	601010105
			井下钻探工(41-037)	601010106
			盐矿钻探工	601010107
728	坑探工(6-01-01-02)	601010200	坑探工(14-005)	601010201
729	物探工(6-01-01-03)	601010300	物探工(14-006)	601010301
			地震物探爆炸工(14-013)	601010302
			海洋勘探震源工(14-014)	601010303
			可控震源工(14-015)	601010304
			定位工(45-004)	601010305
730	采样工(6-01-01-04)	601010400	采样工(14-007)	601010401
731	水文地质工(6-01-01-05)	601010500	水文地质工(14-008)	601010501
			矿山地质工(41-088)	601010502
732	海洋地质取样工(6-01-01-06)	601010600	海洋地质取样工(14-018)	601010601
733	海洋土质试验工(6-01-01-07)	601010700	土质试验工(45-006)	601010701
734	碎样工(6-01-01-08)	601010800	碎样工(14-009)	601010801
735	磨片工(6-01-01-09)	601010900	磨片工(14-010)	601010901
736	淘洗工(6-01-01-10)	601011000	淘洗工(14-011)	601011001
737	劈岩与保管工(6-01-01-11)	601011100	岩心保管工(14-012)	601011101

序号	职业名称及代码	编码	工种名称及代码	编码
738	其他地质勘查人员（6-01-01-99）	601019900		
739	大地测量工（6-01-02-01）	601020100	天文测量工（28-001）	601020101
			重力测量工（28-002）	601020102
			三角测量工（28-003）	601020103
			水准测量工（28-004）	601020104
			测量计算工（28-005）	601020105
			测量造标工（28-006）	601020106
			测量埋石工（28-007）	601020107
			测量司光工（28-008）	601020108
			量距测量工（28-009）	601020109
			GPS测量工	601020110
740	摄影测量工（6-01-02-02）	601020200	航测外业测量工（28-010）	601020201
			航测内业照像工（28-011）	601020202
			航测内业加密工（28-012）	601020203
			航测内业测量工（28-013）	601020204

序号	职业名称及代码	编码	工种名称及代码	编码
			调绘工	601020205
741	地图制图工(6-01-02-03)	601020300	航道绘图工(20-104)	601020301
			地图编绘工(28-014)	601020302
			地图刻图工(28-015)	601020303
			地图清绘工(28-016)	601020304
			数字化制图工	601020305
742	工程测量工(6-01-02-04)	601020400	测量放线工(13-015)	601020401
			疏浚测量工(20-077)	601020402
			航道测量工(20-103)	601020403
			工程测量工(28-018)	601020404
			控制测量工(28-019)	601020405
			地形测量工(28-020)	601020406
			矿山测量工(41-089)	601020407
743	地籍测绘工(6-01-02-05)	601020500	地籍测绘工(28-021)	601020501
744	其他测绘人员(6-01-02-99)	601029900		
745	露天采矿挖掘机司机(6-01-03-01)	601030100	挖掘机司机(41-045)	601030101

序号	职业名称及代码	编码	工种名称及代码	编码
746	钻孔机司机(6-01-03-02)	601030200	钻孔机操作工(41-047)	601030201
747	井筒冻结工(6-01-03-03)	601030300	冻结安装运转工(41-019)	601030301
748	矿井开掘工(6-01-03-04)	601030400	井筒掘砌工(41-011)	601030401
			巷道掘砌工(41-013)	601030402
			装岩机司机(41-014)	601030403
			综掘机司机(41-015)	601030404
			钻车司机(41-016)	601030405
			天井钻机工(41-017)	601030406
			锚喷工(41-018)	601030407
			巷修工(41-035)	601030408
			抓岩机司机(41-109)	601030409
749	井下采矿工(6-01-03-05)	601030500	采煤工(41-001)	601030501
			水采工(41-005)	601030502
			采煤机司机(41-006)	601030503
			综采集中控制操作工(41-010)	601030504
750	支护工(6-01-03-06)	601030600	支护工(41-002)	601030601
			充填回收工(41-004)	601030602

序号	职业名称及代码	编码	工种名称及代码	编码
			液压支架工(41-007)	601030603
			液压泵工(41-009)	601030604
751	矿山提升机操作工(6-01-03-07)	601030700	主提升机操作工(41-020)	601030701
			拥罐工(41-024)	601030702
			煤矿搬运工(41-025)	601030703
			▲信号工(41-026)	
			翻罐工(41-027)	601030704
752	矿井机车运输工(6-01-03-08)	601030800	电机车司机(41-023)	601030801
			矿井轨道工(41-028)	601030802
			轨配工(41-056)	601030803
753	矿井通风工(6-01-03-09)	601030900	矿井通风工(41-030)	601030901
			矿井测风工(41-031)	601030902
			主扇风机操作工(41-043)	601030903
			井筒维修工(41-105)	601030904
			矿井制冷降温工	601030905
754	矿山安全监测工(6-01-03-10)	601031000	瓦斯检查工(41-029)	601031001

序号	职业名称及代码	编码	工种名称及代码	编码
			矿井测尘工(41-032)	601031002
			矿井防尘工(41-033)	601031003
			注浆注水工(41-036)	601031004
			瓦斯抽放工(41-040)	601031005
			配气分析工(41-092)	601031006
			安全仪器监测工(41-103)	601031007
			安全检查工(员)(41-118)	601031008
			瓦斯泵工	601031009
			瓦斯防突工	601031010
755	矿山检查验收工(6-01-03-11)	601031100	矿山工程检查验收工	601031101
			坑木代用品管理工	601031102
			矿井电气防爆检查工	601031103
756	矿灯、自救器管理工(6-01-03-12)	601031200	矿灯管理工(41-090)	601031201
757	火工品管理工(6-01-03-13)	601031300	检测工	601031301
			放炮器管理检修工	601031302
			雷管编排号工	601031303

序号	职业名称及代码	编码	工种名称及代码	编码
758	矿山救护工(6-01-03-14)	601031400	矿山救护工(41-038)	601031401
759	矿物开采辅助工(6-01-03-15)	601031500	露天坑下普工(41-042)	601031501
			推土犁司机(41-044)	601031502
			翻车指挥工(41-062)	601031503
			边坡工(41-063)	601031504
			排土机司机	601031505
760	其他矿物开采人员(6-01-03-99)	601039900		
761	筛选破碎工(6-01-04-01)	601040100	破碎工(41-058)	601040101
			筛选工(41-069)	601040102
			手选工(41-081)	601040103
			采制样工(41-116)	601040104
762	重力选矿工(6-01-04-02)	601040200	重介质分选工(41-065)	601040201
			跳汰选煤工(41-066)	601040202
			选煤集中控制操作工(41-073)	601040203
			摇床选矿工	601040204
			风选工	601040205
			螺旋分选工	601040206
763	浮选工(6-01-04-03)	601040300	浮选工(41-067)	601040301
764	磁选工(6-01-04-04)	601040400	磁选工(41-083)	601040401

序号	职业名称及代码	编码	工种名称及代码	编码
			脱介筛操作工	601040402
765	选矿脱水工(6-01-04-05)	601040500	有色金属干燥工(39-258)	601040501
			脱水工(41-070)	601040502
			选煤干燥工(41-071)	601040503
			压滤工(41-075)	601040504
			换布工(41-076)	601040505
			浓缩机操作工	601040506
			脱水筛操作工	601040507
			脱水斗提机操作工	601040508
766	尾矿处理工(6-01-04-06)	601040600	尾矿工(41-080)	601040601
767	磨矿工(6-01-04-07)	601040700	重介质制备回收工(41-074)	601040701
			磨矿分级工(41-077)	601040702
			衬板工(41-078)	601040703
			球磨机操作工	601040704
768	水煤浆制备工(6-01-04-08)	601040800	水煤浆制备工	601040801
769	动力配煤工(6-01-04-09)	601040900	供料工	601040901
			计量配煤工	601040902
770	工业型煤工(6-01-04-10)	601041000	◆顿钻工(18-180)	
			计量配料工	601041001
			添加剂工	601041002

序号	职业名称及代码	编码	工种名称及代码	编码
			工业型煤成型工	601041003
			晒煤工	601041004
771	其他矿物处理人员(6-01-04-99)	601049900	选矿试验工(41-087)	601049901
772	井架安装工(6-01-05-01)	601050100	钻井架安装工(40-001)	601050101
773	钻井工(6-01-05-02)	601050200	顿钻工(18-180)	601050201
			石油钻井工(40-002)	601050202
			钻井泥浆工(40-003)	601050203
			钻井地质工(40-004)	601050204
			钻井柴油机工(40-006)	601050205
			钻井仪表工(40-011)	601050206
			液压工(45-002)	601050207
			压载工(45-003)	601050208
774	固井工(6-01-05-03)	601050300	固井工(40-007)	601050301
775	平台水手(6-01-05-04)	601050400	平台水手(14-016)	601050401
			甲板工(45-001)	601050402
776	水下设备操作工(6-01-05-05)	601050500	水下设备操作工(14-017)	601050501
777	其他钻井人员(6-01-05-99)	601059900		
778	油、气井测试工(6-01-06-01)	601060100	综合录井工(40-005)	601060101

序号	职业名称及代码	编码	工种名称及代码	编码
			测井工(40-012)	601060102
			射孔取心工(40-014)	601060103
			气测工(40-015)	601060104
			地层测试工(40-018)	601060105
			采油测试工(40-024)	601060106
			采气测试工(40-035)	601060107
779	采油工(6-01-06-02)	601060200	采油工(40-022)	601060201
			采油地质工(40-023)	601060202
			注水泵工(40-027)	601060203
780	采气工(6-01-06-03)	601060300	采气工(40-034)	601060301
781	井下作业工(6-01-06-04)	601060400	井下作业工(40-016)	601060401
			作业机司机(40-017)	601060402
			井下作业工具工(40-019)	601060403
			特车泵工(40-021)	601060404
782	天然气净化工(6-01-06-05)	601060500	轻烃装置操作工(40-030)	601060501
			天然气净化分析工	601060502

序号	职业名称及代码	编码	工种名称及代码	编码
			天然气净化操作工	601060503
783	油气输送工(6-01-06-06)	601060600	集输工(40-026)	601060601
			油(气)田水处理工(40-029)	601060602
			输油工(40-031)	601060603
			综合计量工(40-032)	601060604
			输气工(40-036)	601060605
784	油气管道保护工(6-01-06-07)	601060700	管道保护工(40-033)	601060701
			输气管线维护工(40-037)	601060702
785	其他石油、天然气开采人员(6-01-06-99)	601069900		
786	海盐晒制工(6-01-07-01)	601070100	制卤工(18-164)	601070101
			扬水工(18-167)	601070102
			盐田设备维修工	601070103
787	海盐采收工(6-01-07-02)	601070200	采盐工(18-165)	601070201
			收盐工	601070202
788	湖盐采掘工(6-01-07-03)	601070300	穿爆工	601070301
			采盐船工	601070302
			运盐船工	601070303
			挂缆工	601070304
789	湖盐脱水工(6-01-07-04)	601070400	管道输盐工	601070401
			原盐分级脱水工	601070402

序号	职业名称及代码	编码	工种名称及代码	编码
790	驳筑、集拆坨盐工(6-01-07-05)	601070500	驳盐工(18-168)	601070501
			筑盐工(18-169)	601070502
			皮带输盐集坨工	601070503
			斗轮机工	601070504
791	井矿盐采卤工(6-01-07-06)	601070600	卷扬机卤工(18-176)	601070601
			水举采卤工(18-179)	601070602
			潜卤泵采卤工(18-185)	601070603
			提捞采卤工	601070604
			抽油机采卤工	601070605
792	井矿盐卤水净化工(6-01-07-07)	601070700	输卤轮水工(18-178)	601070701
			卤水净化工	601070702
793	真空制盐工(6-01-07-08)	601070800	真空制盐蒸发工(18-172)	601070801
			真空制盐干燥工(18-173)	601070802
			真空制盐脱水工(18-174)	601070803
794	冷冻提硝工(6-01-07-09)	601070900	冷冻提硝工	601070901
795	苦卤综合利用工(6-01-07-10)	601071000	苦卤综合利用工(18-170)	601071001
796	精制盐工(6-01-07-11)	601071100	原盐精制工(18-171)	601071101
			除钙工	601071102
			食盐加碘工	601071103

序号	职业名称及代码	编码	工种名称及代码	编码
797	其他盐业生产人员（6-01-07-99）	601079900		
798	其他勘测及矿物开采人员（6-01-99-00）	601990000		
799	烧结球团原料工（6-02-01-01）	602010100	烧结原料工（15-002）	602010101
			配料工（15-003）	602010102
			混合料工（15-004）	602010103
			球团原料工（15-009）	602010104
800	烧结工（6-02-01-02）	602010200	烧结工（15-005）	602010201
801	球团焙烧工（6-02-01-03）	602010300	造球工（15-010）	602010301
			球团竖炉工（15-011）	602010302
			回转窑球团焙烧工	602010303
802	烧结成品工（6-02-01-04）	602010400	冷却筛分工（15-006）	602010401
			返矿工（15-007）	602010402
			成品矿运送工（15-012）	602010403
803	高炉原料工（6-02-01-05）	602010500	高炉原料工（15-032）	602010501
			煤粉工（15-036）	602010502
			碾泥工（15-038）	602010503
804	高炉炉前工（6-02-01-06）	602010600	炉前工（15-033）	602010601
			炼铁工（15-034）	602010602

序号	职业名称及代码	编码	工种名称及代码	编码
			铸铁工(15-039)	602010603
			铁合金高炉冶炼工(15-102)	602010604
805	高炉运转工(6-02-01-07)	602010700	热风炉工(15-035)	602010701
			高炉配管工(15-037)	602010702
			渣处理工(15-041)	602010703
			喷吹工	602010704
806	其他炼铁人员(6-02-01-99)	602019900	铁库工(15-040)	602019901
807	炼钢原料工(6-02-02-01)	602020100	废钢加工工(15-045)	602020101
			炼钢原料工(15-046)	602020102
			混铁炉工(15-047)	602020103
			铁液预处理工	602020104
808	平炉炼钢工(6-02-02-02)	602020200	装入机工(15-048)	602020201
			平炉炼钢工(15-049)	602020202
			◆炉外精炼工(15-053)	
809	转炉炼钢工(6-02-02-03)	602020300	转炉炼钢工(15-050)	602020301
			◆炉外精炼工(15-053)	

序号	职业名称及代码	编码	工种名称及代码	编码
810	电炉炼钢工(6-02-02-04)	602020400	电炉炼钢工(15-051)	602020401
			特种炉冶炼工(15-052)	602020402
			炉外精炼工(15-053)	602020403
811	炼钢浇铸工(6-02-02-05)	602020500	铸钢工(15-054)	602020501
			连铸工(15-055)	602020502
812	炼钢准备工(6-02-02-06)	602020600	钢液罐准备工(15-043)	602020601
			换罐清渣工(15-058)	602020602
			炼钢备品工(15-059)	602020603
813	整脱模工(6-02-02-07)	602020700	整模工(15-044)	602020701
			脱模工(15-056)	602020702
814	其他炼钢人员(6-02-02-99)	602029900		
815	铁合金原料工(6-02-03-01)	602030100	铁合金原料工(15-087)	602030101
			铁合金电极糊工(15-090)	602030102
			钒铁原料工(15-091)	602030103
			金属铬原料工(15-096)	602030104
816	铁合金电炉冶炼工(6-02-03-02)	602030200	铁合金电炉冶炼工(15-088)	602030201

序号	职业名称及代码	编码	工种名称及代码	编码
			铁合金成品工(15-089)	602030202
			铁合金特种炉冶炼工(15-103)	602030203
			铁合金真空炉冶炼工(15-104)	602030204
817	铁合金焙烧工(6-02-03-03)	602030300	钒铁焙烧工(15-092)	602030301
			钒铁熔化工(15-095)	602030302
			金属铬焙烧工(15-097)	602030303
			金属铬还原工(15-100)	602030304
			铁合金回转窑工(15-105)	602030305
			二氧化钛工	602030306
			钼制块工	602030307
818	铁合金湿法冶炼工(6-02-03-04)	602030400	钒铁浸滤工(15-093)	602030401
			钒铁沉淀工(15-094)	602030402
			金属铬浸滤工(15-098)	602030403
			金属铬反应工(15-099)	602030404
			海波工	602030405
819	铁合金炉外法冶炼工(6-02-03-05)	602030500	钛铁冶炼工	602030501

序号	职业名称及代码	编码	工种名称及代码	编码
			铁合金炉外法冶炼工	602030502
820	其他铁合金冶炼人员(6-02-03-99)	602039900	铁合金转炉冶炼工(15-101)	602039901
			铁合金备品工(15-106)	602039902
821	重冶备料工(6-02-04-01)	602040100	制团、制粒工(39-004)	602040101
			密闭鼓风炉备料工(39-009)	602040102
			有色金属配料工(39-183)	602040103
			◆有色金属干燥工(39-258)	
			固体物料配料工(39-260)	602040104
			固体输送工(39-261)	602040105
			破碎机工(39-262)	602040106
			矿石磨细工(39-263)	602040107
			抓斗工	602040108
			发生炉工	602040109
822	焙烧工(6-02-04-02)	602040200	烧结机工(39-001)	602040201
			沸腾炉焙烧工(39-002)	602040202
			回转窑工(39-003)	602040203

序号	职业名称及代码	编码	工种名称及代码	编码
			焦结炉工（39-005）	602040204
			煅烧工(39-008)	602040205
			多膛炉工（39-241）	602040206
823	火法冶炼工(6-02-04-03)	602040300	蒸馏炉工（39-006）	602040301
			竖炉工(39-007)	602040302
			鼓风炉工（39-010）	602040303
			密闭鼓风炉工(39-011)	602040304
			熔炼反射炉工(39-012)	602040305
			闪速炉熔炼工(39-013)	602040306
			矿热电炉熔炼工(39-014)	602040307
			QSL法熔炼工(39-015)	602040308
			白银熔池熔炼工(39-016)	602040309
			旋涡炉工（39-017）	602040310
			锑白炉工（39-018）	602040311
			卡尔多炉工(39-019)	602040312
			烟化炉工（39-020）	602040313

序号	职业名称及代码	编码	工种名称及代码	编码
			真空冶炼工(39-022)	602040314
			隔焰炉工(39-023)	602040315
			转炉工(39-026)	602040316
			火法精炼工(39-031)	602040317
			熔析炉工(39-033)	602040318
			锡冶炼离心机工(39-034)	602040319
			白砷制取工(39-035)	602040320
			钛汞合金冶炼工(39-037)	602040321
			氯化汞气相合成工(39-038)	602040322
			铋冶炼工(39-040)	602040323
			塔盘制炼工(39-048)	602040324
			有色金属熔炼工(39-184)	602040325
			真空熔炼工(39-222)	602040326
			熔硫工(39-242)	602040327
			TD炉熔炼工(39-243)	602040328
			余热锅炉工(39-254)	602040329

序号	职业名称及代码	编码	工种名称及代码	编码
			收尘工(39-255)	602040330
824	湿法冶炼工(6-02-04-04)	602040400	氢还原工(39-024)	602040401
			电积工(39-030)	602040402
			氯化汞触媒合成工(39-036)	602040403
			◆配液工(39-042)	
			◆净液工(39-043)	
			浸出工(39-044)	602040404
			蒸发浓缩结晶工(39-045)	602040405
			▲萃取工(39-047)	
			汞加工工(39-050)	602040406
			◆含氟污水处理回收工(39-061)	
			液固分离工(39-077)	602040407
825	电解精炼工(6-02-04-05)	602040500	电解精炼工(39-029)	602040501
			配液工(39-042)	602040502
			净液工(39-043)	602040503
			阴阳极制作工(39-046)	602040504
826	烟气制酸工(6-02-04-06)	602040600	烟气制酸工(39-049)	602040601

序号	职业名称及代码	编码	工种名称及代码	编码
			污酸处理工	602040602
827	其他重有色金属冶炼人员(6-02-04-99)	602049900		
828	氧化铝制取工(6-02-05-01)	602050100	二氧化碳制取工(39-071)	602050101
			料浆配料工(39-072)	602050102
			煤粉制备工(39-073)	602050103
			熟料烧结工(39-074)	602050104
			熟料溶出工(39-075)	602050105
			浆液调整输送工(39-076)	602050106
			◆液固分离工(39-077)	
			沉降工(39-078)	602050107
			脱硅机工(39-079)	602050108
			高压溶出工(39-080)	602050109
			氢氧化铝分解工(39-081)	602050110
			▲蒸发工(39-082)	
			热交换器工(39-083)	602050111
			氧化铝焙烧工(39-084)	602050112

序号	职业名称及代码	编码	工种名称及代码	编码
			空气输送工(39-085)	602050113
			隔离泵工(39-086)	602050114
			氢氧化铝精制工(39-087)	602050115
			容器设备修整工(39-088)	602050116
			镓提炼工(39-089)	602050117
			托轮冷却机工	602050118
			重油工	602050119
			▲苛化工	
829	铝电解工(6-02-05-02)	602050200	铝电解工(39-090)	602050201
			阳极工(39-091)	602050202
			阳极组装工(39-092)	602050203
			多功能机组操作工(39-093)	602050204
			铝及铝合金熔铸工(39-094)	602050205
			母线焊接工(39-095)	602050206
			电解槽砌扎工(39-096)	602050207
			微机操作工(39-259)	602050208
			铝吸出工	602050209

序号	职业名称及代码	编码	工种名称及代码	编码
			铝电解烟气化工	602050210
830	镁冶炼工(6-02-05-03)	602050300	镁电解工(39-097)	602050301
			镁精炼工(39-098)	602050302
			镁氯化工(39-099)	602050303
			氯压机工(39-100)	602050304
			氯化器工	602050305
			沸腾炉工	602050306
			还原炉工	602050307
831	硅冶炼工(6-02-05-04)	602050400	硅冶炼工(39-101)	602050401
832	其他轻有色金属冶炼人员(6-02-05-99)	602059900		
833	钨钼冶炼工(6-02-06-01)	602060100	钨钼粉末制造工(36-145)	602060101
			粗钨酸钠溶液制备工(39-145)	602060102
			钨酸铵溶液制备工(39-146)	602060103
			氧化钨制备工(39-147)	602060104
			纯三氧化钨、仲钨酸铵、兰钨制取工(39-148)	602060105
			偏钨酸铵制备工(39-149)	602060106

序号	职业名称及代码	编码	工种名称及代码	编码
			钨、钼、钴粉还原工(39-151)	602060107
			碳化钨制备工(39-152)	602060108
			铸造碳化钨熔炼破碎工(39-154)	602060109
			铸造碳化钨制管工(39-155)	602060110
			复式碳化钨制备工(39-156)	602060111
			碳化钛制备工(39-175)	602060112
			焙烧压煮工(39-178)	602060113
			仲钼酸铵制备工(39-179)	602060114
			钨酸钠制备工	602060115
			钼铁冶炼工	602060116
			辅料制备工	602060117
			破碎精整包装工	602060118
834	钽铌冶炼工(6-02-06-02)	602060200	钽铌分离工(39-108)	602060201
			钽铌化合物制取工(39-109)	602060202
			铌碳还原火法冶炼工(39-110)	602060203
			压制成型工(39-111)	602060204

序号	职业名称及代码	编码	工种名称及代码	编码
			钽铌精炼工(39-112)	602060205
			钽铌加工材制取工(39-113)	602060206
			钽钠还原火法冶炼工(39-114)	602060207
			钽碳还原火法冶炼工(39-115)	602060208
			铌铁火法冶炼工(39-116)	602060209
			铌酸锂晶体制取工(39-117)	602060210
835	钛冶炼工(6-02-06-03)	602060300	氯化炉工(39-102)	602060301
			四氯化钛精制工(39-103)	602060302
			准备拆装工(39-104)	602060303
			还原蒸馏工(39-105)	602060304
			成品打取工(39-106)	602060305
			熔体镁工(39-107)	602060306
836	稀土冶炼工(6-02-06-04)	602060400	稀土精矿分解工(39-118)	602060401
			稀土化工操作工(39-119)	602060402
			稀土萃取工(39-120)	602060403

序号	职业名称及代码	编码	工种名称及代码	编码
			稀土离子交换工(39-121)	602060404
			稀土电解工(39-122)	602060405
			稀土真空热还原工(39-123)	602060406
			稀土抛光粉工(39-124)	602060407
			稀土发光材料工(39-125)	602060408
			稀土挤压工(39-126)	602060409
			稀土熔炼工(39-127)	602060410
			稀土永磁材料工(39-128)	602060411
			稀土后处理工(39-129)	602060412
			预处理工(39-130)	602060413
			化学分离工(39-244)	602060414
			精质提纯工(39-245)	602060415
			稀土色层工(39-246)	602060416
			液膜提取工(39-247)	602060417
			稀土储氢材料工	602060418

序号	职业名称及代码	编码	工种名称及代码	编码
837	贵金属冶炼工(6-02-06-05)	602060500	黄金氰化工(31-002)	602060501
			炼金工(31-003)	602060502
			富集工(39-025)	602060503
			贵金属精炼工(39-032)	602060504
			阳极泥冶炼工(39-041)	602060505
			炼银工	602060506
838	锂冶炼工(6-02-06-06)	602060600	焙烧工	602060601
			酸化工	602060602
			沉锂工	602060603
			转化工	602060604
			锂电解工	602060605
			真空包装工	602060606
839	其他稀贵金属冶炼人员(6-02-06-99)	602069900		
840	半导体原料制备工(6-02-07-01)	602070100	硅粉制备工	602070101
			高纯氢气制取工	602070102
			硅心制备工	602070103
			高纯水制取工	602070104
841	多晶制取工(6-02-07-02)	602070200	三氯氢硅、四氯化硅合成工(39-131)	602070201
			三氯氢硅、四氯化硅提纯工(39-132)	602070202

序号	职业名称及代码	编码	工种名称及代码	编码
			三氯氢硅、四氯化硅还原工(39-133)	602070203
			硅烷法多晶硅制取工(39-134)	602070204
842	其他半导体材料制备人员(6-02-07-99)	602079900		
843	轧制原料工(6-02-08-01)	602080100	钢锭坯整理工(15-057)	602080101
			轧钢原料工(15-060)	602080102
			均热工(15-061)	602080103
			加热工(15-062)	602080104
			大管坯处理工(15-066)	602080105
			坯料机加工(39-186)	602080106
			▲加热工(39-229)	
844	金属轧制工(6-02-08-02)	602080200	轧钢工(15-063)	602080201
			轧制备品工(15-080)	602080202
			钨、钼轧制开坯工(36-148)	602080203
			精密合金管制造工(36-155)	602080204
			钨、钼板带材制造工(36-156)	602080205
			热压延工(39-188)	602080206

序号	职业名称及代码	编码	工种名称及代码	编码
			冷压延工(39-189)	602080207
			轧管工(39-194)	602080208
			工艺润滑工(39-211)	602080209
			换辊轴承调整工(39-215)	602080210
			线材轧制工(39-235)	602080211
			复合板工(39-240)	602080212
			热轧管工	602080213
			冷轧管工	602080214
845	酸洗工(6-02-08-03)	602080300	酸洗工(15-074)	602080301
			酸碱洗工(39-187)	602080302
			超声波清洗工	602080303
846	金属材涂层工(6-02-08-04)	602080400	脱脂工(15-075)	602080401
			镀锌工(15-076)	602080402
			镀锡工(15-077)	602080403
			彩涂工(15-078)	602080404
			箔材精制工(39-192)	602080405
			阳极氧化工(39-202)	602080406
			化学氧化工(39-203)	602080407

序号	职业名称及代码	编码	工种名称及代码	编码
847	金属材热处理工(6-02-08-05)	602080500	钢材热处理工(15-073)	602080501
			有色金属热处理工(39-219)	602080502
			真空热处理工(39-225)	602080503
848	焊管工(6-02-08-06)	602080600	卷管工(39-198)	602080601
			焊接制管工(39-199)	602080602
			炉焊管工	602080603
			高频焊管工	602080604
849	精整工(6-02-08-07)	602080700	轧钢精整工(15-064)	602080701
			重轨加工工(15-065)	602080702
			轧钢成品工(15-079)	602080703
			钢丝制品精整工(15-084)	602080704
			钢丝制品成品工(15-085)	602080705
			板、带、箔材剪切工(39-190)	602080706
			板、带材精整工(39-191)	602080707
			管、棒、型材精整工(39-197)	602080708
			刮管工(39-230)	602080709

序号	职业名称及代码	编码	工种名称及代码	编码
			打磨工(39-232)	602080710
850	金属材丝拉拔工(6-02-08-08)	602080800	拉丝工(15-081)	602080801
			钢丝制品备品工(15-086)	602080802
			钨、钼材料粗拉丝工(36-150)	602080803
			钨、钼材料细拉丝工(36-151)	602080804
			拉伸工(39-195)	602080805
			拉线工(39-196)	602080806
			冷拉丝工(39-236)	602080807
			称丝复绕工(39-238)	602080808
			热拉丝工(39-239)	602080809
			冷拔工	602080810
			冷拔管工	602080811
851	金属挤压工(6-02-08-09)	602080900	挤压工(39-193)	602080901
			修模工(39-210)	602080902
			研磨工(39-212)	602080903
			高压泵工(39-216)	602080904
852	铸轧工(6-02-08-10)	602081000	铸轧工(39-209)	602081001
853	钢丝绳制造工(6-02-08-11)	602081100	钢丝绳制造工(15-082)	602081101
854	其他金属轧制人员(6-02-08-99)	602089900		

序号	职业名称及代码	编码	工种名称及代码	编码
855	铸管备品工(6-02-09-01)	602090100	铸管造型工(15-067)	602090101
			铸管备品工(15-072)	602090102
856	铸管工(6-02-09-02)	602090200	铸管工(15-068)	602090201
857	铸管精整工(6-02-09-03)	602090300	铸管精整工(15-069)	602090301
			铸管检查工(15-070)	602090302
			铸管涂油工(15-071)	602090303
858	其他铸铁管人员(6-02-09-99)	602099900		
859	碳素煅烧工(6-02-10-01)	602100100	碳素煅烧工(15-107)	602100101
860	碳素成型工(6-02-10-02)	602100200	电碳备料工(09-111)	602100201
			碳、石墨压制工(09-112)	602100202
			碳素配料工(15-108)	602100203
			碳素混捏工(15-109)	602100204
			碳素压型工(15-110)	602100205
861	碳素焙烧工(6-02-10-03)	602100300	碳、石墨焙烧工(09-113)	602100301
			碳素焙烧工(15-111)	602100302

序号	职业名称及代码	编码	工种名称及代码	编码
			石墨烧成工(25-118)	602100303
862	碳素浸渍工(6-02-10-04)	602100400	碳素浸渍工(15-112)	602100401
863	碳素石墨化工(6-02-10-05)	602100500	石墨化工(09-114)	602100501
			碳素石墨化工(15-113)	602100502
864	碳素石墨加工工(6-02-10-06)	602100600	石墨电刷制品工(09-115)	602100601
			硅碳棒制造工(09-136)	602100602
			碳素制品加工工(15-114)	602100603
			石墨制品工(15-116)	602100604
			石墨坩埚工(25-116)	602100605
			碳素制品工(25-117)	602100606
			胶体石墨工(25-119)	602100607
			显像管石墨乳工(25-120)	602100608
			石墨成型工(39-228)	602100609
865	碳素纤维工(6-02-10-07)	602100700	碳素纤维工(15-115)	602100701
866	其他碳素制品生产人员(6-02-10-99)	602109900		

序号	职业名称及代码	编码	工种名称及代码	编码
867	硬质合金混合料制备工(6-02-11-01)	602110100	混合料制备工(39-157)	602110101
			喷雾干燥塔工(39-158)	602110102
			参胶(蜡)工(39-159)	602110103
			混合料鉴定下料工(39-160)	602110104
			金属陶瓷合金制备工(39-168)	602110105
			铁粉还原工(39-176)	602110106
868	硬质合金成型工(6-02-11-02)	602110200	热压工(39-153)	602110201
			压制工(39-161)	602110202
			压模试压工(39-166)	602110203
			挤压制品生产工(39-167)	602110204
			增塑性毛坯与异型制品加工工(39-169)	602110205
			成型剂制备工(39-173)	602110206
			压铸工(39-218)	602110207
			冷等静压工(39-248)	602110208
869	硬质合金烧结工(6-02-11-03)	602110300	热等静压工(39-162)	602110301
			脱蜡工(39-163)	602110302

序号	职业名称及代码	编码	工种名称及代码	编码
			脱胶(剂)工(39-165)	602110303
			钨钼制品烧结工(39-170)	602110304
			合金成品加工工(39-171)	602110305
			合金探伤工(39-177)	602110306
870	硬质合金精加工工(6-02-11-04)	602110400	压坯加工工(39-164)	602110401
			硬质合金涂层工(39-172)	602110402
			合金深度加工工(39-174)	602110403
			合金制品包装工(39-182)	602110404
			刀片刃磨钝化工	602110405
871	其他硬质合金生产人员(6-02-11-99)	602119900		
872	冶炼风机工(6-02-99-01)	602990100	风机工(15-008)	602990101
			高炉鼓风机工	602990102
873	化工原料准备工(6-03-01-01)	603010100	原料准备工(16-126)	603010101
874	压缩机工(6-03-01-02)	603010200	压缩机工(16-128)	603010201
875	气体净化工(6-03-01-03)	603010300	气体净化工(16-129)	603010301
876	过滤工(6-03-01-04)	603010400	过滤工(16-130)	603010401
			离心分离工	603010402

序号	职业名称及代码	编码	工种名称及代码	编码
877	油加热工(6-03-01-05)	603010500	油加热工(16-131)	603010501
878	制冷工(6-03-01-06)	603010600	制冷工(16-132)	603010601
879	蒸发工(6-03-01-07)	603010700	蒸发工(16-133)	603010701
880	蒸馏工(6-03-01-08)	603010800	蒸馏工(15-024)	603010801
			▲蒸馏工(16-134)	
881	萃取工(6-03-01-09)	603010900	洗涤工(15-026)	603010901
			脱酚工(15-028)	603010902
			萃取工(16-135)	603010903
882	吸收工(6-03-01-10)	603011000	吸收工(16-136)	603011001
883	吸附工(6-03-01-11)	603011100	吸附工(16-137)	603011101
884	干燥工(6-03-01-12)	603011200	干燥工(16-138)	603011201
885	结晶工(6-03-01-13)	603011300	结晶工(16-139)	603011301
886	造粒工(6-03-01-14)	603011400	造粒工	603011401
887	防腐蚀工(6-03-01-15)	603011500	化工防腐衬胶工(16-154)	603011501
			化工防腐喷镀工(16-155)	603011502
			化工防腐铅焊工(16-156)	603011503
			化工防腐砖板衬里工(16-157)	603011504
			化工防腐塑料工(16-158)	603011505
			化工玻璃钢防腐工(16-159)	603011506

序号	职业名称及代码	编码	工种名称及代码	编码
888	化工工艺试验工(6-03-01-16)	603011600	化工工艺试验工(16-145)	603011601
889	化工总控工(6-03-01-17)	603011700	化工总控工(16-146)	603011701
890	其他化工产品生产通用工艺人员(6-03-01-99)	603019900		
891	燃料油生产工(6-03-02-01)	603020100	常减压蒸馏操作工	603020101
			催化裂化反应再生操作工	603020102
			催化裂化分馏操作工	603020103
			渣油加氢操作工	603020104
			渣油加氢分馏操作工	603020105
			减黏裂化操作工	603020106
			延迟焦化操作工	603020107
			加氢裂化操作工	603020108
			加氢裂化分馏操作工	603020109
			重整预处理反应操作工	603020110
			重整芳烃分离操作工	603020111
			柴油加氢裂解分馏操作工	603020112
			溶剂精制操作工	603020113
			加氢精制操作工	603020114

序号	职业名称及代码	编码	工种名称及代码	编码
			脱臭操作工	603020115
892	润滑油、脂生产工(6-03-02-02)	603020200	溶剂油装置操作工	603020201
			氧化沥青操作工	603020202
			尿素脱蜡操作工	603020203
			分子筛脱蜡操作工	603020204
			丙烷脱沥青操作工	603020205
			酮苯脱蜡操作工	603020206
			酮苯回收操作工	603020207
			白土精制操作工	603020208
			润滑脂操作工	603020209
893	石油产品精制工(6-03-02-03)	603020300	电化学精制装置操作工	603020301
			油品储运调和操作工	603020302
894	油制气工(6-03-02-04)	603020400	重油制气工(13-065)	603020401
895	其他石油炼制生产人员(6-03-02-99)	603029900		
896	备煤筛焦工(6-03-03-01)	603030100	备煤工(15-016)	603030101
			配煤工(15-017)	603030102
			运焦工(15-021)	603030103
897	焦炉调温工(6-03-03-02)	603030200	焦炉调温工(15-019)	603030201
898	焦炉机车司机(6-03-03-03)	603030300	炼焦工(15-018)	603030301

序号	职业名称及代码	编码	工种名称及代码	编码
			煤焦车司机(15-020)	603030302
899	煤制气工(6-03-03-04)	603030400	机械煤气发生炉工(13-061)	603030401
			碳化炉工(13-062)	603030402
			水煤气炉工(13-063)	603030403
			炼焦煤气炉工(13-064)	603030404
			▲配煤工(13-066)	
			炉温工(13-067)	603030405
			冷凝鼓风工(13-068)	603030406
			废热锅炉工(13-069)	603030407
900	燃气储运工(6-03-03-05)	603030500	煤气调压工(13-070)	603030501
			煤气输送工(13-071)	603030502
			液化石油气罐区运行工(13-075)	603030503
901	其他煤化工生产人员(6-03-03-99)	603039900		
902	合成氨生产工(6-03-04-01)	603040100	合成氨总控工(16-034)	603040101
			水煤气工(16-035)	603040102

序号	职业名称及代码	编码	工种名称及代码	编码
			油气化工(16-036)	603040103
			合成氨转变工(16-038)	603040104
			合成氨净化工(16-039)	603040105
			合成氨气体压缩工(16-040)	603040106
			氨合成工(16-041)	603040107
903	尿素生产工(6-03-04-02)	603040200	尿素合成工(16-043)	603040201
			尿素加工工(16-044)	603040202
904	硝酸铵生产工(6-03-04-03)	603040300	硝酸铵中和工(16-045)	603040301
			硝酸铵结晶造粒工(16-046)	603040302
			多孔硝酸铵造粒工(16-047)	603040303
905	碳酸氢铵生产工(6-03-04-04)	603040400	碳酸氢铵碳化工(16-048)	603040401
906	硫酸铵生产工(6-03-04-05)	603040500	硫铵工(15-023)	603040501
			硫酸铵中和工(16-049)	603040502
907	过磷酸钙生产工(6-03-04-06)	603040600	过磷酸钙混化工(16-052)	603040601
			过磷酸钙熟化工(16-053)	603040602

序号	职业名称及代码	编码	工种名称及代码	编码
908	复合磷肥生产工（6-03-04-07）	603040700	磷矿酸解工（16-054）	603040701
			磷酸铵氨化造粒工（16-055）	603040702
909	钙镁磷肥生产工（6-03-04-08）	603040800	钙镁磷肥工（16-056）	603040801
910	氯化钾生产工（6-03-04-09）	603040900	氯化钾制造工	603040901
911	微量元素混肥生产工（6-03-04-10）	603041000	元素肥料混配工（16-057）	603041001
912	其他化学肥料生产人员（6-03-04-99）	603049900		
913	硫酸生产工（6-03-05-01）	603050100	硫化物焙烧工（16-001）	603050101
			二氧化硫气体净化工（16-002）	603050102
			二氧化硫气体转化工（16-003）	603050103
			酸性气体吸收工（16-006）	603050104
914	硝酸生产工（6-03-05-02）	603050200	氨氧化工（16-004）	603050201
			浓硝酸工（16-005）	603050202
			◆酸性气体吸收工（16-006）	
915	盐酸生产工（6-03-05-03）	603050300	◆酸性气体吸收工（16-006）	
			氯化氢合成工（16-007）	603050301

序号	职业名称及代码	编码	工种名称及代码	编码
916	磷酸生产工(6-03-05-04)	603050400	热法磷酸燃磷工(16-051)	603050401
917	纯碱生产工(6-03-05-05)	603050500	盐水工(16-008)	603050501
			蒸吸工(16-009)	603050502
			纯碱碳化工(16-010)	603050503
			重碱煅烧工(16-011)	603050504
			纯碱石灰工(16-012)	603050505
			重质纯碱工(16-013)	603050506
			联碱洗盐工(16-014)	603050507
			联碱结晶工(16-015)	603050508
918	烧碱生产工(6-03-05-06)	603050600	苛化工(16-016)	603050601
			变电整流工(16-017)	603050602
			烧碱电解工(16-018)	603050603
			氯氢处理工(16-019)	603050604
			烧碱蒸发工(16-020)	603050605
			固碱工(16-021)	603050606
			电解槽修理工(16-023)	603050607

序号	职业名称及代码	编码	工种名称及代码	编码
919	氟化盐生产工（6-03-05-07）	603050700	酸原料制备工（39-051）	603050701
			碱原料制备工（39-052）	603050702
			氟化氢反应炉工（39-053）	603050703
			氢氟酸制取工（39-054）	603050704
			粗氟酸精制工（39-055）	603050705
			氟化盐合成工（39-056）	603050706
			氟化盐过滤工（39-057）	603050707
			高浓度氢氟酸制取工（39-058）	603050708
			解析二氧化硫制取工（39-059）	603050709
			含氟烟气处理回收工（39-060）	603050710
			含氟污水处理回收工（39-061）	603050711
			干法氟化铝制取工	603050712
920	缩聚磷酸盐生产工（6-03-05-08）	603050800		
921	无机化学反应工（6-03-05-09）	603050900	无机反应工（16-024）	603050901
			电化学反应工（16-025）	603050902

序号	职业名称及代码	编码	工种名称及代码	编码
			窑炉反应工(16-026)	603050903
			黄磷电炉工(16-050)	603050904
			电石炉工(16-092)	603050905
			专业气体制造工(25-128)	603050906
922	高频等离子工(6-03-05-10)	603051000	高频等离子工(16-027)	603051001
923	气体深冷分离工(6-03-05-11)	603051100	气体深冷分离工(16-037)	603051101
			制氧工	603051102
924	工业气体液化工(6-03-05-12)	603051200	液氯工(16-022)	603051201
			液体二氧化硫工	603051202
925	炭黑制造工(6-03-05-13)	603051300	炭黑生产工(16-114)	603051301
926	二硫化碳制造工(6-03-05-14)	603051400	二硫化碳熔硫操作工(17-494)	603051401
			二硫化碳电炉操作工(17-495)	603051402
			二硫化碳煤气炉操作工(17-496)	603051403
			二硫化碳精馏操作工(17-497)	603051404
			二硫化碳回收操作工(17-498)	603051405
927	其他无机化工产品生产人员(6-03-05-99)	603059900		

序号	职业名称及代码	编码	工种名称及代码	编码
928	脂肪烃生产工(6-03-06-01)	603060100		
929	环烃生产工(6-03-06-02)	603060200		
930	烃类衍生物生产工(6-03-06-03)	603060300		
931	其他基本有机化工产品生产人员(6-03-06-99)	603069900		
932	聚乙烯生产工(6-03-07-01)	603070100		
933	聚丙烯生产工(6-03-07-02)	603070200		
934	聚苯乙烯生产工(6-03-07-03)	603070300		
935	聚丁二烯生产工(6-03-07-04)	603070400		
936	聚氯乙烯生产工(6-03-07-05)	603070500		
937	酚醛树脂生产工(6-03-07-06)	603070600		
938	环氧树脂生产工(6-03-07-07)	603070700	环氧树脂装置操作工	603070701
939	丙烯腈-丁二烯-苯乙烯共聚物(ABS)生产工(6-03-07-08)	603070800	ABS 装置操作工	603070801
940	其他合成树脂生产人员(6-03-07-99)	603079900		
941	顺丁橡胶生产工(6-03-08-01)	603080100		
942	乙丙橡胶生产工(6-03-08-02)	603080200		

序号	职业名称及代码	编码	工种名称及代码	编码
943	异戊橡胶生产工(6-03-08-03)	603080300		
944	丁腈橡胶生产工(6-03-08-04)	603080400		
945	丁苯橡胶生产工(6-03-08-05)	603080500	丁苯聚合工(16-109)	603080501
			胶乳脱气工(16-110)	603080502
			丁苯后处理工(16-111)	603080503
946	氯丁橡胶生产工(6-03-08-06)	603080600	氯丁橡胶生产工	603080601
947	其他合成橡胶生产人员(6-03-08-99)	603089900		
948	化纤聚合工(6-03-09-01)	603090100	聚乙烯醇制造工(17-505)	603090101
			腈纶聚合操作工(17-511)	603090102
			腈纶回收操作工(17-512)	603090103
			涤纶卸料、投料操作工(17-519)	603090104
			涤纶聚合操作工(17-520)	603090105
			涤纶切粒操作工(17-521)	603090106
			涤纶热媒操作工(17-522)	603090107
			涤纶乙二醇回收操作工(17-523)	603090108

序号	职业名称及代码	编码	工种名称及代码	编码
			锦纶盐处理操作工(17-524)	603090109
			锦纶聚合操作工(17-525)	603090110
			锦纶单体回收操作工(17-526)	603090111
			氨纶溶剂精制操作工(17-534)	603090112
			氨纶聚合操作工(17-535)	603090113
			芳砜纶聚合工	603090114
			丙纶聚合操作工	603090115
949	湿纺原液制造工(6-03-09-02)	603090200	原液准备浸渍操作工(17-499)	603090201
			原液准备老成磺化操作工(17-500)	603090202
			湿法纺原液制造工(17-515)	603090203
			芳砜纶加料过滤操作工(17-537)	603090204
950	纺丝工(6-03-09-03)	603090300	渔网纺丝工(07-110)	603090301
			湿法纺纺丝操作工(17-516)	603090302
			熔融纺干燥操作工(17-527)	603090303
			熔融纺纺丝操作工(17-528)	603090304

序号	职业名称及代码	编码	工种名称及代码	编码
			熔融纺卷绕操作工(17-529)	603090305
			氨纶包缠操作工(17-536)	603090306
			氨纶纺丝操作工	603090307
951	化纤后处理工(6-03-09-04)	603090400	渔网分丝工(07-111)	603090401
			黏胶短丝后处理操作工(17-501)	603090402
			黏胶长丝后处理操作工(17-502)	603090403
			短丝整理操作工(17-507)	603090404
			长丝整理操作工(17-508)	603090405
			牵切挡车工(17-509)	603090406
			腈纶后处理操作工(17-514)	603090407
			熔融纺短丝后处理工(17-531)	603090408
			熔融纺长丝牵伸挡车工(17-532)	603090409
			熔融纺长丝加弹挡车工(17-533)	603090410
			芳砜纶纺丝牵伸操作工(17-538)	603090411
			毛条制造工(17-539)	603090412

序号	职业名称及代码	编码	工种名称及代码	编码
			帘子布初复捻挡车工(17-540)	603090413
			▲织布挡车工(17-541)	
			吸胶工(17-542)	603090414
			黏胶长丝成筒操作工	603090415
952	纺丝凝固浴液配制工(6-03-09-05)	603090500	凝固浴操作工(17-506)	603090501
			腈纶溶液调备操作工(17-513)	603090502
			湿法纺酸碱站操作工(17-518)	603090503
953	无纺布制造工(6-03-09-06)	603090600	无纺布热轧挡车工(17-543)	603090601
			喷胶棉挡车工(17-544)	603090602
			联合机挡车工(17-545)	603090603
			小无纺挡车工(17-546)	603090604
			空滤针刺挡车工(17-547)	603090605
			浆点挡车工(17-548)	603090606
954	化纤纺丝精密组件工(6-03-09-07)	603090700	湿法纺纺丝精密工(17-517)	603090701
			熔融纺组件工(17-530)	603090702

序号	职业名称及代码	编码	工种名称及代码	编码
955	其他化学纤维生产人员(6-03-09-99)	603099900		
956	合成革制造工(6-03-10-01)	603100100		
957	其他合成革生产人员(6-03-10-99)	603109900		
958	有机合成工(6-03-11-01)	603110100	有机合成工(16-113)	603110101
959	农药生物测试试验工(6-03-11-02)	603110200	农药生测试验工(16-118)	603110201
960	染料标准工(6-03-11-03)	603110300	染料标准化工(16-116)	603110301
961	染料应用试验工(6-03-11-04)	603110400	染料应用试验工(16-117)	603110401
962	染料拼混工(6-03-11-05)	603110500	染料拼混工(16-115)	603110501
963	研磨分散工(6-03-11-06)	603110600	研磨分散工(16-120)	603110601
964	催化剂制造工(6-03-11-07)	603110700	催化剂制造工(16-032)	603110701
965	催化剂试验工(6-03-11-08)	603110800	催化剂试验工(16-033)	603110801
966	涂料合成树脂工(6-03-11-09)	603110900	涂料合成树脂工(16-119)	603110901
967	制漆配色调制工(6-03-11-10)	603111000	制漆配色调制工(16-121)	603111001
968	溶剂制造工(6-03-11-11)	603111100	溶剂蒸煮工(16-122)	603111101
			溶剂培菌工(16-123)	603111102

序号	职业名称及代码	编码	工种名称及代码	编码
			溶剂发酵工(16-124)	603111103
			溶剂蒸馏工(16-125)	603111104
969	化学试剂制造工(6-03-11-12)	603111200	无机试剂工(16-028)	603111201
			有机试剂工(16-029)	603111202
			高纯试剂工(16-030)	603111203
			临床试剂工(16-031)	603111204
970	化工添加剂制造工(6-03-11-13)	603111300	化工添加剂制造工	603111301
971	其他精细化工产品生产人员(6-03-11-99)	603119900		
972	片基制造工(6-03-12-01)	603120100	醋纤酯制备工(16-058)	603120101
			棉胶液制备工(16-059)	603120102
			片基流延工(16-060)	603120103
			▲醋纤酯制备工(18-144)	
			▲棉胶液制备工(18-145)	
			▲片基流延工(18-146)	
			聚酯片基拉幅工	603120104

序号	职业名称及代码	编码	工种名称及代码	编码
973	感光材料制造工(6-03-12-02)	603120200	感光材料涂布工(16-061)	603120201
			照相乳剂合成工(16-062)	603120202
			照相乳剂熔化工(16-063)	603120203
			感光专用药液配制工(16-064)	603120204
			油乳制备工(16-065)	603120205
			感光材料整理工(16-068)	603120206
			▲感光材料涂布工(18-147)	
			▲照相乳剂合成工(18-148)	
			▲照相乳剂熔化工(18-149)	
			▲感光专用药液配制工(18-150)	
			▲油乳制备工(18-151)	
			▲感光材料整理工(18-154)	
974	感光材料试验工(6-03-12-03)	603120300	有机合成试验工(16-075)	603120301
			乳剂试验工(16-076)	603120302
			片(纸)基试验工(16-077)	603120303

序号	职业名称及代码	编码	工种名称及代码	编码
			▲有机合成试验工(18-161)	
			▲乳剂试验工(18-162)	
			▲片(纸)基试验工(18-163)	
			感光材料加工套药试验工	603120304
975	暗盒制造工(6-03-12-04)	603120400	135暗盒制造工(16-067)	603120401
			▲135暗盒制造工(18-153)	
			绒布条制备工	603120402
976	废片、白银回收工(6-03-12-05)	603120500	废片、白银回收工(16-070)	603120501
			▲废片、白银回收工(18-156)	
977	磁粉制造工(6-03-12-06)	603120600	磁粉制备工(16-080)	603120601
978	磁记录材料制造工(6-03-12-07)	603120700	磁浆制备工(16-081)	603120701
			磁带涂布压光工(16-082)	603120702
			磁带整理工(16-083)	603120703
			软磁盘整理工(16-084)	603120704
			磁卡整理工	603120705
979	磁记录材料试验工(6-03-12-08)	603120800	磁记录材料试验工(16-079)	603120801

序号	职业名称及代码	编码	工种名称及代码	编码
980	感光鼓涂敷工(6-03-12-09)	603120900	感光鼓涂敷液调和工(09-069)	603120901
			感光鼓涂敷工(09-070)	603120902
			静电复印机硒鼓镀膜工	603120903
			静电复印机硒鼓化学处理工	603120904
981	其他信息记录材料生产人员(6-03-12-99)	603129900		
982	单基火药制造工(6-03-13-01)	603130100	硝化棉制造工(43-057)	603130101
			单基发射药成型工(43-058)	603130102
			单基发射药后处理工(43-059)	603130103
			溶剂回收工(43-060)	603130104
			硝化棉软片制造工(43-075)	603130105
			二苯胺制造工(43-078)	603130106
			乙醚制造工(43-083)	603130107
983	双基火药制造工(6-03-13-02)	603130200	◆硝化棉制造工(43-057)	
			硝化甘油制造工(43-061)	603130201
			吸收药制造工(43-062)	603130202

序号	职业名称及代码	编码	工种名称及代码	编码
			双基药成型工(43-063)	603130203
			双基药后处理工(43-064)	603130204
			双基粒状药制造工(43-065)	603130205
984	多基火药制造工(6-03-13-03)	603130300	三基发射药成型工(43-067)	603130301
			三基发射药后处理工(43-068)	603130302
985	黑火药制造工(6-03-13-04)	603130400	黑火药制造工(43-086)	603130401
			延期药制造工	603130402
986	混合火药制造工(6-03-13-05)	603130500	复合药制造工(43-069)	603130501
			过渡药制造工	603130502
			引燃药制造工	603130503
			曳光药制造工	603130504
987	其他火药制造人员(6-03-13-99)	603139900		
988	单质炸药制造工(6-03-14-01)	603140100	泰胺炸药制造工(43-072)	603140101
			梯恩梯制造工(43-073)	603140102
			胶质硝甘炸药制造工(43-074)	603140103
			奥克托金制造工	603140104
			吉纳制造工	603140105

序号	职业名称及代码	编码	工种名称及代码	编码
			黑索金制造工	603140106
989	混合炸药制造工(6-03-14-02)	603140200	硝铵炸药制造工(43-087)	603140201
			铵锑炸药制造工	603140202
			铵油炸药制造工	603140203
			铵沥蜡炸药制造工	603140204
			铵松蜡炸药制造工	603140205
			铵磺炸药制造工	603140206
			黏性炸药制造工	603140207
990	起爆药制造工(6-03-14-03)	603140300	起爆药制造工(43-085)	603140301
			共晶制造工	603140302
			耐水药制造工	603140303
991	含水炸药制造工(6-03-14-04)	603140400	乳化炸药制造工	603140401
			水胶炸药制造工	603140402
			浆状炸药制造工	603140403
992	其他炸药制造人员(6-03-14-99)	603149900		
993	松香工(6-03-15-01)	603150100	松脂工(08-063)	603150101
			熔解澄清工(08-064)	603150102
			松香蒸馏工(08-065)	603150103
			滴水法松香工(08-066)	603150104

序号	职业名称及代码	编码	工种名称及代码	编码
			松香浸提工(08-067)	603150105
			松香改性反应工(08-068)	603150106
			松焦油工(08-072)	603150107
994	松节油制品工(6-03-15-02)	603150200	松节油合成反应工(08-069)	603150201
			催化剂处理工(08-070)	603150202
			樟脑升华工(08-096)	603150203
			聚合反应工	603150204
995	活性炭生产工(6-03-15-03)	603150300	木材干馏工(08-090)	603150301
			木焦油工(08-091)	603150302
			活性炭炭化工(08-092)	603150303
			活性炭活化工(08-093)	603150304
			活性炭酸洗工(08-094)	603150305
			活性炭干燥工(08-095)	603150306
996	栲胶生产工(6-03-15-04)	603150400	栲胶浸提工(08-073)	603150401
			栲胶蒸发工(08-074)	603150402

序号	职业名称及代码	编码	工种名称及代码	编码
			栲胶干燥工(08-075)	603150403
997	紫胶生产工(6-03-15-05)	603150500	紫胶洗色干燥工(08-076)	603150501
			紫胶熔胶过滤工(08-077)	603150502
			紫胶蒸发工(08-078)	603150503
			紫胶热滤工(08-079)	603150504
			紫胶制片工(08-080)	603150505
			紫胶漂白工(08-081)	603150506
			紫胶色素工(08-082)	603150507
998	栓皮制品工(6-03-15-06)	603150600	供料破碎工(08-061)	603150601
			软木烘焙工(08-097)	603150602
			制胚剖片工(08-098)	603150603
999	木材水解工(6-03-15-07)	603150700	水解蒸煮工(08-083)	603150701
			水解物料中和工(08-084)	603150702
			水解蒸馏工(08-085)	603150703
			水解酵母分离工(08-086)	603150704

序号	职业名称及代码	编码	工种名称及代码	编码
			水解酵母干燥工(08-087)	603150705
			酵母营养盐工(08-088)	603150706
			水解设备搪砌工(08-089)	603150707
1000	其他林产化工产品生产人员(6-03-15-99)	603159900		
1001	树脂基复合材料工(6-03-16-01)	603160100	液压固化成型工(10-098)	603160101
			防热材料成型工(10-099)	603160102
			胶接装配工(10-101)	603160103
			胶布制品工(10-102)	603160104
			铝蜂窝胶接工(10-164)	603160105
			复合材料试验工(10-173)	603160106
			预浸渍成型工(10-191)	603160107
			复合材料胶接成型工(10-192)	603160108
			壳体缠绕成型工(10-193)	603160109
			浸胶模压成型工(10-194)	603160110
			布带浸胶缠绕成型工(10-195)	603160111

序号	职业名称及代码	编码	工种名称及代码	编码
			光胶胶缝工(10-244)	603160112
			卫星蜂窝夹层结构件制造工(10-247)	603160113
1002	橡胶基复合材料工(6-03-16-02)	603160200	壳体绝热心模成型工(10-190)	603160201
			绝热衬层配方试验工(10-203)	603160202
			绝热衬层模压工(10-204)	603160203
			绝热层成型工(10-205)	603160204
			绝热层固化工(10-206)	603160205
			衬层成型工(10-207)	603160206
			绝热层、衬层随机试件制作工(10-209)	603160207
			绝热层黏结剂合成工(10-210)	603160208
1003	碳基复合材料工(6-03-16-03)	603160300	特种碳素制品工(10-167)	603160301
			热等静压试验工(10-176)	603160302
			特种纤维编织工(10-196)	603160303
			碳/碳喉衬气相沉积工(10-197)	603160304

序号	职业名称及代码	编码	工种名称及代码	编码
			碳素制品高温处理工(10-198)	603160305
1004	陶瓷基复合材料工(6-03-16-04)	603160400	硅酸盐复合材料工(10-175)	603160401
			金属玻璃、陶瓷封装工(10-237)	603160402
1005	复合固体推进剂成型工(6-03-16-05)	603160500	氧化剂准备工(10-211)	603160501
			复合固体推进剂配料工(10-213)	603160502
			复合固体推进剂胶化工(10-214)	603160503
			复合固体推进剂浇注工(10-215)	603160504
			复合固体推进剂硫化工(10-216)	603160505
			点火药制药工(10-235)	603160506
1006	复合固体发动机装药工(6-03-16-06)	603160600	固体发动机药面修理工(10-217)	603160601
			固体发动机灌浆工(10-218)	603160602
			固体推进剂超声波清理工(10-225)	603160603
			发火管装配工(10-236)	603160604
1007	飞机复合材料制品工(6-03-16-07)	603160700	复合材料成型工(10-006)	603160701

序号	职业名称及代码	编码	工种名称及代码	编码
			复合材料装配工(10-007)	603160702
			飞机夹层结构制造工(10-013)	603160703
			飞机碳/碳复合材料刹车盘制造工	603160704
1008	其他复合材料加工人员(6-03-16-99)	603169900		
1009	制皂工(6-03-17-01)	603170100	皂用油脂原料准备工(18-093)	603170101
			皂化工(18-094)	603170102
			皂基处理工(18-095)	603170103
			肥皂成型工(18-096)	603170104
1010	甘油工(6-03-17-02)	603170200	甘油水处理工(18-097)	603170201
			甘油精制工(18-098)	603170202
1011	脂肪酸工(6-03-17-03)	603170300	水解工	603170301
			脂肪酸分离工	603170302
			脂肪酸蒸馏工	603170303
1012	洗衣粉成型工(6-03-17-04)	603170400	洗衣粉成型工(18-108)	603170401
1013	合成洗涤剂制造工(6-03-17-05)	603170500		
1014	香料制造工(6-03-17-06)	603170600	香料原料处理工(18-110)	603170601

序号	职业名称及代码	编码	工种名称及代码	编码
			香料合成工(18-111)	603170602
			香料分馏工(18-112)	603170603
			香料精制工(18-113)	603170604
			天然香料制备工(18-115)	603170605
1015	香精配制工(6-03-17-07)	603170700	香精配制工(18-114)	603170701
1016	化妆品配制工(6-03-17-08)	603170800		
1017	牙膏制造工(6-03-17-09)	603170900	复合管制管工(18-116)	603170901
			铝管制作工(18-117)	603170902
			膏体制造工(18-118)	603170903
1018	油墨制造工(6-03-17-10)	603171000	印钞油墨工(02-018)	603171001
			炼油树脂工(18-126)	603171002
			油墨颜料制作工(18-127)	603171003
			油墨配料工(18-128)	603171004
			油墨轧制工(18-129)	603171005
			挤水油墨工(18-130)	603171006

序号	职业名称及代码	编码	工种名称及代码	编码
1019	制胶工(6-03-17-11)	603171100	三胶原料预处理工(18-131)	603171101
			三胶制胶工(18-132)	603171102
			三胶后处理工(18-133)	603171103
1020	火柴制造工(6-03-17-12)	603171200	火柴印磷工(18-119)	603171201
			◆旋切梗盒片工(18-120)	
			火柴沾制药头工(18-121)	603171202
			火柴配药工(18-122)	603171203
			火柴装盒工(18-123)	603171204
			刷磷包封工(18-124)	603171205
			火柴制盒工(18-125)	603171206
1021	其他日用化学品生产人员(6-03-17-99)	603179900		
1022	电子绝缘与介质材料制造工(6-03-99-01)	603990100	航空绝缘材料应用试验工(10-092)	603990101
			树脂制造工(36-310)	603990102
			电子绝缘材料上胶工(36-311)	603990103

序号	职业名称及代码	编码	工种名称及代码	编码
			电子绝缘材料压制工(36-312)	603990104
			电子绝缘材料试制工(36-313)	603990105
			电子封装材料制造工(36-315)	603990106
1023	车工(6-04-01-01)	604010100	车工(09-018)	604010101
			刃具铲工(09-139)	604010102
			飞机桨叶车工	604010103
			数控车床工	604010104
1024	铣工(6-04-01-02)	604010200	铣工(09-019)	604010201
			飞机桨叶靠模铣工	604010202
			数控铣床操作工	604010203
1025	刨插工(6-04-01-03)	604010300	刨、插工(09-020)	604010301
			数控刨床操作工	604010302
			数控插床操作工	604010303
1026	磨工(6-04-01-04)	604010400	磨工(09-021)	604010401
			宝石轴承制造工(09-056)	604010402
			永磁磨工(09-073)	604010403
			特种合金制(修)磨工(09-074)	604010404
			钢球研磨工(09-147)	604010405

序号	职业名称及代码	编码	工种名称及代码	编码
			光学磨工(09-148)	604010406
			▲研磨工(09-163)	
			数控磨床操作工	604010407
1027	镗工(6-04-01-05)	604010500	镗工(09-017)	604010501
			数控镗床	604010502
1028	钻床工(6-04-01-06)	604010600	组合钻床工	604010601
			摇臂钻床工	604010602
			数控钻床操作工	604010603
1029	组合机床操作工(6-04-01-07)	604010700	摩托车组合机床工(43-124)	604010701
			机加生产线工(44-016)	604010702
			组合机床操作工	604010703
1030	加工中心操作工(6-04-01-08)	604010800	加工中心操作工(09-041)	604010801
1031	制齿工(6-04-01-09)	604010900	制齿工(09-022)	604010901
			数控制齿机床操作工	604010902
1032	螺丝纹挤形工(6-04-01-10)	604011000	滚丝、搓丝工(09-140)	604011001
			螺纹轧制成型工	604011002
1033	抛磨光工(6-04-01-11)	604011100	抛(磨)光工(09-013)	604011101
			航空发动机叶片抛光工(10-005)	604011102
1034	拉床工(6-04-01-12)	604011200	拉床工(09-023)	604011201

序号	职业名称及代码	编码	工种名称及代码	编码
1035	锯床工(6-04-01-13)	604011300	下料工(09-025)	604011301
1036	刃具扭制工(6-04-01-14)	604011400	刃具扭制工(09-138)	604011401
1037	弹性元件制造工(6-04-01-15)	604011500	弹簧工(09-042)	604011501
			弹性元件制造工(09-055)	604011502
1038	其他机械冷加工人员(6-04-01-99)	604019900		
1039	铸造工(6-04-02-01)	604020100	铸造工(09-001)	604020101
			熔化工(09-002)	604020102
			型砂工(09-003)	604020103
			型砂烘干工(09-004)	604020104
			清理工(09-007)	604020105
			仪表压铸工(09-068)	604020106
			永磁造型工(09-071)	604020107
			有色金属铸造工(39-185)	604020108
			轴瓦双金属带浇铸工(44-015)	604020109
			造型工	604020110
			特种铸造工	604020111
1040	锻造工(6-04-02-02)	604020200	锻造工(09-005)	604020201
			紧固件冷墩工(09-145)	604020202
1041	冲压工(6-04-02-03)	604020300	穿孔工(39-231)	604020301

序号	职业名称及代码	编码	工种名称及代码	编码
			制罐工(39-249)	604020302
			冲压工	604020303
			机载导弹壳体强力旋压工	604020304
			冲压机床操作工	604020305
			折边机床操作工	604020306
			切管工	604020307
1042	剪切工(6-04-02-04)	604020400	◆下料工(09-025)	
1043	焊工(6-04-02-05)	604020500	电焊工(09-033)	604020501
			气焊工(09-034)	604020502
			盐浴炉钎焊工(09-143)	604020503
			化工检修焊工(16-150)	604020504
			钢轨焊接工(19-089)	604020505
			汽车焊装工(44-018)	604020506
			地铁(轻轨)钢轨焊接工	604020507
			手工气割工	604020508
			数控气焊切割机操作工	604020509
			等离子切割工	604020510
			钛设备焊工	604020511
			氢气钎焊工	604020512

序号	职业名称及代码	编码	工种名称及代码	编码
1044	金属热处理工（6-04-02-06）	604020600	热处理工（09-006）	604020601
			永磁烧结热处理工（09-072）	604020602
1045	粉末冶金制造工（6-04-02-07）	604020700	粉末冶金烧结工（09-011）	604020701
			粉末冶金压制工（09-012）	604020702
			编绕烧结滤器工（10-002）	604020703
			钨渗铜制品工（10-199）	604020704
			金属制粉工（39-021）	604020705
			熔喷工（39-205）	604020706
			铝镁粉球磨工（39-206）	604020707
			铣粉工（39-207）	604020708
			筛粉工（39-208）	604020709
			成型工（39-220）	604020710
			真空垂熔工（39-221）	604020711
1046	其他机械热加工人员（6-04-02-99）	604029900		
1047	电切削工（6-04-03-01）	604030100	电切削工（09-024）	604030101
			线切割工	604030102
1048	其他特种加工设备操作人员（6-04-03-99）	604039900		

序号	职业名称及代码	编码	工种名称及代码	编码
1049	冷作钣金工(6-04-04-01)	604040100	冷作工(09-035)	604040101
			飞机钣金工(10-050)	604040102
			飞机蒙皮落压钣金工(10-051)	604040103
			爆炸成型工(10-052)	604040104
			飞机钣金下料工(10-053)	604040105
			飞机发动机钣金工(10-054)	604040106
			化工检修铆工(16-148)	604040107
			船舶钣金工(37-013)	604040108
			扩口卷边工(39-204)	604040109
			汽车钣金工(44-017)	604040110
			钣金工	604040111
1050	其他冷作钣金加工人员(6-04-04-99)	604049900		
1051	镀层工(6-04-05-01)	604050100	电镀工(09-009)	604050101
			氮化钛涂层工(09-141)	604050102
			酸洗钝化工(09-142)	604050103
			化学铣切工(10-004)	604050104

序号	职业名称及代码	编码	工种名称及代码	编码
			化学镀膜工	604050105
			化学镀银工	604050106
			●真空镀膜工	
			火焰热喷涂(焊)工	604050107
			精密电成型网工	604050108
1052	涂装工(6-04-05-02)	604050200	金属喷涂工(07-124)	604050201
			喷砂工(09-014)	604050202
			油漆工(09-028)	604050203
			涂料试验工(10-161)	604050204
			等离子喷涂工(10-200)	604050205
			发动机壳体表面处理工(10-202)	604050206
			汽车维修漆工(20-022)	604050207
			涂装工	604050208
			喷漆工	604050209
1053	其他工件表面处理加工人员(6-04-05-99)	604059900		
1054	磨料制造工(6-04-06-01)	604060100	专用磨料、磨具制造工(09-058)	604060101
			刚玉冶炼工(09-131)	604060102
			碳化硅冶炼工(09-132)	604060103

序号	职业名称及代码	编码	工种名称及代码	编码
			普通磨料及微粉制造工(09-133)	604060104
			超硬磨料制造工(09-135)	604060105
1055	磨具制造工(6-04-06-02)	604060200	◆专用磨料、磨具制造工(09-058)	
			特殊材料磨具制造工(09-134)	604060201
1056	其他磨料磨具制造加工人员(6-04-06-99)	604069900		
1057	金属软管、波纹管工(6-04-07-01)	604070100	波纹管成型工(10-106)	604070101
			金属软管、补偿管、导管试验工(10-107)	604070102
			金属网软管编织工(10-119)	604070103
			金属软管成型工(10-120)	604070104
1058	卫星光学冷加工工(6-04-07-02)	604070200	卫星光学冷加工工(10-248)	604070201
1059	航天器件高温处理工(6-04-07-03)	604070300	特种钎焊试验工(10-166)	604070301
			发动机高温处理工(10-185)	604070302
			真空电子束焊工(10-259)	604070303
1060	其他航天器件加工成型人员(6-04-07-99)	604079900		

序号	职业名称及代码	编码	工种名称及代码	编码
1061	电焊条制造工(6-04-99-01)	604990100	电焊条制造工(09-097)	604990101
1062	仪器仪表元件制造工(6-04-99-02)	604990200	传感器装校工(09-061)	604990201
			电阻体制造工(09-119)	604990202
			火化塞瓷体制造工(09-121)	604990203
			钨触头(白金)制造工(44-025)	604990204
1063	真空干燥处理工(6-04-99-03)	604990300	干燥控制工(09-118)	604990301
1064	人造宝石制造工(6-04-99-04)	604990400	人造宝石制造工(09-057)	604990401
1065	基础件装配工(6-05-01-01)	605010100	轴承装配工(09-146)	605010101
			链条装试工(09-165)	605010102
			液压元件装试工(09-166)	605010103
1066	部件装配工(6-05-01-02)	605010200	涡轮增压器装试工(09-158)	605010201
			刹车装置装试工(09-159)	605010202
			滤清器装试工(09-167)	605010203
			齿轮箱装试工(09-168)	605010204
			发动机装调工(44-005)	605010205

序号	职业名称及代码	编码	工种名称及代码	编码
			变速箱装调工(44-007)	605010206
			化油器装调工(44-010)	605010207
			油泵装调工(44-011)	605010208
			汽车板簧工(44-026)	605010209
			滤油器制装工	605010210
			农机配件装试工	605010211
1067	其他基础件、部件装配人员(6-05-01-99)	605019900		
1068	装配钳工(6-05-02-01)	605020100	钳工(09-015)	605020101
			农牧机械类装试工(09-153)	605020102
			喷灌、排灌机械装试工(09-155)	605020103
			农副产品加工机械装试工(09-160)	605020104
			港机装配钳工(20-127)	605020105
			港机结构装配工(20-129)	605020106
			装配钳工	605020107
1069	工具钳工(6-05-02-02)	605020200	工具钳工(09-016)	605020201
			尺、表、量仪类装配工(09-137)	605020202

序号	职业名称及代码	编码	工种名称及代码	编码
			铅锌模工(10-001)	605020203
			飞机模线样板钳工(10-011)	605020204
			飞机型架装配钳工(10-012)	605020205
			过滤器组合钳工(10-026)	605020206
			飞机模线样板移型工(10-095)	605020207
			硬质合金拉拔模制造工(36-152)	605020208
			金刚石拉丝模制造工(36-153)	605020209
			飞机桨叶钳工	605020210
1070	其他机械设备装配人员(6-05-02-99)	605029900		
1071	汽轮机装配工(6-05-03-01)	605030100	汽轮机装配工	605030101
1072	内燃机装配工(6-05-03-02)	605030200	内燃机装试工(09-154)	605030201
			油泵油嘴装试工(09-162)	605030202
			船用柴油机装配工(37-023)	605030203
1073	锅炉设备装配工(6-05-03-03)	605030300	锅炉装配工(09-079)	605030301
			锅炉试压工(09-080)	605030302

序号	职业名称及代码	编码	工种名称及代码	编码
1074	电机装配工(6-05-03-04)	605030400	电机嵌线工(09-081)	605030401
			电机(汽机)装配工(09-082)	605030402
1075	其他动力设备装配人员(6-05-03-99)	605039900		
1076	铁心叠装工(6-05-04-01)	605040100	电子变压器铁心制造工(36-008)	605040101
			铁心预叠工	605040102
			铁心叠装工	605040103
			电机定子铁心压装工	605040104
1077	绝缘制品件装配工(6-05-04-02)	605040200	绝缘制品工(09-045)	605040201
			变压器、互感器绝缘件装配工	605040202
1078	线圈绕制工(6-05-04-03)	605040300	绕线工(09-043)	605040301
			电子变压器线圈绕制工(36-009)	605040302
			线圈压装整形工	605040303
			箔式线圈绕线工	605040304
			电机绕线工	605040305
1079	绝缘处理浸渍工(6-05-04-04)	605040400	绝缘处理浸渍工(09-044)	605040401
			环氧树脂浇注工(09-091)	605040402
			浸渍、灌注处理工(36-011)	605040403

序号	职业名称及代码	编码	工种名称及代码	编码
1080	变压器、互感器装配工(6-05-04-05)	605040500	变压器、互感器装配工(09-094)	605040501
			水泥电抗器制造工(09-095)	605040502
			电子变压器装校工(36-010)	605040503
1081	高低压电器装配工(6-05-04-06)	605040600	低压电器及元件装配工(09-088)	605040601
			高压电器及元件装配工(09-089)	605040602
			高低压开关板(柜)装配配线工(09-090)	605040603
			高压熔断器装配工(09-117)	605040604
			避雷器装配工(09-120)	605040605
			火花塞装配工(09-122)	605040606
			变压器开关装配工	605040607
1082	电焊机装配工(6-05-04-07)	605040700	电焊机装配工(09-098)	605040701
1083	电炉装配工(6-05-04-08)	605040800	电炉装配工(09-100)	605040801
			电炉砌筑工(09-101)	605040802
1084	电线电缆制造工(6-05-04-09)	605040900	漆(丝)包工(09-075)	605040901

序号	职业名称及代码	编码	工种名称及代码	编码
			电缆硫化工(09-125)	605040902
			电缆、电线制造工(09-126)	605040903
			电缆干燥浸油工(09-127)	605040904
			电缆、电线拉线工(09-129)	605040905
			电缆韧炼工(09-130)	605040906
			海洋地震电缆修造工(14-020)	605040907
			光电线缆上引连铸工(36-292)	605040908
			光电线缆拉线工(36-294)	605040909
			光电线缆电镀工(36-295)	605040910
			光电线缆绞制工(36-296)	605040911
			光电线缆混塑工(36-297)	605040912
			光电线缆挤塑工(36-298)	605040913
			光电线缆交联工(36-299)	605040914
			光电线缆混橡工(36-300)	605040915
			光电线缆挤橡硫化工(36-301)	605040916

序号	职业名称及代码	编码	工种名称及代码	编码
			光电线缆涂覆工(36-302)	605040917
			光电线缆编织工(36-303)	605040918
			光电线缆压绕工(36-304)	605040919
			光电线缆切带工(36-305)	605040920
			光电线缆附件工(36-306)	605040921
			光电线缆氩弧焊工(36-307)	605040922
			光电线缆检测工(36-309)	605040923
1085	其他电气元件及设备装配人员(6-05-04-99)	605049900		
1086	电子专用设备装调工(6-05-05-01)	605050100	电子专用设备装调工(36-222)	605050101
			电子专用设备安装调试工(36-223)	605050102
			胶粘工(36-225)	605050103
1087	真空测试工(6-05-05-02)	605050200	真空设备调修工(36-083)	605050201
			真空测试工(36-224)	605050202
1088	其他电子专用设备装配调试人员(6-05-05-99)	605059900		
1089	仪器仪表元器件装调工(6-05-06-01)	605060100	热电偶、热电阻装校工(09-059)	605060101

序号	职业名称及代码	编码	工种名称及代码	编码
			应变片制作工(09-062)	605060102
			光栅工(09-064)	605060103
			轴尖工(09-066)	605060104
			游、张丝工(09-067)	605060105
1090	力学仪器仪表装配工(6-05-06-02)	605060200	天平装校工(09-052)	605060201
			衡器装配工(18-473)	605060202
			衡器调试工(18-474)	605060203
1091	电子仪器仪表装配工(6-05-06-03)	605060300	电子仪器、仪表装调工(09-047)	605060301
			医用电子仪器装接工(33-147)	605060302
			医用电子仪器调试工(33-148)	605060303
			医用电子仪器换能工(33-151)	605060304
1092	光电仪器仪表装调工(6-05-06-04)	605060400	光学仪器装调工(09-050)	605060401
			照相机装校工(09-053)	605060402
			复印机装调工(09-054)	605060403
			光学刻、磨工(09-063)	605060404
			光学胶合工(09-065)	605060405

序号	职业名称及代码	编码	工种名称及代码	编码
			光学玻璃热加工工(09-077)	605060406
			医用荧光器件制造工(33-152)	605060407
			医用光学零件冷加工工(33-157)	605060408
			医用光纤传相束制造工(33-160)	605060409
			医用内镜装配工(33-162)	605060410
			医用激光管制作工(33-179)	605060411
			船用仪器装配工(37-026)	605060412
			船用仪器电器装配工(37-027)	605060413
			船用仪器调试工(37-028)	605060414
			船用电子仪器装接工(37-029)	605060415
			船用电子仪器调试工(37-030)	605060416
			光学测量工(37-042)	605060417
			检漏、充气、充液工(37-048)	605060418
			光学辅料工	605060419
1093	分析仪器仪表装配工(6-05-06-05)	605060500	分析仪器装调工(09-049)	605060501

序号	职业名称及代码	编码	工种名称及代码	编码
			分析测量元件制造工(09-060)	605060502
1094	计时仪器仪表装配工(6-05-06-06)	605060600	钟(表)零件制造工(18-026)	605060601
			钟(表)部件、组件装配工(18-027)	605060602
			钟(表)成品装配工(18-028)	605060603
			钟(表)壳体制造工(18-029)	605060604
			钟(表)零件精密注塑工(18-030)	605060605
			钟(表)面盘(针)制造工(18-031)	605060606
			钟(表)带(链)制造工(18-032)	605060607
			钟(表)宝石轴承防震器制造工(18-033)	605060608
			钟(表)专用石英谐震器制造工(18-034)	605060609
			钟(表)发条制造工(18-035)	605060610
			钟(表)专用润滑油脂合成工(18-036)	605060611
1095	工业自动化仪器仪表与装置装配工(6-05-06-07)	605060700		

序号	职业名称及代码	编码	工种名称及代码	编码
1096	电工仪器仪表装配工(6-05-06-08)	605060800	电工、电路仪器仪表装调工(09-048)	605060801
			◆电能表校验工(11-065)	
			◆电磁计量检定工(30-014)	
1097	其他仪器仪表装配人员(6-05-06-99)	605069900		
1098	汽车(拖拉机)装配工(6-05-07-01)	605070100	拖拉机装试工(09-152)	605070101
			农牧车辆装试工(09-156)	605070102
			机动车仪器仪表装试工(09-164)	605070103
			汽车装调工(44-001)	605070104
			汽车内饰装调工(44-002)	605070105
			汽车前后桥装调工(44-009)	605070106
			汽车空调机装调工(44-012)	605070107
			钢圈制造工(44-014)	605070108
			汽车软轴制造工(44-020)	605070109
			汽车仪表装调工(44-021)	605070110

序号	职业名称及代码	编码	工种名称及代码	编码
			汽车电器装调工(44-022)	605070111
			汽车电机装调工(44-023)	605070112
1099	铁路机车机械制修工(6-05-07-02)	605070200	机车钳工(19-059)	605070201
			机车锅炉工(19-060)	605070202
			内燃机车钳工(19-062)	605070203
			电力机车钳工(19-063)	605070204
			洗炉司机(19-064)	605070205
			轮轴装修工(19-076)	605070206
			电机车修配工(41-097)	605070207
			电动机车机械钳工	605070208
1100	铁路车辆机械制修工(6-05-07-03)	605070300	检车员(19-070)	605070301
			车辆钳工(19-071)	605070302
			车电钳工(19-072)	605070303
			◆轮轴装修工(19-076)	
1101	铁路机车电气装修工(6-05-07-04)	605070400	机车电工(19-101)	605070401

序号	职业名称及代码	编码	工种名称及代码	编码
			电动列车电气钳工	605070402
1102	铁路车辆电气装修工(6-05-07-05)	605070500	车辆电工(19-102)	605070501
			车电员	605070502
1103	铁路机车车辆制动修造工(6-05-07-06)	605070600	制动钳工(19-075)	605070601
1104	电机车装配工(6-05-07-07)	605070700	换向器装配工(09-085)	605070701
			电机车机械装配工(09-086)	605070702
			电机车电气装配工(09-087)	605070703
1105	摩托车装配工(6-05-07-08)	605070800	摩托车装配工(43-114)	605070801
			摩托车调试修理工(43-115)	605070802
			摩托车检验工(43-116)	605070803
			摩托车包装工(43-117)	605070804
			摩托车发动机装配工(43-118)	605070805
			摩托车发动机调试修理工(43-119)	605070806
			摩托车发动机检验工(43-120)	605070807
			摩托车化油器装试工(43-121)	605070808

序号	职业名称及代码	编码	工种名称及代码	编码
			摩托车化油器检验工(43-122)	605070809
			摩托车磁电机装试工(43-123)	605070810
1106	助动车、自行车装配工(6-05-07-09)	605070900	自行车钢材改制工(18-015)	605070901
			自行车高频焊接工(18-016)	605070902
			自行车车圈、泥板成型工(18-017)	605070903
			自行车零件制造工(18-018)	605070904
			自行车部件组合工(18-019)	605070905
			自行车装配工(18-020)	605070906
			自行车表面精饰工(18-021)	605070907
			童车装配工(18-332)	605070908
			助动车发动机装配工	605070909
			助动车化油器装试工	605070910
			助动车磁电机装试工	605070911
			助动车发动机检验工	605070912

序号	职业名称及代码	编码	工种名称及代码	编码
			助动车化油器检验工	605070913
			助动车、自行车调试、修理工	605070914
			助动车、自行车检验工	605070915
			助动车、自行车包装工	605070916
1107	其他运输车辆装配人员(6-05-07-99)	605079900		
1108	功能膜工(6-05-08-01)	605080100	功能膜制作工(27-013)	605080101
			功能膜性能测试工(27-014)	605080102
			功能膜性能装调工(27-015)	605080103
1109	电渗析器工(6-05-08-02)	605080200	特种电极制作工(27-016)	605080201
			烫网工(27-017)	605080202
			组件制作工(27-018)	605080203
1110	其他膜法水处理设备制造人员(6-05-08-99)	605089900		
1111	医疗器械装配工(6-05-09-01)	605090100	CT组装调试工(33-112)	605090101
			CT程序工(33-113)	605090102
			CT精密部件调试工(33-114)	605090103

序号	职业名称及代码	编码	工种名称及代码	编码
			X射线机电气组装调试工（33-117）	605090104
			X射线机机械组装调试工（33-118）	605090105
			体外循环设备机械组装调试工（33-123）	605090106
			体外循环设备电气组装调试工（33-124）	605090107
			加速器安装调试工（33-138）	605090108
			加速器电气线路装接调试工（33-139）	605090109
			加速器机械装配工（33-140）	605090110
			电真空调试测量工（33-142）	605090111
			放疗用钴60机械安装维修工（33-143）	605090112
			血压计装配工（33-144）	605090113
			麻醉机蒸发器调试工（33-145）	605090114
			呼吸器装配调试工（33-146）	605090115

序号	职业名称及代码	编码	工种名称及代码	编码
			齿科设备、器械调试工(33-153)	605090116
			齿科专用设备调试工(33-156)	605090117
			医用核电子仪器制造工	605090118
1112	假肢制作装配工(6-05-09-02)	605090200	假肢制作装配工(01-007)	605090201
1113	矫形器制作装配工(6-05-09-03)	605090300	矫形器制作工(01-008)	605090301
			矫形鞋制作工	605090302
1114	其他医疗器械装配及假肢与矫形器制作人员(6-05-09-99)	605099900	手术器械锻压工(33-164)	605099901
			手术器械机切工(33-165)	605099902
			手术器械装配工(33-166)	605099903
			手术器械工装模具工(33-167)	605099904
			玻璃注射器外套整形模具工(33-175)	605099905
			注射针管制作工(33-180)	605099906
			注射针座制作铆接工(33-181)	605099907
			齿用金属材料制作工(33-183)	605099908
			牙齿模具工(33-184)	605099909

序号	职业名称及代码	编码	工种名称及代码	编码
			齿科磨削制品制作工(33-185)	605099910
1115	空调机装配工(6-05-10-01)	605100100	空调器配管工(18-429)	605100101
			热交换器作业工(18-430)	605100102
			空调器检漏工(18-431)	605100103
			空调器装配工(18-432)	605100104
			空调器压缩机组装工	605100105
1116	电冰箱、电冰柜制造装配工(6-05-10-02)	605100200	电冰箱零部件制作工(18-414)	605100201
			电冰箱泡沫绝热层灌注工(18-415)	605100202
			电冰箱装配工(18-416)	605100203
			电冰箱制冷工(18-417)	605100204
			电冰箱压缩机零件制作工(18-420)	605100205
			电冰箱压缩机组装工(18-421)	605100206
1117	洗衣机制造装配工(6-05-10-03)	605100300	洗衣机零件制作工(18-422)	605100301
			洗衣机装配工(18-423)	605100302

序号	职业名称及代码	编码	工种名称及代码	编码
			洗衣机检测工	605100303
1118	小型家用电器装配工(6-05-10-04)	605100400	家用电器喷涂工(18-418)	605100401
			电风扇零件制作工(18-424)	605100402
			电风扇装饰面板工(18-425)	605100403
			电风扇装配工(18-426)	605100404
			电风扇叶片制造工(18-427)	605100405
			电风扇网罩制造工(18-428)	605100406
			电饭煲发热板制作工(18-433)	605100407
			电饭煲发热管制作工(18-434)	605100408
			电饭煲装配工(18-435)	605100409
			电熨斗装配工(18-436)	605100410
			吸尘器电机制作工(18-437)	605100411
			吸尘器装配工(18-438)	605100412
			微波炉装配工	605100413
			电动缝纫机装配工	605100414

序号	职业名称及代码	编码	工种名称及代码	编码
1119	缝纫机制造装配工(6-05-10-05)	605100500	缝纫机坯件制造工(18-022)	605100501
			缝纫机零件制造工(18-023)	605100502
			缝纫机机头装配工(18-024)	605100503
			缝纫机机针制造工(18-025)	605100504
1120	办公小机械制造装配工(6-05-10-06)	605100600	打字机制造装配工	605100601
			碎纸机、装订机制造装配工	605100602
			号码机制造装配工	605100603
			速印机制造装配工	605100604
1121	其他日用机械电器制造装配人员(6-05-10-99)	605109900		
1122	工具五金制作工(6-05-11-01)	605110100	打结刀工(17-438)	605110101
			纺织刀剪工(17-439)	605110102
			齿条制作工(17-451)	605110103
			圈钩成型工(17-453)	605110104
			工具设备维修保养工(18-445)	605110105
			锉、锯造齿工(18-446)	605110106

序号	职业名称及代码	编码	工种名称及代码	编码
			工具校正工(18-447)	605110107
			锯类拔齿工(18-448)	605110108
			工具装配工(18-449)	605110109
1123	建筑五金制品制作工(6-05-11-02)	605110200	金属丝网编织工(15-083)	605110201
			造纸网制丝工(18-012)	605110202
			造纸网织造工(18-013)	605110203
			造纸网定型工(18-014)	605110204
			拉丝剥壳工(18-450)	605110205
			拉丝模具工(18-451)	605110206
			制钉工(18-452)	605110207
			制钉刀具工(18-453)	605110208
			金属丝网弹簧工(18-454)	605110209
			金属丝网织网工(18-455)	605110210
			金属丝网线团工(18-456)	605110211
			金属线团热镀锌工(18-457)	605110212

序号	职业名称及代码	编码	工种名称及代码	编码
			拉网工(39-233)	605110213
			航空滤网织网工	605110214
1124	制锁工(6-05-11-03)	605110300	锁零件制作工(18-471)	605110301
			锁具装配工(18-472)	605110302
1125	铝制品制作工(6-05-11-04)	605110400	铝制品电化工(18-466)	605110401
			铝制品装配工(18-467)	605110402
1126	日用五金制品制作工(6-05-11-05)	605110500	金属拉链排咪工(18-458)	605110501
			金属拉链配件制作工(18-459)	605110502
			树脂拉链制作工(18-460)	605110503
			打火机零件制作工(18-461)	605110504
			打火机装配工(18-462)	605110505
			西餐具刃磨工(18-463)	605110506
			手电筒装配工(18-464)	605110507
			伞制作工(18-465)	605110508
			理发推剪零件制作工(18-468)	605110509

序号	职业名称及代码	编码	工种名称及代码	编码
			理发推剪装配工(18-469)	605110510
			刀剪制作工(18-470)	605110511
			石油器具装配工(18-478)	605110512
			石油器具测试工(18-479)	605110513
			针制作工	605110514
1127	其他五金制品制作装配人员(6-05-11-99)	605119900		
1128	装甲车辆装配工(6-05-12-01)	605120100	装甲车辆装试工(43-001)	605120101
			装甲车辆光学仪器武器装试工(43-002)	605120102
			装甲车辆电器装试工(43-003)	605120103
1129	装甲车辆装配检验工(6-05-12-02)	605120200	装甲车辆装配检验工(43-004)	605120201
			装甲车辆光电武器装配检验工(43-005)	605120202
1130	装甲车辆驾驶试验工(6-05-12-03)	605120300	装甲车辆驾驶试验工(43-006)	605120301
1131	装甲车辆发动机装试工(6-05-12-04)	605120400	装甲车辆发动机装试工(43-008)	605120401
			装甲车辆发动机拆洗鉴定修理工(43-009)	605120402

序号	职业名称及代码	编码	工种名称及代码	编码
1132	其他装甲车辆装试人员(6-05-12-99)	605129900		
1133	火炮装试工(6-05-13-01)	605130100	火炮装试工(43-010)	605130101
			火炮电器装试工	605130102
1134	火炮装试检验工(6-05-13-02)	605130200	火炮装试检验工(43-012)	605130201
1135	火炮随动系统装试工(6-05-13-03)	605130300	火炮随动系统装试工(43-011)	605130301
1136	火炮随动系统装试检验工(6-05-13-04)	605130400	火炮随动系统装试检验工(43-013)	605130401
1137	火炮膛线制作工(6-05-13-05)	605130500	炮膛线制作工(43-015)	605130501
1138	枪支装配工(6-05-13-06)	605130600	枪支装配工(43-016)	605130601
1139	枪管校直工(6-05-13-07)	605130700	枪管校直工(43-017)	605130701
1140	枪管膛线制作工(6-05-13-08)	605130800	枪管线膛制作工(43-019)	605130801
			枪管弹膛制作工(43-020)	605130802
1141	其他枪炮制造人员(6-05-13-99)	605139900		
1142	炮弹装配工(6-05-14-01)	605140100	弹装配工(43-021)	605140101
			兵器产品包装工(43-113)	605140102
1143	枪弹装配工(6-05-14-02)	605140200	枪弹装配工(43-025)	605140201

序号	职业名称及代码	编码	工种名称及代码	编码
1144	火工装药工(6-05-14-03)	605140300	点火药盒制造工(43-070)	605140301
			弹药制型装配工(43-110)	605140302
			发射药筒(管)制造工	605140303
			火、炸药散装工	605140304
			炸药铸装工	605140305
1145	其他弹制造人员(6-05-14-99)	605149900		
1146	引信装试工(6-05-15-01)	605150100	机械引信装试工(43-028)	605150101
			电子引信装试工(43-029)	605150102
			引信试验工(43-030)	605150103
1147	其他引信加工制造人员(6-05-15-99)	605159900		
1148	雷管制造工(6-05-16-01)	605160100	纸雷管壳制造工(43-089)	605160101
			雷管脚线制造工(43-090)	605160102
			雷管装配工(43-091)	605160103
1149	索状爆破器材制造工(6-05-16-02)	605160200	索状爆破器材制造工(43-094)	605160201
1150	火工品装配工(6-05-16-03)	605160300	火工品装配工(43-093)	605160301
			系列加热电池制造工(43-095)	605160302

序号	职业名称及代码	编码	工种名称及代码	编码
1151	爆破器材试验工(6-05-16-04)	605160400	爆破器材试验工(43-092)	605160401
1152	其他火工品制造人员(6-05-16-99)	605169900		
1153	滤毒材料制造工(6-05-17-01)	605170100	浸渍活性炭制造工(43-096)	605170101
			过滤板制造工(43-097)	605170102
			防毒织物制造工(43-099)	605170103
			霍加拉特剂制造工(43-100)	605170104
1154	防毒器材装配工(6-05-17-02)	605170200	防毒器材装配工(43-101)	605170201
1155	防毒器材试验工(6-05-17-03)	605170300	毒剂制造工(43-098)	605170301
			防毒器材试验工(43-102)	605170302
1156	其他防化器材制造人员(6-05-17-99)	605179900		
1157	船体制造工(6-05-18-01)	605180100	船体放样号料工(37-001)	605180101
			船体冷加工工(37-002)	605180102
			船体火工(37-003)	605180103
			船体装配工(37-005)	605180104
			批碳工(37-006)	605180105

序号	职业名称及代码	编码	工种名称及代码	编码
			船体密性试验工(37-007)	605180106
			船舶涂装工(37-017)	605180107
			船舶气割工	605180108
			船舶气焊工	605180109
			船舶电焊工	605180110
			船舶特种涂装工	605180111
			船舶起重工	605180112
			铲刨工	605180113
1158	船舶轮机装配工(6-05-18-02)	605180200	船舶钳工(37-008)	605180201
			船舶管系工(37-009)	605180202
1159	船舶电气装配工(6-05-18-03)	605180300	船舶电工(37-010)	605180301
			船舶电讯工(37-011)	605180302
			船舶电气钳工(37-012)	605180303
			船舶电器安装工	605180304
1160	船舶附件制造工(6-05-18-04)	605180400	螺旋桨钳工(37-018)	605180401
			制链工(37-019)	605180402
			锚链热处理工(37-020)	605180403
			锚链拉力试验工(37-021)	605180404

序号	职业名称及代码	编码	工种名称及代码	编码
			锚链打包浸漆工(37-022)	605180405
1161	船舶木塑帆缆工(6-05-18-05)	605180500	船舶木塑工(37-014)	605180501
			船舶帆缆工(37-016)	605180502
			贴塑(PVC)工	605180503
			切排棉工	605180504
1162	船模制造试验工(6-05-18-06)	605180600	船模工(37-044)	605180601
			船舶结构试验工(37-046)	605180602
			船舶流体试验工(37-047)	605180603
			螺旋桨模型工(37-050)	605180604
			外观船模工	605180605
1163	其他船舶制造人员(6-05-18-99)	605189900		
1164	飞机装配工(6-05-19-01)	605190100	飞机铆装钳工(10-014)	605190101
			◆起落架、附件装配试验工(10-015)	
			结合测量工(10-017)	605190102
			飞机电缆工(10-040)	605190103
			飞机盘箱装配试验工	605190104

序号	职业名称及代码	编码	工种名称及代码	编码
1165	飞机系统安装调试工(6-05-19-02)	605190200	起落架、冷气、液压系统安装调试工(10-018)	605190201
			飞机动力系统安装调试工(10-038)	605190202
			飞机操纵系统安装调试工(10-039)	605190203
			飞机自动驾驶仪测试调整工(10-044)	605190204
			航空氧气设备调试工(10-077)	605190205
			飞机环控、救生系统安装试验工	605190206
			飞机生活设施安装试验工	605190207
1166	机载导弹装配工(6-05-19-03)	605190300	导弹机械装配调试工(10-033)	605190301
			导弹光学装配调试工(10-034)	605190302
			导弹电气装配调试工(10-045)	605190303
1167	航空发动机装配工(6-05-19-04)	605190400	飞机发动机装配修理钳工(10-019)	605190401
			航空燃油喷嘴装配试验工(10-021)	605190402

序号	职业名称及代码	编码	工种名称及代码	编码
			飞机发动机外场排故工(10-032)	605190403
1168	飞机螺旋桨装配工(6-05-19-05)	605190500	飞机螺旋桨装配试验工(10-023)	605190501
			航空调速器装配试验工(10-024)	605190502
1169	飞机军械安装调试工(6-05-19-06)	605190600	军械安装试验工(10-016)	605190601
			飞机军械调试工(10-076)	605190602
1170	航空电气安装调试工(6-05-19-07)	605190700	航空电器调试工(10-072)	605190701
1171	飞机发动机附件装配工(6-05-19-08)	605190800	航空附件装配钳工(10-025)	605190801
1172	航空仪表装配工(6-05-19-09)	605190900	航空电动陀螺仪表装配工(10-035)	605190901
			航空电气机械仪表装配工(10-036)	605190902
1173	飞机仪表安装试验工(6-05-19-10)	605191000	飞机仪表电器安装试验工(10-037)	605191001
			航空仪表调试工(10-073)	605191002
1174	航空装配平衡工(6-05-19-11)	605191100	飞机发动机平衡工(10-020)	605191101
			飞机桨叶平衡工(10-022)	605191102
			航空电机平衡工(10-046)	605191103

序号	职业名称及代码	编码	工种名称及代码	编码
1175	飞机无线电设备安装调试工(6-05-19-12)	605191200	航空无线电调试工(10-074)	605191201
			飞机无线电安装试验工	605191202
1176	飞机雷达安装调试工(6-05-19-13)	605191300	飞机无线电雷达安装试验工(10-041)	605191301
			机载雷达调试工(10-075)	605191302
			雷达罩测试工	605191303
1177	飞机特种设备检测与修理工(6-05-19-14)	605191400	无线电台操纵修理工(10-042)	605191401
			机场雷达操纵修理工(10-043)	605191402
			航空专用测试设备检定测试工	605191403
1178	飞机透明件制造胶接装配工(6-05-19-15)	605191500	透明件制造胶接装配工	605191501
1179	飞机外场调试与维护工(6-05-19-16)	605191600	外勤机械工(10-027)	605191601
			外勤军械工(10-028)	605191602
			外勤仪表、电器工(10-029)	605191603
			外勤无线电雷达工(10-030)	605191604
			航空保伞工(10-096)	605191605
			飞机外勤弹射救生工	605191606

序号	职业名称及代码	编码	工种名称及代码	编码
			飞机外勤雷达工	605191607
			飞机外勤电气工	605191608
1180	其他航空产品装配与调试人员(6-05-19-99)	605199900		
1181	飞机试验工(6-05-20-01)	605200100	飞机起落架、附件装配试验工(10-015)	605200101
			飞机试验工(10-079)	605200102
			飞机油箱导管试验工(10-094)	605200103
1182	机载导弹例行试验工(6-05-20-02)	605200200	导弹例行试验工(10-081)	605200201
1183	航空发动机试车工(6-05-20-03)	605200300	飞机发动机试车工(10-031)	605200301
1184	飞机螺旋桨试验工(6-05-20-04)	605200400	飞机螺旋桨强度试验工(10-082)	605200401
1185	飞机、发动机附件试验工(6-05-20-05)	605200500	飞机附件试验工(10-083)	605200501
			飞机机轮试验工(10-084)	605200502
			航空油泵壳体试验冲洗工(10-085)	605200503
1186	航空环控救生装备试验工(6-05-20-06)	605200600	航空救生空试工(10-086)	605200601
			航空救生地面试验工(10-087)	605200602

序号	职业名称及代码	编码	工种名称及代码	编码
			航空救生装备精密光学测试工(10-088)	605200603
			航空救生装备遥控遥测测试工(10-089)	605200604
1187	航空仪表试验工(6-05-20-07)	605200700	航空仪表成品试验工(10-093)	605200701
1188	航空电机电器试验设备调试工(6-05-20-08)	605200800	航空试验设备调试工(10-090)	605200801
1189	其他航空产品试验人员(6-05-20-99)	605209900		
1190	惯性器件装配工(6-05-21-01)	605210100	惯性器件装配工(10-117)	605210101
			惯性器件调试工(10-118)	605210102
			激光陀螺调试工(10-149)	605210103
			惯性仪器试验工(10-150)	605210104
			陀螺仪表检漏、充油、充气工(10-151)	605210105
1191	伺服机构装配调试工(6-05-21-02)	605210200	伺服机构装配工(10-112)	605210201
			伺服机构调试工(10-113)	605210202
			时间程序控制器装配工(10-258)	605210203

序号	职业名称及代码	编码	工种名称及代码	编码
1192	导弹部段装配工(6-05-21-03)	605210300	导弹箱体装配测试工(10-108)	605210301
			下料成型装配工(10-109)	605210302
			导弹附件装配试验工(10-110)	605210303
			液、电、气压部件装配调试工(10-123)	605210304
			气瓶鉴定、充气工(10-178)	605210305
1193	航天器引信装配工(6-05-21-04)	605210400	战术导弹引信装配工(10-124)	605210401
			引信、检查仪检验试验工(10-125)	605210402
			自动驾驶仪测度调整工(10-126)	605210403
1194	弹头装配工(6-05-21-05)	605210500	弹头部段装配工(10-104)	605210501
			头部钳铆装配工(10-105)	605210502
1195	导弹总体装配工(6-05-21-06)	605210600	导弹总体装配工(10-115)	605210601
			导弹总体测试工(10-116)	605210602
1196	卫星总体装配工(6-05-21-07)	605210700	卫星总体装配工(10-245)	605210701
			卫星综合电能测试工(10-246)	605210702

序号	职业名称及代码	编码	工种名称及代码	编码
1197	其他导弹卫星装配测试人员(6-05-21-99)	605219900		
1198	液体火箭发动机装配试验工(6-05-22-01)	605220100	液体火箭发动机试验数据处理工(10-180)	605220101
			液体火箭发动机装配试验工(10-181)	605220102
			活门自动器装配试验工(10-182)	605220103
			涡轮泵装配工(10-183)	605220104
			推力室装配试验工(10-184)	605220105
1199	固体火箭发动机装配工(6-05-22-02)	605220200	壳体心模装配成型工(10-189)	605220201
			固体发动机总装齐套工(10-220)	605220202
			固体发动机总装工(10-221)	605220203
1200	固体火箭发动机试验工(6-05-22-03)	605220300	喷管冷态试验电测工(10-232)	605220301
			喷管冷态试验装配工(10-233)	605220302
			点火器试验工(10-238)	605220303
			固体火箭发动机试验校准安装工(10-240)	605220304

序号	职业名称及代码	编码	工种名称及代码	编码
			固体火箭发动机试验电测工(10-241)	605220305
			固体火箭发动机静止试验装调工(10-242)	605220306
			固体火箭发动机试验数据处理工(10-243)	605220307
1201	固体火箭发动机检测工(6-05-22-04)	605220400	固体发动机绝热壳体检测工(10-208)	605220401
			固体发动机装药检测工(10-219)	605220402
			固体发动机总装检测工(10-223)	605220403
1202	其他火箭发动机装配试验人员(6-05-22-99)	605229900		
1203	航天器环境试验工(6-05-23-01)	605230100	环境试验工(10-163)	605230101
			发动机强度与环境试验工(10-229)	605230102
1204	航天器结构强度环境试验工(6-05-23-02)	605230200	特种力学环境试验工(10-155)	605230201
			飞行器振动试验测试工(10-157)	605230202
			发动机力学环境试验电测工(10-230)	605230203

序号	职业名称及代码	编码	工种名称及代码	编码
			发动机静力强度测试工(10-231)	605230204
			固体火箭发动机温度环境试验工(10-239)	605230205
1205	航天器结构高低温环境试验工(6-05-23-03)	605230300	飞行器振动特性试验加注工(10-156)	605230301
			结构静(热)强度环境测试工(10-158)	605230302
			导弹结构强度环境试验安装试验工(10-159)	605230303
1206	火箭发动机介质试验工(6-05-23-04)	605230400	火箭发动机组件介质试验工(10-143)	605230401
			火箭发动机组件气流试验工(10-144)	605230402
			火箭发动机组件水力试验工(10-145)	605230403
			火箭发动机组件液流试验工(10-147)	605230404
1207	航天器系统试验工(6-05-23-05)	605230500	控制系统试验工(10-148)	605230501
			气动元件、设备及系统试验工(10-152)	605230502

序号	职业名称及代码	编码	工种名称及代码	编码
			地面设备液压系统元件试验工(10-153)	605230503
			遥测系统试验工(10-174)	605230504
			风洞试验操作工(10-177)	605230505
1208	空间环境模拟光学装测工(6-05-23-06)	605230600	空间环模光学装校工(10-249)	605230601
			空间环模光学测量工(10-250)	605230602
1209	空间环境模拟温度试验工(6-05-23-07)	605230700	空间环模低温试验工(10-252)	605230701
			空间环模深冷试验工(10-253)	605230702
			空间环模试验温度标定、温度测量工(10-255)	605230703
1210	空间环境模拟真空试验工(6-05-23-08)	605230800	空间环模试验及卫星检漏工(10-251)	605230801
			空间环模真空试验工(10-254)	605230802
1211	其他航天器结构强度温度环境试验人员(6-05-23-99)	605239900		
1212	靶场试射工(6-05-24-01)	605240100	装甲试验工(43-007)	605240101
			枪支试射工(43-018)	605240102

序号	职业名称及代码	编码	工种名称及代码	编码
			炮弹试射工(43-022)	605240103
			火炮试射工(43-109)	605240104
1213	靶场测试工(6-05-24-02)	605240200	靶场测试工(43-108)	605240201
1214	其他靶场试验人员(6-05-24-99)	605249900		
1215	其他机电产品装配人员(6-05-99-00)	605990000		
1216	机修钳工(6-06-01-01)	606010100	乳品设备保全工(07-039)	606010101
			饲料加工设备维修工(07-060)	606010102
			农机修理工(07-130)	606010103
			伐区机修工(08-011)	606010104
			润滑保养工(09-027)	606010105
			机修钳工(09-032)	606010106
			盐浴炉试车工(09-144)	606010107
			燃油设备检修工(11-005)	606010108
			卸储煤设备检修工(11-006)	606010109
			输煤机械检修工(11-007)	606010110

序号	职业名称及代码	编码	工种名称及代码	编码
			泵站机电设备维修工(12-024)	606010111
			工程机械修理工(13-032)	606010112
			液化石油气机械修理工(13-078)	606010113
			化工检修钳工(16-147)	606010114
			纺织设备保全工(17-001)	606010115
			纺织设备检修工(17-002)	606010116
			纺织设备措施工(17-003)	606010117
			纺织设备揩车工(17-004)	606010118
			纺织设备专件修理工(17-006)	606010119
			测试修理工(17-007)	606010120
			纺织设备部件配套工(17-008)	606010121
			化纤设备保全工(17-549)	606010122
			汽车检测设备维修工(20-031)	606010123
			内燃装卸机械修理工(20-056)	606010124
			电动装卸机械修理工(20-057)	606010125

序号	职业名称及代码	编码	工种名称及代码	编码
			筑路机械修理工(20-125)	606010126
			机场场务机械维修工(26-051)	606010127
			候机楼自动化设备操作机修工(26-054)	606010128
			印刷机械维修工(29-055)	606010129
			音像复制设备维修调试工(29-069)	606010130
			烟机设备修理工(32-060)	606010131
			合成药车间维修工(33-110)	606010132
			制剂药品生产车间维修工(33-111)	606010133
			井下钻井工具装修工(40-008)	606010134
			地面钻井工具装修工(40-009)	606010135
			石油钻机修理工(40-038)	606010136
			抽油机安装工(40-039)	606010137
			注输泵修理工(40-040)	606010138
			特车泵修理工(40-041)	606010139

序号	职业名称及代码	编码	工种名称及代码	编码
			煤矿机安装工(41-093)	606010140
			采掘电钳工(41-094)	606010141
			综采维修钳工(41-095)	606010142
			矿井维修钳工(41-096)	606010143
			液压支架(柱)修理工(41-099)	606010144
			露天采剥机械机修工(41-100)	606010145
			生产线调整工(44-019)	606010146
			装卸工具修理工	606010147
			建材设备维修工	606010148
			包装设备修理工	606010149
1217	汽车修理工(6-06-01-02)	606010200	摩托车维修工(03-046)	606010201
			农机轮胎修理工(07-126)	606010202
			汽车维修工(20-017)	606010203
			汽车发动机维修工(20-018)	606010204
			汽车底盘维修工(20-019)	606010205
			汽车维修电工(20-021)	606010206

序号	职业名称及代码	编码	工种名称及代码	编码
			汽车维修轮胎工(20-023)	606010207
			汽车维修钣金工(20-024)	606010208
			汽车维修铁工(20-025)	606010209
			汽车维修钳工(20-027)	606010210
			汽车维修材料工(20-028)	606010211
			汽车喷油泵调试工(20-029)	606010212
			民航特种车辆机械维修工(26-056)	606010213
			民航特种车辆电气维修工(26-057)	606010214
			矿用重型汽车轮胎修换工(41-050)	606010215
			消防车辆修理工	606010216
			汽车维修辅助工	606010217
1218	船舶修理工(6-06-01-03)	606010300	船坞工(37-045)	606010301
			坞修钳工(37-049)	606010302
			船舶内燃机钳工	606010303
			船舶蒸汽轮机钳工	606010304

序号	职业名称及代码	编码	工种名称及代码	编码
			冰机钳工	606010305
			电机工	606010306
			管钳工	606010307
			船舶电器工	606010308
			船舶电气自动化控制设备修理工	606010309
1219	其他机械设备维修人员(6-06-01-99)	606019900		
1220	工业自动化仪器仪表与装置修理工(6-06-02-01)	606020100	◆热工仪表修理工(09-026)	
			◆热工仪表检修工(11-036)	
			热工自动装置检修工(11-037)	606020101
			热工程控保护工(11-038)	606020102
			控制系统与装置修理工	606020103
1221	电工仪器仪表修理工(6-06-02-02)	606020200		
1222	精密仪器仪表修理工(6-06-02-03)	606020300	仪器调修工(09-150)	606020301
			电测仪表工(11-058)	606020302
			无线电定位仪修理工(20-106)	606020303
			测绘仪器修理工(28-017)	606020304

序号	职业名称及代码	编码	工种名称及代码	编码
			CT 安装修理工(33-116)	606020305
			X 射线机机械安装维修工(33-121)	606020306
			体外循环设备机械安装维修工(33-125)	606020307
			医用电子仪器修理工(33-149)	606020308
			齿科设备、器械修理工(33-154)	606020309
			医疗器械、玻璃仪器检修工(33-198)	606020310
1223	其他仪器仪表修理人员(6-06-02-99)	606029900		
1224	民用航空器维护人员(6-06-03-01)	606030100	飞机维护机械员(26-001)	606030101
			飞机(欧美式)维护电子员(26-002)	606030102
			飞机(欧美式)维护电气员(26-003)	606030103
			飞机(苏式)维护无线电、雷达员(26-004)	606030104
			飞机(苏式)维护电气员(26-005)	606030105

序号	职业名称及代码	编码	工种名称及代码	编码
			飞机(苏式)维护仪表员(26-006)	606030106
1225	民用航空器修理人员(6-06-03-02)	606030200	飞机系统装配工(26-007)	606030201
			飞机特种设备装配工(26-008)	606030202
			飞机修理钣金工(26-009)	606030203
			飞机客舱设备装配修理工(26-010)	606030204
			飞机救生设备修理工(26-011)	606030205
			飞机导管修造工(26-012)	606030206
			飞机客舱装饰缝纫工(26-013)	606030207
			飞机漆、蒙工(26-014)	606030208
			航空飞机发动机修理工(26-015)	606030209
			飞机液压附件修理工(26-016)	606030210
			飞机着陆装置修理工(26-017)	606030211
			飞机空调、气动、氧气附件修理工(26-018)	606030212
			飞机螺旋桨修理工(26-019)	606030213

序号	职业名称及代码	编码	工种名称及代码	编码
			航空飞机发动机附件修理工(26-020)	606030214
			飞机无线电、雷达修理工(26-021)	606030215
			飞机电气修理工(26-022)	606030216
			飞机仪表修理工(26-023)	606030217
			飞机橡胶、塑料件制作工(26-024)	606030218
			飞机有机玻璃器件制作修理工(26-025)	606030219
			飞机复合材料件修理工(26-026)	606030220
1226	其他民用航空器维修人员(6-06-03-99)	606039900		
1227	其他机械设备修理人员(6-06-99-00)	606990000		
1228	水轮机设备安装工(6-07-01-01)	607010100	水轮机安装工(11-083)	607010101
			调速器安装工(11-086)	607010102
			水轮发电机组管路安装工(11-087)	607010103
			金属结构制作与安装工(11-088)	607010104

序号	职业名称及代码	编码	工种名称及代码	编码
1229	锅炉设备安装工(6-07-01-02)	607010200	锅炉钢架安装工(11-066)	607010201
			锅炉受热面安装工(11-067)	607010202
			电厂筑炉保温工(11-068)	607010203
			锅炉辅机安装工(11-069)	607010204
1230	汽轮机设备安装工(6-07-01-03)	607010300	汽轮机本体安装工(11-070)	607010301
			汽轮机调速安装工(11-071)	607010302
			汽轮机辅机安装工(11-072)	607010303
1231	发电机设备安装工(6-07-01-04)	607010400	水轮发电机安装工(11-084)	607010401
			卷线安装工(11-085)	607010402
1232	热工仪表及控制装置安装试验工(6-07-01-05)	607010500	热工仪表及控制装置安装工(11-074)	607010501
			热工仪表及控制装置试验工(11-075)	607010502
1233	发电厂电气设备安装工(6-07-01-06)	607010600	高压电气安装工(11-076)	607010601
			二次线安装工(11-077)	607010602
			厂用电安装工(11-078)	607010603

序号	职业名称及代码	编码	工种名称及代码	编码
			变电一次安装工(11-081)	607010604
			变电二次安装工(11-082)	607010605
1234	电力电缆安装工(6-07-01-07)	607010700	电缆安装工(11-079)	607010701
1235	高压线路架设工(6-07-01-08)	607010800	送电线路架设工(11-080)	607010801
1236	电力工程内线安装工(6-07-01-09)	607010900	内线安装工(11-049)	607010901
1237	其他电力设备安装人员(6-07-01-99)	607019900		
1238	水轮发电机值班员(6-07-02-01)	607020100	◆电气值班员(11-032)	
			水轮发电机组值班员(11-039)	607020101
			一次系统值班员	607020102
			二次系统值班员	607020103
			机械值班员	607020104
			辅助设备值班员	607020105
1239	燃料值班员(6-07-02-02)	607020200	燃油值班员(11-001)	607020201
			卸煤值班员(11-002)	607020202
			输煤值班员(11-003)	607020203
			燃料集控值班员(11-004)	607020204

序号	职业名称及代码	编码	工种名称及代码	编码
1240	锅炉运行值班员(6-07-02-03)	607020300	锅炉运行值班员(11-016)	607020301
1241	锅炉辅机值班员(6-07-02-04)	607020400	除灰值班员(11-013)	607020401
			锅炉辅机值班员(11-015)	607020402
1242	汽轮机运行值班员(6-07-02-05)	607020500	汽轮机辅机值班员(11-023)	607020501
			水泵值班员(11-024)	607020502
			汽轮机运行值班员(11-025)	607020503
			汽轮机辅助设备值班员	607020504
1243	热力网值班员(6-07-02-06)	607020600	热力网值班员(11-022)	607020601
1244	电气值班员(6-07-02-07)	607020700	厂用电值班员(11-031)	607020701
			电气值班员(11-032)	607020702
1245	集控值班员(6-07-02-08)	607020800	集控巡视员(11-033)	607020801
			集控值班员(11-034)	607020802
1246	发电机氢冷值班员(6-07-02-09)	607020900	电机氢冷值班员(11-030)	607020901
1247	电厂水处理值班员(6-07-02-10)	607021000	电厂水化验员(11-009)	607021001
			电厂水处理值班员(11-011)	607021002

序号	职业名称及代码	编码	工种名称及代码	编码
1248	其他发电运行值班人员（6-07-02-99）	607029900		
1249	送电、配电线路工（6-07-03-01）	607030100	送电线路工（11-046）	607030101
			配电线路工（11-047）	607030102
1250	变电站值班员（6-07-03-02）	607030200	变电站值班员（11-050）	607030201
1251	调相机值班员（6-07-03-03）	607030300	调相机值班员（11-051）	607030301
1252	换流站值班员（6-07-03-04）	607030400	换流站值班员（11-052）	607030401
1253	其他输电、配电、变电设备值班人员（6-07-03-99）	607039900		
1254	锅炉本体设备检修工（6-07-04-01）	607040100	锅炉本体检修工（11-017）	607040101
1255	锅炉附属设备检修工（6-07-04-02）	607040200	锅炉辅机检修工（11-018）	607040201
			管阀检修工（11-019）	607040202
			除尘设备检修工（11-020）	607040203
			电除尘设备检修工（11-021）	607040204
1256	汽轮机本体设备检修工（6-07-04-03）	607040300	汽轮机本体检修工（11-026）	607040301
			汽轮机调速系统检修工（11-027）	607040302
1257	汽轮机附属设备检修工（6-07-04-04）	607040400	水泵检修工（11-028）	607040401

序号	职业名称及代码	编码	工种名称及代码	编码
			汽轮机辅机检修工(11-029)	607040402
1258	发电厂电动机检修工(6-07-04-05)	607040500	电机检修工(11-035)	607040501
1259	水轮机检修工(6-07-04-06)	607040600	水轮发电机机械检修工(11-040)	607040601
			水轮机检修工(11-041)	607040602
			水轮机调速器机械检修工(11-042)	607040603
1260	水电站水力机械试验工(6-07-04-07)	607040700	水力机械试验工(11-043)	607040701
1261	水电自动装置检修工(6-07-04-08)	607040800	水电自动装置检修工(11-044)	607040801
1262	高压线路带电检修工(6-07-04-09)	607040900	高压线路带电检修工(11-045)	607040901
1263	变压器检修工(6-07-04-10)	607041000	变压器检修工(11-053)	607041001
1264	变电设备检修工(6-07-04-11)	607041100	变电检修工(11-055)	607041101
			变电带电检修工(11-056)	607041102
1265	电气试验员(6-07-04-12)	607041200	电气试验工(11-057)	607041201
1266	继电保护员(6-07-04-13)	607041300	继电保护工(11-059)	607041301
1267	其他电力设备检修人员(6-07-04-99)	607049900		

序号	职业名称及代码	编码	工种名称及代码	编码
1268	电力负荷控制员(6-07-05-01)	607050100	电力负荷控制员(11-060)	607050101
1269	用电监察员(6-07-05-02)	607050200	用电监察员(11-061)	607050201
1270	抄表核算收费员(6-07-05-03)	607050300	抄表收费核算员(11-062)	607050301
1271	装表接电工(6-07-05-04)	607050400	装表接电工(11-063)	607050401
1272	电能计量装置检修工(6-07-05-05)	607050500	电能表修理工(11-064)	607050501
			电能表校验工(11-065)	607050502
1273	其他供用电人员(6-07-05-99)	607059900		
1274	变电设备安装工(6-07-06-01)	607060100	变压器安装工	607060101
			变电设备安装工	607060102
1275	变配电室值班电工(6-07-06-02)	607060200	变电值班员	607060201
			配电值班员	607060202
			配电维护工	607060203
1276	常用电机检修工(6-07-06-03)	607060300	●电机检修工	
			电机卷线工	607060301
1277	牵引电力线路安装维护工(6-07-06-04)	607060400	无轨电车架线工(13-052)	607060401
			电力线路工(19-085)	607060402
			接触网工(19-086)	607060403
			地铁线路维修工	607060404

序号	职业名称及代码	编码	工种名称及代码	编码
1278	维修电工(6-07-06-05)	607060500	农机电器设备修理工(07-131)	607060501
			电炉配电工(09-008)	607060502
			电工(09-030)	607060503
			维修电工(09-031)	607060504
			◆电工电路仪器仪表装调工(09-048)	
			辅机电气装配工(09-084)	607060505
			无轨电车修理工(13-051)	607060506
			化工检修电工(16-151)	607060507
			▲船舶电工(20-046)	
			装卸机械电器修理工(20-058)	607060508
			港机装配电工(20-128)	607060509
			机场助航灯光电工(26-053)	607060510
			候机楼自动化设备电气维护工(26-055)	607060511
			◆印刷电气维修工(29-056)	

序号	职业名称及代码	编码	工种名称及代码	编码
			◆音像复制设备维修调试工(29-069)	
			X射线机电气安装维修工(33-122)	607060512
			体外循环设备电气安装维修工(33-126)	607060513
			露天采制机械电修工(41-102)	607060514
			综采维修电工(41-104)	607060515
			矿井维修电工(41-106)	607060516
1279	其他生活生产电力设备安装、操作、修理人员(6-07-06-99)	607069900		
1280	其他电力设备安装、运行、检修及供电人员(6-07-99-00)	607990000		
1281	真空电子器件化学零件制造工(6-08-01-01)	608010100	灯用化学配料工(18-084)	608010101
			电光源灯丝制造工(18-085)	608010102
			X射线管、影像增强管清洗工(33-127)	608010103
			X射线管、影像增强管去气工(33-128)	608010104

序号	职业名称及代码	编码	工种名称及代码	编码
			增强管制屏工(33-133)	608010105
			碳化工(36-076)	608010106
			荧光屏涂覆工(36-084)	608010107
			屏涂料配制工(36-085)	608010108
			真空光电器件阴极制造工(36-093)	608010109
			蒸馏净化工(36-094)	608010110
			吸气剂压制工(36-095)	608010111
			氧化物阴极制造工(36-096)	608010112
			阴极发射材料制配工(36-097)	608010113
			氧化铝微粉制造工(36-098)	608010114
			零部件涂覆工(36-099)	608010115
			热丝制造工(36-100)	608010116
			清洗腐蚀工(36-101)	608010117
			烧氢工(36-102)	608010118
			真空处理工(36-103)	608010119

序号	职业名称及代码	编码	工种名称及代码	编码
			特种阴极制造工(36-104)	608010120
			发光材料原料制造工(36-105)	608010121
			发光材料制粉工(36-106)	608010122
			钾水玻璃制造工(36-107)	608010123
			真空电子器件金属粉末制造工(36-108)	608010124
			荫罩制造工(36-120)	608010125
1282	电极丝制造工(6-08-01-02)	608010200	杜美丝制造工(36-154)	608010201
			钨绞丝加热子制造工(36-157)	608010202
			电极丝制造工(36-158)	608010203
1283	真空电子器件金属零件制造工(6-08-01-03)	608010300	真空电子器件零件冲压焊接工(36-115)	608010301
			荫罩框架制造工(36-116)	608010302
			金属丝料加工工(36-117)	608010303
			栅极制造工(36-118)	608010304
			真空浇铸工(36-119)	608010305

序号	职业名称及代码	编码	工种名称及代码	编码
			引出线制造工(36-122)	608010306
1284	电子真空镀膜工(6-08-01-04)	608010400	电光源真空蒸镀工(18-091)	608010401
			增强管涂膜工(33-134)	608010402
			真空镀膜工(36-088)	608010403
1285	真空电子器件装配工(6-08-01-05)	608010500	电光源灯芯装架工(18-087)	608010501
			电光源封口工(18-088)	608010502
			航标灯泡挂丝工(20-135)	608010503
			X射线管、影像增强管装架工(33-129)	608010504
			装架工(36-066)	608010505
			特种管装配工(36-067)	608010506
			封口工(36-068)	608010507
			特种钎焊工(36-069)	608010508
			特种熔融焊接工(36-070)	608010509
			放射性同位素分装工(36-071)	608010510
			荫罩装配工(36-078)	608010511

序号	职业名称及代码	编码	工种名称及代码	编码
			涂层焙烧工(36-079)	608010512
			低熔点玻璃熔封工(36-080)	608010513
			金属陶瓷封接工(36-092)	608010514
			真空电子器件玻璃封接工(36-133)	608010515
1286	真空电子器件装调工(6-08-01-06)	608010600	电光源充排气工(18-089)	608010601
			电光源装焊、老练工(18-092)	608010602
			航标灯泡排气工(20-136)	608010603
			◆X射线管、影像增强管去气工(33-128)	
			X射线管、影像增强管排气工(33-130)	608010604
			影像增强管调试工(33-132)	608010605
			真空检漏工(36-072)	608010606
			排气工(36-073)	608010607
			老试工(36-074)	608010608
			外部件装调工(36-075)	608010609

序号	职业名称及代码	编码	工种名称及代码	编码
			微波元件修校工(36-081)	608010610
			调制器装修工(36-082)	608010611
			偏转线圈调整工(36-091)	608010612
1287	液晶显示器件制造工(6-08-01-07)	608010700	表面取向层制备工(36-109)	608010701
			液晶盒制备工(36-110)	608010702
			液晶屏制备工(36-111)	608010703
			液晶显示器装配工(36-112)	608010704
1288	单晶片加工工(6-08-01-08)	608010800	单晶制备工(36-162)	608010801
			单晶片加工工(36-163)	608010802
			半导体温差电致冷材料制备工(36-183)	608010803
			晶体切割工(39-138)	608010804
			硅片研磨工(39-139)	608010805
			硅(晶)片抛光工(39-140)	608010806
			腐蚀清洗工(39-141)	608010807

序号	职业名称及代码	编码	工种名称及代码	编码
1289	半导体芯片制造工(6-08-01-09)	608010900	外延工(36-164)	608010901
			氧化扩散工(36-166)	608010902
			离子注入工(36-167)	608010903
			化学气相淀积工(36-168)	608010904
			光刻工(36-169)	608010905
			台面成型工(36-170)	608010906
			半导体器件、集成电路电镀工(36-178)	608010907
1290	半导体分立器件、集成电路装调工(6-08-01-10)	608011000	芯片装架工(36-171)	608011001
			封装工(36-172)	608011002
			混合集成电路装调工(36-175)	608011003
			点接触二极管制造工(36-176)	608011004
			合金烧结工(36-177)	608011005
			半导体温差电致冷元件制造工(36-184)	608011006
			半导体温差电致冷组件制造工(36-185)	608011007
1291	电子用水制备工(6-08-01-11)	608011100	电子用水处理工(36-181)	608011101

序号	职业名称及代码	编码	工种名称及代码	编码
1292	其他电子器件制造人员(6-08-01-99)	608019900		
1293	电阻器制造工(6-08-02-01)	608020100	合成膜电位计工(10-111)	608020101
			热敏电阻红外探测器制造工(10-256)	608020102
			线绕电阻器、电位器制造工(36-203)	608020103
			有机实心电阻器、电位器制造工(36-204)	608020104
			电阻器专用金属粉制造工(36-205)	608020105
			薄膜电阻器制造工(36-206)	608020106
			金属玻璃釉电阻器、电位器制造工(36-207)	608020107
			光敏电阻器制造工(36-208)	608020108
			压敏电阻器制造工(36-209)	608020109
			热敏电阻器制造工(36-210)	608020110
			合成碳膜电位器制造工(36-211)	608020111
1294	电容器制造工(6-08-02-02)	608020200	有机介质电容器纸、膜切割工(36-212)	608020201

序号	职业名称及代码	编码	工种名称及代码	编码
			有机介质电容器纸、薄膜金属化工(36-213)	608020202
			有机介质电容器装配工(36-214)	608020203
			云母电容器制造工(36-215)	608020204
			陶瓷电容器制造工(36-216)	608020205
			铝箔腐蚀氧化工(36-217)	608020206
			钽电解电容器成型烧结工(36-218)	608020207
			钽电解电容器赋能、被膜工(36-219)	608020208
			电解电容器装配工(36-220)	608020209
			可变电容器装校工(36-221)	608020210
1295	微波铁氧体元器件制造工(6-08-02-03)	608020300	铁氧体材料制备工(36-247)	608020301
			铁氧体元件成型工(36-248)	608020302
			铁氧体材料、元件烧成工(36-249)	608020303
			铁氧体元件研磨工(36-250)	608020304

序号	职业名称及代码	编码	工种名称及代码	编码
			微波铁氧体器件调测工(36-253)	608020305
1296	石英晶体生长设备操作工(6-08-02-04)	608020400	压电石英晶体配料装釜工(36-193)	608020401
			高压釜温控工(36-194)	608020402
1297	压电石英晶片加工工(6-08-02-05)	608020500	籽晶片制造工(36-192)	608020501
			压电石英晶体划线、切割、测角工(36-196)	608020502
			压电石英晶体研磨工(36-197)	608020503
1298	石英晶体元器件制造工(6-08-02-06)	608020600	压电石英片烧银、焊线工(36-198)	608020601
			石英晶体元件装配工(36-199)	608020602
			石英晶体振荡器制造工(36-201)	608020603
			石英晶体滤波器制造工(36-202)	608020604
1299	电声器件制造工(6-08-02-07)	608020700	传声器装调工(36-186)	608020701
			扬声器装调工(36-187)	608020702
			送受话器装调工(36-188)	608020703
			音圈绕制工(36-189)	608020704

序号	职业名称及代码	编码	工种名称及代码	编码
			电声振动件制造工(36-190)	608020705
			扬声器号筒擀制工(36-191)	608020706
1300	水声换能器制造工(6-08-02-08)	608020800	换能器胶合装配工(37-024)	608020801
			换能器密封工(37-025)	608020802
			水声测量工(37-041)	608020803
1301	专用继电器制造工(6-08-02-09)	608020900	继电器装配工(36-226)	608020901
			继电器调整工(36-227)	608020902
			半导体继电器装调工(36-228)	608020903
			继电器封装工(36-229)	608020904
			玻璃绝缘子工(36-230)	608020905
			舌簧管封装工(36-231)	608020906
			继电器线圈工(36-232)	608020907
1302	高频电感器件制造工(6-08-02-10)	608021000	高频电感器件包封工(36-318)	608021001
			高频电感器件绕制工(36-319)	608021002
			高频电感器件测试工(36-320)	608021003

序号	职业名称及代码	编码	工种名称及代码	编码
1303	接插件制造工(6-08-02-11)	608021100	特种接插件装配工(10-121)	608021101
			接插件零件制造工(36-235)	608021102
			接插件装校工(36-236)	608021103
1304	磁头制造工(6-08-02-12)	608021200	静电记录头制作工(10-122)	608021201
			磁头研磨工(36-035)	608021202
			磁头装配工(36-036)	608021203
1305	电子产品制版工(6-08-02-13)	608021300	印制电路照相制版工(36-012)	608021301
			荫罩制版工(36-121)	608021302
			掩膜版制造工(36-165)	608021303
1306	印制电路制作工(6-08-02-14)	608021400	印制电路图形制作工(36-013)	608021401
			印制电路镀覆工(36-014)	608021402
			印制电路机加工(36-015)	608021403
1307	薄膜加热器制造工(6-08-02-15)	608021500	薄膜加热器制造工	608021501
1308	其他电子元件制造人员(6-08-02-99)	608029900		
1309	铅酸蓄电池制造工(6-08-03-01)	608030100	蓄电池铸型工(09-102)	608030101

序号	职业名称及代码	编码	工种名称及代码	编码
			制铅粉工（09-103）	608030102
			生极板制造工（09-104）	608030103
			蓄电池化成工（09-105）	608030104
			蓄电池装配工（09-106）	608030105
			蓄电池微隔(孔）板工(09-108）	608030106
			◆活性物质工（36-260）	
			◆电极工（36-261）	
			◆电池装配工（36-262）	
			◆化成工（36-263）	
			◆碱性蓄电池试验工(36-264）	
			◆隔膜处理工（36-265）	
			蓄电池试验工（36-267）	608030107
			◆电池零件冲剪工(36-268）	
			板栅零件镀铅工	608030108
			充放电工	608030109
			塑料成型工	608030110

序号	职业名称及代码	编码	工种名称及代码	编码
			塑胶配套工	608030111
			橡胶隔板工	608030112
			橡胶混炼工	608030113
			●橡胶硫化工	
			塑胶试验工	608030114
			玻璃丝管工	608030115
1310	碱性蓄电池制造工(6-08-03-02)	608030200	活性物质工(36-260)	608030201
			电极工(36-261)	608030202
			电池装配工(36-262)	608030203
			化成工(36-263)	608030204
			碱性蓄电池总装工(36-264)	608030205
			隔膜处理工(36-265)	608030206
			电池零件冲剪工(36-268)	608030207
1311	原电池制造工(6-08-03-03)	608030300	锌筒成型工(18-134)	608030301
			炭棒成型工(18-135)	608030302
			炭棒焙烧工(18-136)	608030303
			电解液配制工(18-137)	608030304
			正极配料工(18-138)	608030305

序号	职业名称及代码	编码	工种名称及代码	编码
			正极成型工(18-139)	608030306
			隔离层制备工(18-140)	608030307
			电池部件制备工(18-141)	608030308
			▲电池装配工(18-142)	
			电池试制工(18-143)	608030309
			浆层纸制造工(36-269)	608030310
			导电层制造工(36-270)	608030311
			叠层电池装配工(36-271)	608030312
			碱性电池负极制造工(36-272)	608030313
			碱性电池装配工(36-273)	608030314
			碱性电池正极制造工(36-274)	608030315
			锂电池正极制造工(36-275)	608030316
			锂电池电液配制工(36-276)	608030317
			锂电池装配工(36-277)	608030318
			原电池总装工(36-278)	608030319

序号	职业名称及代码	编码	工种名称及代码	编码
			制液工(36-287)	608030320
			电解工(36-288)	608030321
			后处理工(36-289)	608030322
1312	热电池制造工(6-08-03-04)	608030400	热电池电极工(36-281)	608030401
			热电池激活、加热片工(36-282)	608030402
			热电池组装工(36-283)	608030403
1313	太阳电池制造工(6-08-03-05)	608030500	硅太阳电池焊接测试工(36-284)	608030501
			硅太阳电池方阵组合工(36-285)	608030502
1314	其他电池制造人员(6-08-03-99)	608039900		
1315	无线电设备机械装校工(6-08-04-01)	608040100	无线电机械装校工(36-001)	608040101
1316	电子设备装接工(6-08-04-02)	608040200	航标灯器装配工(20-133)	608040201
			无线电装接工(36-002)	608040202
			电讯装接工(36-019)	608040203
			有线电装接工(36-049)	608040204
			电话机装配工(36-056)	608040205
1317	无线电调试工(6-08-04-03)	608040300	无线电调试工(36-003)	608040301

序号	职业名称及代码	编码	工种名称及代码	编码
			无源网络装调工(36-047)	608040302
1318	雷达装配工(6-08-04-04)	608040400	雷达指挥仪总装配钳工(36-021)	608040401
1319	雷达调试工(6-08-04-05)	608040500	雷达调试工(36-022)	608040501
1320	电子精密机械装调工(6-08-04-06)	608040600	精密机械装配工(36-020)	608040601
			针式打印机机械装调工(36-030)	608040602
			针式打印机电气装调工(36-031)	608040603
			磁盘机机械装调工(36-038)	608040604
			磁盘机调试工(36-039)	608040605
			传真机装配工(36-061)	608040606
			传真机调试工(36-062)	608040607
1321	电子计算机(微机)调试工(6-08-04-07)	608040700	电子计算机调试工(36-026)	608040701
1322	有线通信传输设备调试工(6-08-04-08)	608040800	载波通信设备调试工(36-043)	608040801
			光纤、数字通信设备调试工(36-045)	608040802
1323	通讯交换设备调试工(6-08-04-09)	608040900	程控交换机调试工(36-064)	608040901

序号	职业名称及代码	编码	工种名称及代码	编码
1324	电源调试工(6-08-04-10)	608041000	电源调试工(36-017)	608041001
1325	激光机装调工(6-08-04-11)	608041100	激光器装配工(36-090)	608041101
1326	激光全息工(6-08-04-12)	608041200	激光全息工(36-089)	608041201
1327	铁路通信组调工(6-08-04-13)	608041300	通信组调工	608041301
			通信钳工	608041302
1328	铁路信号组调工(6-08-04-14)	608041400	信号钳工(19-099)	608041401
			信号组调工	608041402
1329	铁路电控组调工(6-08-04-15)	608041500	电控组调工(19-100)	608041501
1330	其他电子设备装配调试人员(6-08-04-99)	608049900		
1331	电子计算机(微机)维修工(计算机维修工)(6-08-05-01)	608050100	针式打印机维修工(36-032)	608050101
			磁盘机维修工(36-040)	608050102
			电子计算机维修工	608050103
1332	其他电子产品维修人员(6-08-05-99)	608059900		
1333	其他电子元器件与设备制造、装配调试及维修人员(6-08-99-00)	608990000		
1334	橡胶制品配料工(6-09-01-01)	609010100	橡胶配料工(16-160)	609010101

序号	职业名称及代码	编码	工种名称及代码	编码
			亮油配制工(16-185)	609010102
			胶乳配制工(16-186)	609010103
1335	橡胶炼胶工(6-09-01-02)	609010200	炼胶工(16-161)	609010201
1336	橡胶半成品制造工(6-09-01-03)	609010300	刮浆工(16-162)	609010301
			浸胶刮浆工(16-163)	609010302
			压延工(16-164)	609010303
			压出工(16-165)	609010304
			裁断工(16-166)	609010305
			橡胶鞋工业缝纫工(16-167)	609010306
			橡胶半成品、半制品收发工(16-168)	609010307
			胶件成品整修工(16-170)	609010308
			钢丝圈制造工(16-172)	609010309
			帘布贴合工(16-173)	609010310
			橡胶金属零部件处理及橡胶模具保管工(16-180)	609010311
1337	橡胶成型工(6-09-01-04)	609010400	外胎成型工(16-174)	609010401
			内胎外胎制造工(16-175)	609010402

序号	职业名称及代码	编码	工种名称及代码	编码
			编织缠绕工(16-176)	609010403
			胶管制品成型工(16-177)	609010404
			胶带成型工(16-178)	609010405
			胶布制品成型工(16-179)	609010406
			橡胶杂品成型工(16-181)	609010407
			软管及杂件成型工(16-182)	609010408
			浇注型聚氨酯胶件、胶带成型工(16-183)	609010409
			胶鞋成型工(16-184)	609010410
			胶乳制品成型工(16-187)	609010411
1338	橡胶硫化工(6-09-01-05)	609010500	橡胶硫化工(16-169)	609010501
			▲橡胶硫化工(37-076)	
1339	废胶再生工(6-09-01-06)	609010600	废胶处理工(16-189)	609010601
			再生胶再生工(16-190)	609010602
			再生胶精炼工(16-191)	609010603

序号	职业名称及代码	编码	工种名称及代码	编码
1340	其他橡胶制品生产人员(6-09-01-99)	609019900		
1341	塑料制品配料工(6-09-02-01)	609020100	塑料筛粉工(18-393)	609020101
			塑料研磨工(18-394)	609020102
			塑料配料工(18-395)	609020103
			塑料捏合工(高、低速)(18-396)	609020104
			塑化工(18-397)	609020105
			塑料制糊工(18-398)	609020106
1342	塑料制品成型制作工(6-09-02-02)	609020200	渔用浮子制作工(07-108)	609020201
			渔用沉子制作工(07-109)	609020202
			热塑成型工(09-046)	609020203
			模塑料制造工(09-109)	609020204
			泡沫夹层制造工(10-100)	609020205
			喷涂发泡工(10-103)	609020206
			特种密封件制品工(10-114)	609020207
			胶接试验工(10-165)	609020208

序号	职业名称及代码	编码	工种名称及代码	编码
			导弹工程塑料工(10-172)	609020209
			非金属心模制造工(10-224)	609020210
			塑、木梭制作工(17-415)	609020211
			塑、木梭修验工(17-416)	609020212
			塑、木管制作工(17-417)	609020213
			塑料纱管制作工(17-434)	609020214
			塑料挤出工(18-399)	609020215
			塑料注塑工(18-400)	609020216
			塑料压延工(18-401)	609020217
			塑料模压工(18-402)	609020218
			塑料层压工(18-403)	609020219
			可发性聚苯乙烯发泡工(18-404)	609020220
			聚氨酯发泡工(18-405)	609020221
			烧结工(18-406)	609020222
			塑料浇铸工(18-407)	609020223

序号	职业名称及代码	编码	工种名称及代码	编码
			塑料真空成型工(18-410)	609020224
			塑料热合工(18-412)	609020225
			塑料编织工(18-413)	609020226
1343	其他塑料制品加工人员(6-09-02-99)	609029900		
1344	其他橡胶和塑料制品生产人员(6-09-99-00)	609990000		
1345	纤维验配工(6-10-01-01)	610010100	选毛(验毛)工(17-041)	610010101
			配麻工(17-147)	610010102
			◆纤维分析工(17-175)	
			配绵工(17-209)	610010103
1346	开清棉工(6-10-01-02)	610010200	清花挡车工(17-009)	610010201
			抓包挡车工	610010202
			清钢联挡车工	610010203
1347	纤维染色工(6-10-01-03)	610010300	◆选毛(验毛)工(17-041)	
			合毛挡车工(17-043)	610010301
			条染挡车工(17-046)	610010302
			散毛染色挡车工(17-080)	610010303

序号	职业名称及代码	编码	工种名称及代码	编码
			洗毛烘毛挡车工(17-090)	610010304
			洗毛挡车工(17-042)	610010305
1348	加湿软麻工(6-10-01-04)	610010400	运油麻工(17-131)	610010401
			运麻工	610010402
			成麻加湿工	610010403
			梳成麻加湿工	610010404
			加湿液调配工	610010405
1349	选剥煮茧工(6-10-01-05)	610010500	剥茧挡车工(17-150)	610010501
			选茧挡车工(17-151)	610010502
			练(煮)茧挡车工(17-152)	610010503
			选茧质量检验工(17-164)	610010504
			混茧工	610010505
			加茧真空工	610010506
			出茧工	610010507
			派茧工	610010508
1350	纤维梳理工(6-10-01-06)	610010600	梳棉(毛)挡车工(17-010)	610010601
			分梳挡车工(17-081)	610010602
			分束工(17-138)	610010603

序号	职业名称及代码	编码	工种名称及代码	编码
			栉梳挡车工(17-139)	610010604
			成条挡车工(17-141)	610010605
			精梳工	610010606
1351	并条工(6-10-01-07)	610010700	并条挡车工(17-011)	610010701
			混条挡车工(17-047)	610010702
			针梳工	610010703
1352	粗纱工(6-10-01-08)	610010800	粗纱挡车工(17-012)	610010801
1353	绢纺精炼工(6-10-01-09)	610010900	原料选别工(17-200)	610010901
			切茧挡车工(17-201)	610010902
			除蛹挡车工(17-202)	610010903
			腐化（发酵）工(17-203)	610010904
			炼蛹工(17-204)	610010905
			扎吐槽洗工(17-205)	610010906
			水洗挡车工(17-206)	610010907
			精炼锅挡车工(17-208)	610010908
			开茧挡车工	610010909
			煮炼挡车工	610010910

序号	职业名称及代码	编码	工种名称及代码	编码
			打、剥挡车工	610010911
1354	其他纤维预处理人员(6-10-01-99)	610019900		
1355	细纱工(6-10-02-01)	610020100	细纱挡车工(17-013)	610020101
			转杯纺挡车工(17-020)	610020102
1356	筒并摇工(6-10-02-02)	610020200	络筒挡车工(17-014)	610020201
			并筒挡车工(17-015)	610020202
			摇纱挡车工(17-017)	610020203
1357	捻线工(6-10-02-03)	610020300	捻线挡车工(17-016)	610020301
			渔网捻线工(07-112)	610020302
1358	制线工(6-10-02-04)	610020400	制线挡车工(17-359)	610020401
1359	缫丝工(6-10-02-05)	610020500	自动缫挡车工(17-153)	610020501
			立缫挡车工(17-154)	610020502
1360	其他纺纱人员(6-10-02-99)	610029900		
1361	整经工(6-10-03-01)	610030100	整经挡车工(17-025)	610030101
			换筒工	610030102
1362	浆纱工(6-10-03-02)	610030200	浆纱挡车工(17-026)	610030201

序号	职业名称及代码	编码	工种名称及代码	编码
			调浆工(17-027)	610030202
1363	穿经工(6-10-03-03)	610030300	穿筘挡车工(17-028)	610030301
			结经挡车工(17-029)	610030302
			分绞工	610030303
1364	织布工(6-10-03-04)	610030400	织布挡车工(17-030)	610030401
			织布帮接工(17-031)	610030402
			织布换纬工(17-032)	610030403
			配经工(17-332)	610030404
			配纬工(17-333)	610030405
1365	织物验修工(6-10-03-05)	610030500	验布工(17-035)	610030501
			修布工(17-036)	610030502
			整理分等工(17-037)	610030503
			织补工(17-050)	610030504
			巾被开裁工(17-353)	610030505
1366	意匠纹版工(6-10-03-06)	610030600	意匠工(17-169)	610030601
			纹版复制工(17-178)	610030602
			纹版连接工(17-191)	610030603
			扎花工	610030604

序号	职业名称及代码	编码	工种名称及代码	编码
1367	其他织造人员(6-10-03-99)	610039900		
1368	纬编工(6-10-04-01)	610040100	柯登机罗纹套口工(17-100)	610040101
			台车挡车工(17-227)	610040102
			大圆机挡车工(17-228)	610040103
			纬编挡车工(17-229)	610040104
			单、双罗挡车工	610040105
			柯登机挡车工	610040106
1369	经编工(6-10-04-02)	610040200	经编挡车工(17-230)	610040201
			上轴工(17-231)	610040202
			穿丝工(17-232)	610040203
1370	横机工(6-10-04-03)	610040300	横机挡车工(17-101)	610040301
1371	织袜工(6-10-04-04)	610040400	图案打样工(17-238)	610040401
			织袜挡车工(17-239)	610040402
			缝头挡车工(17-240)	610040403
			袜子定型工(17-245)	610040404
			烫袜工(17-246)	610040405
			配袜工(17-247)	610040406

序号	职业名称及代码	编码	工种名称及代码	编码
1372	铸、钳针工(6-10-04-05)	610040500	铸针工(17-236)	610040501
			经编钳针工(17-237)	610040502
1373	其他针织人员(6-10-04-99)	610049900		
1374	坯布检查处理工(6-10-05-01)	610050100	坯布检查工(17-248)	610050101
			翻布打印工(17-249)	610050102
			坯布缝接工(17-250)	610050103
1375	印染烧毛工(6-10-05-02)	610050200	烧毛挡车工(17-051)	610050201
			烧毛机挡车工(17-251)	610050202
			烧毛机司炉工(17-252)	610050203
1376	煮炼漂工(6-10-05-03)	610050300	粗纱煮漂挡车工(17-142)	610050301
			煮炼机挡车工(17-253)	610050302
			漂酸洗机挡车工(17-254)	610050303
			碱(酸)减量机挡车工(17-257)	610050304
			炼漂机挡车工(17-258)	610050305
			绞纱上酸挡车工(17-326)	610050306

序号	职业名称及代码	编码	工种名称及代码	编码
			煮炼工	610050307
			漂白工	610050308
			上酸挡车工	610050309
1377	印染洗涤工(6-10-05-04)	610050400	洗线挡车工(17-089)	610050401
			洗呢(毯)挡车工(17-094)	610050402
			皂煮洗袜工(17-244)	610050403
			洗布机挡车工(17-275)	610050404
			洗布工	610050405
			显色配液工	610050406
1378	印染烘干工(6-10-05-05)	610050500	烤呢挡车工(17-055)	610050501
			烘干挡车工(17-073)	610050502
			开幅轧水烘燥机挡车工(17-255)	610050503
			绞纱烘燥机挡车工(17-329)	610050504
			烘燥工	610050505
1379	印染丝光工(6-10-05-06)	610050600	单双层丝光机挡车工(17-256)	610050601
			绞纱丝光机挡车工(17-325)	610050602
1380	印染定型工(6-10-05-07)	610050700	热定型挡车工(17-059)	610050701

序号	职业名称及代码	编码	工种名称及代码	编码
			热定型机挡车工(17-281)	610050702
			线带产品定型工(17-362)	610050703
			渔网定型工	610050704
1381	纺织针织染色工(6-10-05-08)	610050800	网片染整工(07-114)	610050801
			匹染挡车工(17-052)	610050802
			染色小样工(17-068)	610050803
			染纱挡车工(17-071)	610050804
			成衫染色工(17-106)	610050805
			绞丝染色工(17-184)	610050806
			染色机挡车工(17-263)	610050807
			打卷机挡车工(17-264)	610050808
			打底机挡车工(17-272)	610050809
			印染工艺仿样色工(17-298)	610050810
			▲染纱挡车工(17-327)	
1382	印花工(6-10-05-09)	610050900	装拆花筒正副手(17-271)	610050901

序号	职业名称及代码	编码	工种名称及代码	编码
			印花挡车工(17-273)	610050902
			蒸化机挡车工(17-274)	610050903
			焙烘机挡车工(17-282)	610050904
			台板印花机挡车工(17-340)	610050905
			印花加料工(17-341)	610050906
			印花汽蒸工(17-342)	610050907
1383	印染雕刻制版工(6-10-05-10)	610051000	印花辊筒车磨工(17-302)	610051001
			印花辊筒打样工(17-303)	610051002
			印花辊筒镀铬抛光工(17-304)	610051003
			花样放样制版工(17-306)	610051004
			辊筒雕刻工(17-307)	610051005
			辊筒涂蜡工(17-308)	610051006
			辊筒腐蚀工(17-309)	610051007
			印花花样描绘工(17-310)	610051008
			印花花样拍摄制片工(17-311)	610051009

序号	职业名称及代码	编码	工种名称及代码	编码
			印花感光工(17-312)	610051010
			平网型纸雕刻工(17-313)	610051011
			平网防漆制版工(17-314)	610051012
			平网感光制版上漆工(17-315)	610051013
			平网绷框工(17-316)	610051014
			钢心硬轧雕刻工(17-317)	610051015
			手工修理工	610051016
1384	印染后整理工(6-10-05-11)	610051100	缩呢挡车工(17-053)	610051101
			树脂整理工(17-054)	610051102
			碳化挡车工(17-095)	610051103
			拉幅机挡车工(17-276)	610051104
			泡沫整理机挡车工(17-277)	610051105
			液氨整理机挡车工(17-278)	610051106
			树脂整理机挡车工(17-280)	610051107
			蒸呢机挡车工(17-283)	610051108

序号	职业名称及代码	编码	工种名称及代码	编码
			防缩机挡车工(17-284)	610051109
			轧光机挡车工(17-285)	610051110
			电光机挡车工(17-287)	610051111
			涂层整理机挡车工(17-288)	610051112
			起绒机挡车工(17-318)	610051113
			洗绒机挡车工(17-319)	610051114
			割绒轧碱机挡车工(17-320)	610051115
			割绒机挡车工(17-321)	610051116
			割绒刀片磨制工(17-322)	610051117
			刷毛机挡车工(17-323)	610051118
			磨绒机挡车工(17-324)	610051119
			起绉机挡车工(17-481)	610051120
			预缩挡车工	610051121
			起毛挡车工	610051122
			剪毛挡车工	610051123
1385	印染成品定等装潢工(6-10-05-12)	610051200	印染成品验布工(17-289)	610051201

序号	职业名称及代码	编码	工种名称及代码	编码
			复查拆布工(17-290)	610051202
			码剪定等工(17-291)	610051203
			卷板机挡车工(17-292)	610051204
			◆印染成品打包装箱工(17-293)	
			印染成品拼件工(17-294)	610051205
			印染样本工(17-295)	610051206
			◆印染成品抽查工(17-300)	
1386	印染染化料配制工(6-10-05-13)	610051300	三效挡车工(17-259)	610051301
			▲苛化工(17-260)	
			配碱工(17-261)	610051302
			冷冻机操作工(17-262)	610051303
			印染磨料工(17-267)	610051304
			印花煮糊工(17-268)	610051305
			印花色浆配制工(17-269)	610051306
			印花剩浆管理工(17-270)	610051307

序号	职业名称及代码	编码	工种名称及代码	编码
			液氨回收工(17-279)	610051308
			染化料配制工(17-301)	610051309
1387	工艺染织制作工(6-10-05-14)	610051400	手绘工(17-483)	610051401
			织造工	610051402
			工艺印染工	610051403
			整理工	610051404
			工艺蜡染工	610051405
			工艺泼染工	610051406
1388	其他印染人员(6-10-05-99)	610059900		
1389	其他纺织、针织、印染人员(6-10-99-00)	610990000		
1390	裁剪工(6-11-01-01)	611010100	航空救生装备裁剪工(10-009)	611010101
			服装裁剪工(17-381)	611010102
1391	缝纫工(6-11-01-02)	611010200	航空救生设备缝制工(10-010)	611010201
			服装缝纫工(17-382)	611010202
			皮革服装手套制作工(18-258)	611010203
			皮箱(包)制作工(18-259)	611010204
			汽车维修缝工(20-026)	611010205

序号	职业名称及代码	编码	工种名称及代码	编码
			潜水衣工(20-092)	611010206
			消防服缝纫工	611010207
1392	缝纫品整型工(6-11-01-03)	611010300	成衣定型工(17-107)	611010301
			服装整烫工(17-384)	611010302
1393	裁缝(6-11-01-04)	611010400	服装设计定制工(03-126)	611010401
1394	剧装工(6-11-01-05)	611010500	头套髯口工(18-383)	611010501
			头面工(18-384)	611010502
			盔帽工(18-385)	611010503
			戏鞋工(18-386)	611010504
			戏服制作工(18-387)	611010505
			剧装工(22-003)	611010506
			影视服装制作员(23-011)	611010507
1395	其他裁剪缝纫人员(6-11-01-99)	611019900		
1396	制鞋工(6-11-02-01)	611020100	制鞋刮浆工(17-391)	611020101
			制鞋帮底工(17-392)	611020102
			鞋帽缝制工(17-393)	611020103
			制鞋挤注工(17-394)	611020104

序号	职业名称及代码	编码	工种名称及代码	编码
			制鞋排鞋工(17-395)	611020105
			皮鞋划裁工(18-249)	611020106
			皮鞋制帮工(18-250)	611020107
			皮鞋制底工(18-251)	611020108
			皮鞋设计工(18-252)	611020109
1397	制帽工(6-11-02-02)	611020200	制帽整烫工(17-397)	611020201
			针织帽倒纱工(17-398)	611020202
			针织帽挡车工(17-399)	611020203
			针织帽辅工(17-400)	611020204
1398	其他鞋帽制作人员(6-11-02-99)	611029900		
1399	皮革加工工(6-11-03-01)	611030100	制革原皮工(18-245)	611030101
			制革准备工(18-246)	611030102
			制革鞣制工(18-247)	611030103
			制革整理工(18-248)	611030104
1400	毛皮加工工(6-11-03-02)	611030200	毛皮染整工(18-260)	611030201

序号	职业名称及代码	编码	工种名称及代码	编码
			毛皮配制工(18-261)	611030202
			毛皮划裁工(18-262)	611030203
			毛皮缝制工(18-263)	611030204
			毛皮吊制工(18-264)	611030205
1401	其他皮革、毛皮加工人员(6-11-03-99)	611039900		
1402	缝纫制品充填处理工(6-11-04-01)	611040100	羽绒洗毛工(17-388)	611040101
			充羽工(17-390)	611040102
1403	胶制服装上胶工(6-11-04-02)	611040200	胶制服装上胶工(17-385)	611040201
			消防服阻燃隔热工	611040202
1404	服装水洗工(6-11-04-03)	611040300	服装水洗工(17-389)	611040301
1405	其他缝纫制品再加工人员(6-11-04-99)	611049900		
1406	其他裁剪缝纫和皮革、毛皮制品加工制作人员(6-11-99-00)	611990000		
1407	制米工(6-12-01-01)	612010100	碾米清理工(03-084)	612010101
			碾米砻谷工(03-085)	612010102
			碾米工(03-086)	612010103

序号	职业名称及代码	编码	工种名称及代码	编码
1408	制粉工(6-12-01-02)	612010200	制粉清理工(03-087)	612010201
			制粉磨粉工(03-088)	612010202
			制粉筛理工(03-089)	612010203
1409	制油工(6-12-01-03)	612010300	油料清理工(03-091)	612010301
			制油剥壳工(03-092)	612010302
			制油破碎软化轧坯工(03-093)	612010303
			制油榨油工(03-094)	612010304
			制油浸出工(03-095)	612010305
			制油精炼工(03-096)	612010306
1410	其他粮油生产加工人员(6-12-01-99)	612019900		
1411	食糖制造工(6-12-02-01)	612020100	输蔗破碎工(18-186)	612020101
			压榨机工(18-187)	612020102
			糖汁中和工(18-188)	612020103
			碳酸饱充工(18-189)	612020104
			硫漂工(18-190)	612020105

序号	职业名称及代码	编码	工种名称及代码	编码
			过滤机工（18-191）	612020106
			糖汁蒸发工（18-192）	612020107
			煮糖助晶工（18-193）	612020108
			分蜜机工（18-194）	612020109
			糖机工（18-195）	612020110
			冰糖制造工（18-231）	612020111
1412	糖果制造工（6-12-02-02）	612020200	糖果制作工（03-080）	612020201
			糖坯制造工（18-228）	612020202
			糖果成型工（18-229）	612020203
			胶基糖制造工（18-230）	612020204
1413	巧克力制造工（6-12-02-03）	612020300	巧克力原料处理工（18-235）	612020301
			巧克力成型工（18-236）	612020302
1414	其他制糖和糖制品加工人员（6-12-02-99）	612029900	小食品制作工（03-083）	612029901
1415	乳品预处理工（6-12-03-01）	612030100	生牛羊乳预处理工（07-028）	612030101
			牛羊乳杀菌工（07-029）	612030102

序号	职业名称及代码	编码	工种名称及代码	编码
			▲生牛羊乳预处理工(18-196)	
			▲牛羊乳杀菌工(18-197)	
1416	乳品加工工(6-12-03-02)	612030200	乳品浓缩工(07-030)	612030201
			乳品干燥工(07-031)	612030202
			炼乳结晶工(07-032)	612030203
			乳品发酵工(07-033)	612030204
			奶油搅拌压炼工(07-036)	612030205
			干酪素点制工(07-037)	612030206
			乳清工(07-038)	612030207
			▲乳品浓缩工(18-198)	
			▲乳品干燥工(18-199)	
			▲炼乳结晶工(18-200)	
			▲乳品发酵工(18-201)	
			▲奶油搅拌压炼工(18-203)	
			▲干酪素点制工(18-204)	

序号	职业名称及代码	编码	工种名称及代码	编码
			▲乳清工（18-205）	
1417	冷食品制作工（6-12-03-03）	612030300	冷食品制作工（03-082）	612030301
			冰激淋成型工（07-035）	612030302
			▲冰激淋成型工（18-202）	
1418	速冻食品制作工（6-12-03-04）	612030400	速冻点心制作工	612030401
			速冻果蔬制作工	612030402
1419	食品罐头加工工（6-12-03-05）	612030500	镀锡薄板裁剪工（18-237）	612030501
			空罐制盖工（18-238）	612030502
			罐身成型工（18-239）	612030503
			罐头封罐工（18-240）	612030504
			罐头原料处理工（18-241）	612030505
			罐头调味工（18-242）	612030506
			罐头装罐工（18-243）	612030507
			罐头杀菌工（18-244）	612030508
1420	饮料制作工（6-12-03-06）	612030600	罐装机工（18-224）	612030601
			◆罐头封罐工（18-240）	

序号	职业名称及代码	编码	工种名称及代码	编码
			果蔬汁饮料工	612030602
			碳酸饮料工	612030603
			纯水制作工	612030604
			矿泉水制作工	612030605
			蒸馏水制作工	612030606
1421	其他乳品、冷食品及罐头、饮料制作人员(6-12-03-99)	612039900		
1422	白酒酿造工(6-12-04-01)	612040100	◆微生物培菌工(18-206)	
			酵母工(18-207)	612040101
			制曲工(18-208)	612040102
			◆粉碎工(18-209)	
			◆发酵工(18-211)	
			贮酒工(18-212)	612040103
			蒸馏串香工(18-214)	612040104
			配酒工(18-217)	612040105
			装酒工(18-227)	612040106
1423	啤酒酿造工(6-12-04-02)	612040200	◆粉碎工(18-209)	
			◆糖化工(18-210)	
			◆发酵工(18-211)	

序号	职业名称及代码	编码	工种名称及代码	编码
			◆过滤工（18-213）	
			麦芽制造工（18-219）	612040201
			啤酒麦汁制造工（18-220）	612040202
			◆消毒灭菌工（18-226）	
			◆装酒工（18-227）	
1424	黄酒酿造工（6-12-04-03）	612040300	◆制曲工（18-208）	
			◆粉碎工（18-209）	
			◆发酵工（18-211）	
			浸泡工（18-216）	612040301
			◆配酒工（18-217）	
			酿酒工（18-218）	612040302
1425	果露酒酿造工（6-12-04-04）	612040400	◆发酵工（18-211）	
			◆贮酒工（18-212）	
			◆过滤工（18-213）	
			◆配酒工（18-217）	
			洗瓶机工（18-223）	612040401

序号	职业名称及代码	编码	工种名称及代码	编码
			◆装酒工（18-227）	
1426	酒精制造工(6-12-04-05)	612040500	◆微生物培菌工(18-206)	
			◆酵母工（18-207）	
			◆制曲工（18-208）	
			◆糖化工（18-210）	
			◆发酵工（18-211）	
1427	其他酿酒人员(6-12-04-99)	612049900		
1428	酶制剂制造工(6-12-05-01)	612050100	微生物培菌工(18-206)	612050101
			粉碎工(18-209)	612050102
			糖化工(18-210)	612050103
			发酵工(18-211)	612050104
			▲过滤工（18-213）	
			提取工(18-215)	612050105
			消毒灭菌工(18-226)	612050106
			◆产品包装工(18-495)	
			◆产品化验分析工(18-497)	

序号	职业名称及代码	编码	工种名称及代码	编码
1429	柠檬酸制造工(6-12-05-02)	612050200	◆微生物培菌工(18-206)	
			◆粉碎工(18-209)	
			◆糖化工(18-210)	
			◆发酵工(18-211)	
			◆过滤工(18-213)	
			◆提取工(18-215)	
			◆消毒灭菌工(18-226)	
			◆产品包装工(18-495)	
			◆产品化验分析工(18-497)	
1430	酱油酱类制作工(6-12-05-03)	612050300	酱油制作工(03-071)	612050301
			酱类制作工	612050302
1431	食醋制作工(6-12-05-04)	612050400	食醋制作工(03-072)	612050401
1432	酱腌菜制作工(6-12-05-05)	612050500	酱腌菜制作工(03-073)	612050501
1433	食用调料制作工(6-12-05-06)	612050600	食用调料制作工(03-074)	612050601
1434	味精制作工(6-12-05-07)	612050700	◆微生物培菌工(18-206)	

序号	职业名称及代码	编码	工种名称及代码	编码
			◆粉碎工（18-209）	
			◆糖化工（18-210）	
			◆发酵工（18-211）	
			◆提取工（18-215）	
			◆消毒灭菌工（18-226）	
			◆产品包装工（18-495）	
			◆产品化验分析工(18-497)	
1435	其他食品添加剂及调味品制作人员(6-12-05-99)	612059900		
1436	糕点、面包烘焙工(6-12-06-01)	612060100	中式糕点制作工(03-078)	612060101
			西式糕点制作工(03-079)	612060102
			烘烤成型工(03-097)	612060103
			烘焙烘烤工(03-098)	612060104
			饼干配料调粉工(18-232)	612060105
			饼干成型工(18-233)	612060106
			饼干焙烤工(18-234)	612060107

序号	职业名称及代码	编码	工种名称及代码	编码
			面包制作工	612060108
1437	糕点装饰工(6-12-06-02)	612060200		
1438	米面主食制作工(6-12-06-03)	612060300	和面工(03-099)	612060301
			制面面机工(03-100)	612060302
			制面烘房工(03-101)	612060303
			制面熟面工(03-102)	612060304
			粮油食品制作工(03-103)	612060305
			汤料制作工	612060306
1439	油脂制品工(6-12-06-04)	612060400	油脂配料调和工	612060401
			油脂急冷均质工	612060402
1440	植物蛋白制作工(6-12-06-05)	612060500		
1441	豆制品制作工(6-12-06-06)	612060600	豆制品制作工(03-075)	612060601
			腐乳制作工(03-076)	612060602
			豆粉制作工	612060603
			豆腐制作工	612060604
1442	其他粮油食品制作人员(6-12-06-99)	612069900		
1443	猪屠宰加工工(6-12-07-01)	612070100	生猪屠宰加工工(03-058)	612070101
			猪肉分割工(03-059)	612070102

序号	职业名称及代码	编码	工种名称及代码	编码
1444	牛羊屠宰加工工(6-12-07-02)	612070200	牛羊屠宰工(03-063)	612070201
			牛羊肉分割工(03-064)	612070202
1445	肠衣工(6-12-07-03)	612070300	肠衣工(03-065)	612070301
1446	禽类屠宰加工工(6-12-07-04)	612070400	畜禽屠宰加工工(03-066)	612070401
1447	其他屠宰加工人员(6-12-07-99)	612079900	畜禽验收饲养员(03-039)	612079901
			动物油脂炼油工(03-060)	612079902
			血粉、蛋白胨加工工(03-061)	612079903
			动物蛋白饲料加工工(03-062)	612079904
1448	熟肉制品加工工(6-12-08-01)	612080100	火腿加工工(03-067)	612080101
			中式熟肉制品加工工(03-068)	612080102
			腌腊肠类制品加工工(03-069)	612080103
			灌肠加工工	612080104
1449	蛋品及再制蛋品加工工(6-12-08-02)	612080200	蛋品及再制蛋品加工工(03-070)	612080201
1450	其他肉、蛋食品加工人员(6-12-08-99)	612089900		
1451	饲料原料清理上料工(6-12-09-01)	612090100	饲料原料清理上料工(07-063)	612090101

序号	职业名称及代码	编码	工种名称及代码	编码
1452	饲料粉碎工(6-12-09-02)	612090200	饲料粉碎工(07-062)	612090201
1453	饲料配料混合工(6-12-09-03)	612090300		
1454	饲料制粒工(6-12-09-04)	612090400	饲料制粒工(07-061)	612090401
1455	饲料添加剂预混工(6-12-09-05)	612090500	饲料添加剂预混工	612090501
1456	饲料厂中央控制室操作工(6-12-09-06)	612090600	饲料厂中央控制室操作工(07-058)	612090601
1457	其他饲料生产加工人员(6-12-09-99)	612099900		
1458	其他粮油、食品、饮料生产加工及饲料生产加工人员(6-12-99-00)	612990000		
1459	烟叶调制工(6-13-01-01)	613010100	烟叶调制工(07-013)	613010101
			烟叶调制指导工(32-057)	613010102
			烤房修建指导工(32-059)	613010103
1460	烟叶分级工(6-13-01-02)	613010200	原烟分级工(32-034)	613010201
			烟叶分级指导工(32-058)	613010202
1461	挂杆复烤工(6-13-01-03)	613010300	挂杆工(32-044)	613010301
			推车上杆工(32-045)	613010302

序号	职业名称及代码	编码	工种名称及代码	编码
			烟把复烤工(32-046)	613010303
			下杆、装箱工(32-047)	613010304
			压包工(32-048)	613010305
			捆、缝包工(32-049)	613010306
			唛头工(32-050)	613010307
			筛烟工(32-051)	613010308
			晾包工(32-053)	613010309
1462	打叶复烤工(6-13-01-04)	613010400	铺叶摆把工(32-035)	613010401
			切尖解把工(32-036)	613010402
			热风润叶工(32-037)	613010403
			定量喂料工(32-038)	613010404
			复烤打叶工(32-039)	613010405
			圆桶筛工(32-040)	613010406
			叶片复烤工(32-041)	613010407
			烟梗复烤工(32-042)	613010408
			预压、打包工(32-043)	613010409

序号	职业名称及代码	编码	工种名称及代码	编码
1463	烟叶回潮工(6-13-01-05)	613010500	真空回潮工(32-001)	613010501
			预回潮工(32-032)	613010502
			回潮工(32-033)	613010503
1464	烟叶发酵工(6-13-01-06)	613010600	烟叶发酵工(32-022)	613010601
1465	其他原烟复烤人员(6-13-01-99)	613019900		
1466	烟叶制丝工(6-13-02-01)	613020100	配叶工(32-002)	613020101
			润储叶工(32-005)	613020102
			蒸压梗工(32-006)	613020103
			切丝工(32-008)	613020104
			烘丝工(32-009)	613020105
			加香工(32-010)	613020106
			储丝工(32-011)	613020107
			精选烟叶工(32-025)	613020108
1467	膨胀烟丝工(6-13-02-02)	613020200	膨胀储丝工	613020201
			膨胀冷端工	613020202
			膨胀热端工	613020203
			膨胀烟丝工	613020204
1468	白肋烟处理工(6-13-02-03)	613020300	白肋烟处理工	613020301
1469	烟草薄片工(6-13-02-04)	613020400	烟草薄片工(32-023)	613020401

序号	职业名称及代码	编码	工种名称及代码	编码
1470	卷烟卷接工(6-13-02-05)	613020500	喂丝工(32-012)	613020501
			卷烟工(32-013)	613020502
			滤嘴装接工(32-014)	613020503
			卷接工(32-015)	613020504
			联接工	613020505
1471	其他卷烟生产人员(6-13-02-99)	613029900		
1472	烟用二醋片制造工(6-13-03-01)	613030100	烟用二醋片制造工	613030101
			醋酐制备工	613030102
			醋酸回收工	613030103
1473	烟用丝束制造工(6-13-03-02)	613030200	二醋片浆液制备工	613030201
			烟用丝束纺丝工	613030202
			质检摆丝工	613030203
			烟用丝束打包工	613030204
			质量控制调节工	613030205
			烟用丝束纺丝总控工	613030206
			丙酮回收工	613030207
1474	滤棒工(6-13-03-03)	613030300	滤棒成型工(32-054)	613030301
			码棒工(32-055)	613030302
			滤棒输送工	613030303
1475	其他烟用醋酸纤维丝束滤棒制作人员(6-13-03-99)	613039900		

序号	职业名称及代码	编码	工种名称及代码	编码
1476	其他烟草及其制品加工人员(6-13-99-00)	613990000		
1477	化学合成制药工(6-14-01-01)	614010100	兽用原料药制造工(07-070)	614010101
			合成药卤化工(33-001)	614010102
			合成药碳化(含氯磺化)工(33-002)	614010103
			合成药硝化(含亚硝化)工(33-003)	614010104
			合成药烃化工(33-004)	614010105
			合成药氰化工(33-005)	614010106
			合成药酰化工(33-006)	614010107
			合成药酯化工(33-007)	614010108
			合成药醚化工(33-008)	614010109
			合成药羧化工(33-009)	614010110
			合成药胺化工(33-010)	614010111
			合成药重氮化(含耦合反应)工(33-011)	614010112
			合成药置换反应工(33-012)	614010113

序号	职业名称及代码	编码	工种名称及代码	编码
			合成药氧化（含氯氧化）工（33-013）	614010114
			合成药还原工（33-014）	614010115
			合成药加成反应工（33-015）	614010116
			合成药缩合工（33-016）	614010117
			合成药环合（含环氧化）工（33-017）	614010118
			合成药扩开环反应工（33-018）	614010119
			合成药消除反应工（33-019）	614010120
			合成药水解工（33-020）	614010121
			合成药重排（含转位）反应工（33-021）	614010122
			合成药催化氧化工（33-022）	614010123
			合成药催化氢化工（33-023）	614010124
			合成药酶催化反应工（33-024）	614010125
			合成药X氏反应工（33-025）	614010126

序号	职业名称及代码	编码	工种名称及代码	编码
			合成药硫化（含巯化）工（33-026）	614010127
			合成药胂（含锑、铋）化工（33-027）	614010128
			合成药膦化（含季膦化）工（33-028）	614010129
			合成药降解工（33-029）	614010130
			合成药聚合工（33-030）	614010131
			合成药裂解（裂化）工（33-031）	614010132
			合成药缩酮化工（33-032）	614010133
			合成药拆分、消旋工（33-033）	614010134
			合成药肼化（肼解）工（33-034）	614010135
			合成药异构化工（33-035）	614010136
			合成药转化工（33-036）	614010137
			合成药叠氮反应工（33-037）	614010138
			合成药肟化工（33-038）	614010139
			合成药乙炔化工（33-039）	614010140

序号	职业名称及代码	编码	工种名称及代码	编码
			合成药中和成盐（含成季胺盐）工(33-040)	614010141
			合成药备料、配料工(33-041)	614010142
			合成药精制、结晶工(33-042)	614010143
			合成药提取工(33-043)	614010144
			合成药固、液分离工(33-044)	614010145
			合成药蒸发工(33-045)	614010146
			合成药蒸馏工(33-046)	614010147
			合成药干燥、包装工(33-047)	614010148
			◆原料药试验工(33-087)	
1478	其他合成药物制造人员(6-14-01-99)	614019900		
1479	生化药品制造工（6-14-02-01)	614020100	兽用生物制品制造工(07-067)	614020101
			生化药品提取工(33-048)	614020102
1480	发酵工程制药工（6-14-02-02)	614020200	抗生素酶裂解工(33-049)	614020201
			菌种培育工(33-050)	614020202

序号	职业名称及代码	编码	工种名称及代码	编码
			微生物发酵工(33-051)	614020203
			微生物发酵灭菌工(33-052)	614020204
			发酵液提取工(33-053)	614020205
			微生物发酵药品精制工(33-054)	614020206
1481	疫苗制品工(6-14-02-03)	614020300	培养基加工工(07-071)	614020301
			细菌性疫苗生产工	614020302
			病毒性疫苗生产工	614020303
			疫苗菌毒种培育工	614020304
			诊断制剂生产工	614020305
			生物制品培养基生产工	614020306
1482	血液制品工(6-14-02-04)	614020400	血液类制品生产工	614020401
			免疫血浆生产工	614020402
1483	基因工程产品工(6-14-02-05)	614020500	基因工程产品生产工	614020501
1484	其他生物技术制药(品)人员(6-14-02-99)	614029900		
1485	药物制剂工(6-14-03-01)	614030100	兽用化学药品制剂工(07-068)	614030101

序号	职业名称及代码	编码	工种名称及代码	编码
			兽用药物添加剂工(07-069)	614030102
			药物配料制粒工(33-055)	614030103
			片剂压片工(33-056)	614030104
			片剂包衣工(33-057)	614030105
			注射液调剂工(33-058)	614030106
			水针剂灌封工(33-059)	614030107
			输液剂灌封工(33-060)	614030108
			粉针剂分装工(33-061)	614030109
			硬胶囊剂灌装工(33-062)	614030110
			软胶囊剂调剂工(33-063)	614030111
			软胶囊剂成型工(33-064)	614030112
			气雾剂工(33-065)	614030113
			滴丸工(33-066)	614030114
			口服药液调剂工(33-067)	614030115
			口服液灌装工(33-068)	614030116

序号	职业名称及代码	编码	工种名称及代码	编码
			软膏剂调剂工(33-069)	614030117
			软膏剂灌装工(33-070)	614030118
			栓剂调剂工(33-071)	614030119
			栓剂成型工(33-072)	614030120
			膜剂工(33-073)	614030121
			滴液剂工(33-074)	614030122
			酊水剂工(33-075)	614030123
			注射用水、纯水制备工(33-077)	614030124
			制剂及医用制品灭菌工(33-078)	614030125
			◆灯检工(33-079)	
			理洗瓶工(33-080)	614030126
			药用塑料制瓶工(33-081)	614030127
			冷冻干燥工(33-082)	614030128
			制剂包装工(33-085)	614030129
			◆制剂试验工(33-086)	

序号	职业名称及代码	编码	工种名称及代码	编码
			净化空气调节工(33-093)	614030130
			橡胶胶膏工(33-105)	614030131
1486	淀粉葡萄糖制造工(6-14-03-02)	614030200	淀粉及制品制作工(03-077)	614030201
			湿淀粉工(33-094)	614030202
			干淀粉工(33-095)	614030203
			玉米浆蒸发工(33-096)	614030204
			淀粉包装工(33-097)	614030205
			胚芽干燥工(33-098)	614030206
			精制玉米油制造工(33-099)	614030207
			葡萄糖糖化工(33-100)	614030208
			葡萄糖净化工(33-101)	614030209
			葡萄糖蒸发工(33-102)	614030210
			葡萄糖结晶工(33-103)	614030211
			葡萄糖分离工(33-104)	614030212
1487	其他药物制剂人员(6-14-03-99)	614039900		

序号	职业名称及代码	编码	工种名称及代码	编码
1488	中药炮制与配制工(6-14-04-01)	614040100	中药材净选润切工(34-012)	614040101
			中药炮炙工(34-013)	614040102
			中药配料工(34-014)	614040103
			中药粉碎工(34-015)	614040104
			中药提取工(34-016)	614040105
			中药合成工(34-017)	614040106
			中药包装工(34-044)	614040107
			中成药试制工(34-046)	614040108
1489	中药液体制剂工(6-14-04-02)	614040200	中药酒(酊)剂工(34-018)	614040201
			中药露剂工(34-019)	614040202
			中药油剂工(34-020)	614040203
			中药糖浆剂工(34-021)	614040204
			中药合剂工(34-022)	614040205
			中药口服液剂工(34-023)	614040206
			中药饮料工(34-024)	614040207

序号	职业名称及代码	编码	工种名称及代码	编码
			中药针剂工(34-025)	614040208
			中药煎膏剂工(34-026)	614040209
1490	中药固体制剂工(6-14-04-03)	614040300	中药软膏剂工(34-027)	614040301
			中药塑丸工(34-028)	614040302
			中药泛丸工(34-029)	614040303
			中药散剂(研配)工(34-030)	614040304
			中药曲(锭)剂工(34-031)	614040305
			中药茶剂工(34-032)	614040306
			中药胶剂工(34-033)	614040307
			中药炼丹工(34-034)	614040308
			膏药剂工(34-035)	614040309
			中药灸熨剂工(34-036)	614040310
			中药片剂工(34-037)	614040311
			中药冲剂工(34-038)	614040312
			中药硬胶囊剂工(34-039)	614040313

序号	职业名称及代码	编码	工种名称及代码	编码
			中药软胶囊剂工(34-040)	614040314
			中药滴丸剂工(34-041)	614040315
			中药橡皮膏剂工(34-042)	614040316
			中药巴布剂工(34-043)	614040317
1491	其他中药制药人员(6-14-04-99)	614049900		
1492	其他药品生产人员(6-14-99-00)	614990000		
1493	制材工(6-15-01-01)	615010100	电锯造材工(08-013)	615010101
			带锯工(08-020)	615010102
			框锯工(08-021)	615010103
			圆、截锯工(08-022)	615010104
			选材检验工(08-023)	615010105
			木材搬运工(08-024)	615010106
			积材工(08-025)	615010107
			修锯工(08-026)	615010108
			原木划线锯断工(08-028)	615010109
1494	木材干燥工(6-15-01-02)	615010200	◆选材检验工(08-023)	

序号	职业名称及代码	编码	工种名称及代码	编码
			◆木材搬运工(08-024)	
			◆积材工(08-025)	
			木材干燥工(08-027)	
			◆木铅笔板变形处理工(18-293)	
1495	其他木材加工人员(6-15-01-99)	615019900		
1496	胶合板工(6-15-02-01)	615020100	◆木材检验工(08-015)	
			◆木材搬运工(08-024)	
			◆原木划线锯断工(08-028)	
			木材蒸煮工(08-029)	615020101
			原木旋切工(08-030)	615020102
			定心卷板工(08-031)	615020103
			单板干燥工(08-032)	615020104
			单板剪切工(08-033)	615020105
			单板整理工(08-034)	615020106
			单板机拼工(08-035)	615020107

序号	职业名称及代码	编码	工种名称及代码	编码
			单板分等工(08-036)	615020108
			合板组坯工(08-037)	615020109
			胶合板热(冷)压工(08-038)	615020110
			胶合板修饰分等工(08-039)	615020111
			◆人造板锯边工(08-050)	
			◆人造板砂(刮)光工(08-051)	
			◆人造板质量检验工(08-052)	
			◆磨刀、锯工(08-053)	
			刨切单板原木制方工(08-055)	615020112
			单板刨切工(08-056)	615020113
			胶合工(17-419)	615020114
			压缩木制造工(17-425)	615020115
			层压木配件制造工(17-426)	615020116
			旋切梗盒片工(18-120)	615020117
1497	纤维板工(6-15-02-02)	615020200	◆木材搬运工(08-024)	

序号	职业名称及代码	编码	工种名称及代码	编码
			纤维板制浆工(08-040)	615020201
			乳化施胶工(08-041)	615020202
			纤维板成型工(08-042)	615020203
			纤维板热压工(08-043)	615020204
			纤维板热(湿)处理工(08-044)	615020205
			施胶工(08-046)	615020206
			木材削片工(08-049)	615020207
			◆人造板锯边工(08-050)	
			◆人造板砂光工(08-051)	
			◆人造板质量检验工(08-052)	
			◆磨刀、锯工(08-053)	
			◆人造板制胶工(08-054)	
			纤维干燥工	615020208
1498	刨花板工(6-15-02-03)	615020300	◆木材搬运工(08-024)	
			刨花干燥工(08-045)	615020301

序号	职业名称及代码	编码	工种名称及代码	编码
			◆施胶工(08-046)	
			刨花板成型工(08-047)	615020302
			刨花板热压工(08-048)	615020303
			◆木材削片工(08-049)	
			◆人造板锯边工(08-050)	
			◆人造板砂光工(08-051)	
			◆人造板质量检验工(08-052)	
			磨刀、锯工(08-053)	615020304
1499	人造板制胶工(6-15-02-04)	615020400	人造板制胶工(08-054)	615020401
			胶粘剂仓库保管工	615020402
			胶粘剂分析化验工	615020403
1500	装饰层压板工(6-15-02-05)	615020500	◆人造板砂光工(08-051)	
			◆人造板质量检验工(08-052)	
			热固性树脂层压装饰板浸渍工(08-057)	615020501

序号	职业名称及代码	编码	工种名称及代码	编码
			热固性树脂层压装饰板铺装工(08-058)	615020502
			热固性树脂层压装饰板热压工(08-059)	615020503
			热固性树脂层压装饰板抛光工(08-060)	615020504
1501	人造板饰面工(6-15-02-06)	615020600	人造板锯边工(08-050)	615020601
			人造板砂光工(08-051)	615020602
			人造板质量检验工(08-052)	615020603
			◆热固性热压工(08-059)	
			木制品涂饰工(18-270)	615020604
			人造板饰面干燥工	615020605
			机木镂铣工	615020606
			涂胶工	615020607
			饰面板组坯工	615020608
1502	其他人造板生产人员(6-15-02-99)	615029900		
1503	手工木工(6-15-03-01)	615030100	木工(13-001)	615030101
			家具手工木工(18-268)	615030102

序号	职业名称及代码	编码	工种名称及代码	编码
1504	机械木工(6-15-03-02)	615030200	木材制箱工(06-013)	615030201
			◆木梭制作工(17-415)	
			◆木管制作工(17-417)	
			木管涂料工(17-418)	615030202
			◆胶合工(17-419)	
			木锭制造工(17-420)	615030203
			纹板制造工(17-421)	615030204
			木配件制造工(17-422)	615030205
			木针板制造工(17-423)	615030206
			◆压缩木制造工(17-425)	
			成坯工(17-427)	615030207
			制楦工(18-254)	615030208
			木家具配料工(18-265)	615030209
			家具机械木工(18-266)	615030210
			木家具胶压工(18-267)	615030211
			旋木工(18-269)	615030212

序号	职业名称及代码	编码	工种名称及代码	编码
			◆木制品涂饰工(18-270)	
			木容器工(18-271)	615030213
			◆木铅笔板制造工(18-292)	
			◆木铅笔杆制造工(18-294)	
1505	精细木工(6-15-03-03)	615030300	木模型工(09-010)	615030301
			木雕工(18-367)	615030302
			木质成品制造工	615030303
1506	其他木材制品制作人员(6-15-03-99)	615039900		
1507	其他木材加工、人造板生产及木材制品制作人员(6-15-99-00)	615990000		
1508	制浆备料工(6-16-01-01)	616010100	制浆备料工(18-001)	616010101
1509	制浆设备操作工(6-16-01-02)	616010200	粘胶、浆粕装球操作工(17-489)	616010201
			粘胶、浆粕打浆操作工(17-491)	616010202
			粘胶、浆粕烘干操作工(17-493)	616010203
			化学制浆工(18-002)	616010204
			机械制浆工(18-003)	616010205

序号	职业名称及代码	编码	工种名称及代码	编码
			废纸脱墨工	616010206
1510	制浆废液回收利用工(6-16-01-03)	616010300	纸浆残液回收工(18-006)	616010301
			纸浆残液利用工(18-007)	616010302
1511	其他制浆人员(6-16-01-99)	616019900		
1512	造纸工(6-16-02-01)	616020100	造纸工(18-004)	616020101
1513	纸张整饰工(6-16-02-02)	616020200	钞纸水印光电切纸工(02-028)	616020201
			纸张整饰工(18-005)	616020202
1514	宣纸书画纸制作工(6-16-02-03)	616020300		
1515	其他造纸人员(6-16-02-99)	616029900		
1516	瓦楞纸箱制作工(6-16-03-01)	616030100	瓦楞纸板制作工(18-485)	616030101
			瓦楞纸箱成型工(18-486)	616030102
1517	纸盒制作工(6-16-03-02)	616030200	涂胶卷管工(17-430)	616030201
			纸管制作工(17-431)	616030202
			纸盒成型工(18-487)	616030203
			裱纸工	616030204
			模切工	616030205
			裁纸工	616030206

序号	职业名称及代码	编码	工种名称及代码	编码
1518	其他纸制品制作人员(6-16-03-99)	616039900		
1519	其他制浆、造纸和纸制品生产加工人员(6-16-99-00)	616990000		
1520	水泥生产制造工(6-17-01-01)	617010100	水泥生料制备工(25-001)	617010101
			水泥烘干工(25-002)	617010102
			水泥均化工(25-003)	617010103
			水泥供料工(25-004)	617010104
			水泥熟料煅烧工(25-005)	617010105
			水泥风机工(25-006)	617010106
			水泥回转窑托轮工(25-007)	617010107
			水泥煤粉制备工(25-008)	617010108
			水泥熟料冷却工(25-009)	617010109
			水泥中央控制室操作工(25-010)	617010110
			水泥预热分解炉巡检工(25-011)	617010111
			水泥收尘器工(25-012)	617010112

序号	职业名称及代码	编码	工种名称及代码	编码
			水泥制成工(25-013)	617010113
			水泥包装机工(25-014)	617010114
			水泥输送机工(25-015)	617010115
1521	水泥制品工(6-17-01-02)	617010200	水泥制品工(25-016)	617010201
			水泥制品养护工(25-017)	617010202
			造纸磨石制造工	617010203
1522	石灰焙烧工(6-17-01-03)	617010300	竖窑工(15-123)	617010301
			石灰焙烧工	617010302
1523	其他水泥及水泥制品生产加工人员(6-17-01-99)	617019900		
1524	砖、瓦生产工(6-17-02-01)	617020100	砖、瓦原料工(25-071)	617020101
			砖、瓦成型工(25-072)	617020102
			砖、瓦装(出)窑工(25-073)	617020103
			砖、瓦干燥工(25-074)	617020104
			砖、瓦码窑工(25-075)	617020105
			砖、瓦烧火工(25-076)	617020106
1525	加气混凝土制品工(6-17-02-02)	617020200	加气混凝土配料浇注工(25-077)	617020201

序号	职业名称及代码	编码	工种名称及代码	编码
			加气混凝土切割工(25-078)	617020202
			加气混凝土蒸压养护工(25-079)	617020203
			加气混凝土钢筋工(25-080)	617020204
			加气混凝土大板拼装工(25-081)	617020205
1526	纸面石膏板生产工(6-17-02-03)	617020300	建筑石膏制备工(25-082)	617020301
			石膏板制备工(25-083)	617020302
1527	石膏浮雕板工(6-17-02-04)	617020400	装饰板加工工(25-098)	617020401
			石膏浮雕板制备工(25-099)	617020402
			石膏板浮雕工	617020403
1528	其他墙体屋面材料生产人员(6-17-02-99)	617029900		
1529	油毡生产工(6-17-03-01)	617030100	油毡制毡工(25-084)	617030101
			油毡氧化塔工(25-085)	617030102
1530	高分子防水卷材生产工(6-17-03-02)	617030200	高分子防水卷材工	617030201
1531	其他建筑防水密封材料生产人员(6-17-03-99)	617039900		
1532	保温材料制造工(6-17-04-01)	617040100	建筑保温材料原料工(25-086)	617040101

序号	职业名称及代码	编码	工种名称及代码	编码
			建筑保温材料熔制工(25-087)	617040102
			建筑保温成棉控制工(25-088)	617040103
			建筑保温制品生产工(25-089)	617040104
1533	吸音材料生产工(6-17-04-02)	617040200	矿棉吸音板原料工(25-096)	617040201
			矿棉吸音板制造工(25-097)	617040202
1534	珍珠岩制造工(6-17-04-03)	617040300	珍珠岩焙烧工(25-090)	617040301
			珍珠岩制品工(25-091)	617040302
1535	其他建筑保温及吸音材料生产人员(6-17-04-99)	617049900		
1536	装饰石材生产工(6-17-05-01)	617050100	石材加工工(25-092)	617050101
			石材制造工(25-093)	617050102
			石材装修工(25-094)	617050103
			雕刻工(25-095)	617050104
1537	其他装饰石材生产人员(6-17-05-99)	617059900		
1538	云母制品加工工(6-17-06-01)	617060100	云母加工工(25-100)	617060101
			云母绝缘制品工(25-101)	617060102

序号	职业名称及代码	编码	工种名称及代码	编码
			云母制粉工(25-102)	617060103
1539.	石棉制品工(6-17-06-02)	617060200	石棉精选配料工(25-103)	617060201
			石棉梳纺工(25-104)	617060202
			石棉纺织工(25-105)	617060203
			石棉盘根工(25-106)	617060204
			石棉刹车带工(25-107)	617060205
			石棉摩擦片工(25-108)	617060206
			石棉橡胶制品工(25-109)	617060207
			石棉抄取纸板工(25-110)	617060208
			石棉垫片制品工(25-111)	617060209
			石棉水泥制浆工(25-112)	617060210
			石棉水泥制坯工(25-113)	617060211
			石棉水泥成型工(25-114)	617060212
			石棉水泥养护工(25-115)	617060213
1540	高岭土制品工(6-17-06-03)	617060300	高岭土制浆工(25-121)	617060301

序号	职业名称及代码	编码	工种名称及代码	编码
			高岭土压滤工(25-122)	617060302
1541	金刚石制品工(6-17-06-04)	617060400	金刚石锯片制作工(25-123)	617060401
			金刚石磨钻工(25-124)	617060402
1542	人工合成晶体工(6-17-06-05)	617060500	人工合成晶体工(25-125)	617060501
			人造金刚石合成工	617060502
			晶体生长工	617060503
			晶体制品加工工	617060504
			多晶及制品制备工	617060505
1543	其他非金属矿及其制品生产加工人员(6-17-06-99)	617069900		
1544	耐火原料加工工(6-17-07-01)	617070100	耐火原料工(15-117)	617070101
			粉状耐火材料加工工(15-126)	617070102
1545	耐火材料成型工(6-17-07-02)	617070200	耐火成型工(15-118)	617070201
1546	耐火材料烧成工(6-17-07-03)	617070300	耐火砖干燥工(15-119)	617070301
			隧道窑烧成工(15-120)	617070302
			倒焰窑烧成工(15-121)	617070303

序号	职业名称及代码	编码	工种名称及代码	编码
			▲回转窑工(15-122)	
			耐火制砖工(25-029)	617070304
1547	耐火制品浸油工(6-17-07-04)	617070400	浸油退火工(15-124)	617070401
			磨砖工(15-125)	617070402
1548	耐火纤维制品工(6-17-07-05)	617070500	耐火纤维制品工(15-128)	617070501
1549	其他耐火材料生产人员(6-17-07-99)	617079900		
1550	其他建筑材料生产加工人员(6-17-99-00)	617990000		
1551	玻璃配料工(6-18-01-01)	618010100	玻璃配料工(18-037)	618010101
			▲玻璃配料工(25-019)	
			电子玻璃配料工(36-123)	618010102
1552	玻璃熔化工(6-18-01-02)	618010200	玻璃熔化工(18-039)	618010201
			▲玻璃熔化工(25-020)	
			电子玻璃熔融工(36-124)	618010202
1553	玻璃制板及玻璃成型工(6-18-01-03)	618010300	玻璃绝缘子熔化、成型工(09-123)	618010301
			光学玻璃熔炼工(09-149)	618010302

序号	职业名称及代码	编码	工种名称及代码	编码
			航空玻璃液体电门制造工（10-047）	618010303
			玻璃手工成型工（18-040）	618010304
			玻璃自动机成型工(18-041)	618010305
			玻璃热处理工（18-042）	618010306
			玻璃灯工（18-043）	618010307
			安瓶(片剂瓶)成型工(18-044)	618010308
			航标灯工（20-137）	618010309
			玻璃制板工(25-021)	618010310
			玻璃切裁工(25-022)	618010311
			玻璃装箱工(25-023)	618010312
			浮法玻璃成型工(25-024)	618010313
			压延玻璃成型工(25-025)	618010314
			玻璃压辊刻花工(25-026)	618010315
			玻璃压延编网工(25-028)	618010316

序号	职业名称及代码	编码	工种名称及代码	编码
			玻璃制球工(25-043)	618010317
			玻璃注射器成型整形工(33-174)	618010318
			体温计管料拉制工(33-187)	618010319
			电子玻璃制品压制工(36-125)	618010320
			电子玻璃制品吹制工(36-126)	618010321
			电子玻璃拉管工(36-127)	618010322
			电子玻璃制品分类工(36-130)	618010323
			手制玻璃工(36-134)	618010324
1554	玻璃加工工(6-18-01-04)	618010400	玻璃仪器刻(印)度工(18-045)	618010401
			玻璃制品割、磨、烘工(18-046)	618010402
			玻璃刻磨工(18-047)	618010403
			瓶胆封口工(18-075)	618010404
			瓶胆拉底工(18-076)	618010405
			瓶胆镀银工(18-077)	618010406
			瓶胆真空工(18-078)	618010407

序号	职业名称及代码	编码	工种名称及代码	编码
			玻璃钢化处理工(18-500)	618010408
			光敏微晶玻璃工(18-502)	618010409
			▲预处理工(25-030)	
			钢化玻璃工(25-031)	618010410
			夹层(丝)玻璃工(25-032)	618010411
			中空玻璃工(25-033)	618010412
			钢化模具工(25-034)	618010413
			镀膜玻璃工(25-035)	618010414
			玻璃喷砂工(25-036)	618010415
			◆X射线管、影像增强管清洗工(33-127)	
			增强管研磨工(33-136)	618010416
			X射线管、影像增强管玻璃工(33-137)	618010417
			◆血压计装配工(33-144)	
			医用光学玻璃特加工工(33-158)	618010418

序号	职业名称及代码	编码	工种名称及代码	编码
			玻璃注射器磨配工(33-176)	618010419
			温度计制造工(33-186)	618010420
			体温计制坯工(33-188)	618010421
			体温计水银液胀工(33-189)	618010422
			体温计装校工(33-190)	618010423
			玻璃刻线工(36-077)	618010424
			校正透镜制造工(36-087)	618010425
			电子玻璃制品退火工(36-128)	618010426
			电子玻璃制品研磨抛光工(36-129)	618010427
			管颈喇叭工(36-131)	618010428
			异形心柱工(36-132)	618010429
			玻璃热弯工	618010430
			玻璃制镜工	618010431
			玻璃次冷加工工	618010432
			飞机透明件制造胶接装配工	618010433

序号	职业名称及代码	编码	工种名称及代码	编码
1555	玻璃制品装饰加工工(6-18-01-05)	618010500	玻璃印描花工(18-499)	618010501
			烤花工(18-501)	618010502
			医用玻璃仪器制版印色工(33-177)	618010503
1556	其他玻璃熔制人员(6-18-01-99)	618019900		
1557	玻璃纤维制品工(6-18-02-01)	618020100	铂坩埚制造工(25-044)	618020101
			铂回收工(25-045)	618020102
			玻纤保全保养工(25-046)	618020103
			玻纤拉丝工(25-047)	618020104
			玻纤退并工(25-048)	618020105
			玻纤准整工(25-049)	618020106
			玻纤织布带工(25-050)	618020107
			玻纤后处理工(25-051)	618020108
1558	玻璃钢制品工(6-18-02-02)	618020200	玻璃钢手糊工(25-053)	618020201
			玻璃钢压型工(25-054)	618020202
			玻璃钢卷材工(25-055)	618020203

序号	职业名称及代码	编码	工种名称及代码	编码
			玻璃钢缠绕工(25-056)	618020204
			玻璃钢喷注工(25-057)	618020205
			玻璃钢拉挤工(25-058)	618020206
			树脂混凝土工(25-059)	618020207
			热塑玻璃钢工(25-060)	618020208
			玻璃钢切裁修整工(25-061)	618020209
			玻璃钢模具工(25-062)	618020210
			玻璃钢成型工(36-025)	618020211
1559	其他玻璃纤维及制品生产人员(6-18-02-99)	618029900		
1560	石英玻璃制品加工工(6-18-03-01)	618030100	气炼石英玻璃工(18-048)	618030101
			电熔石英玻璃工(18-049)	618030102
			石英原料工(18-503)	618030103
			紫外光学石英玻璃熔制工(18-504)	618030104
			不透明石英玻璃熔制工(18-505)	618030105

序号	职业名称及代码	编码	工种名称及代码	编码
			石英玻璃切磨工(18-506)	618030106
			石英玻璃火焰抛光和热整形工(18-507)	618030107
			石英玻璃制砣工(18-508)	618030108
			石英玻璃原料工(25-037)	618030109
			气炼石英玻璃制造工(25-038)	618030110
			石英玻璃灯工(25-039)	618030111
			电熔石英玻璃制造工(25-040)	618030112
			石英玻璃冷加工工(25-041)	618030113
1561	其他石英玻璃制品加工人员(6-18-03-99)	618039900		
1562	陶瓷原料准备工(6-18-04-01)	618040100	陶瓷原料制备工(18-050)	618040101
			金水制备工(18-060)	618040102
			瓷用颜料工(18-061)	618040103
			陶瓷棉制作工(18-062)	618040104
			▲陶瓷原料准备工(25-066)	

序号	职业名称及代码	编码	工种名称及代码	编码
			电子陶瓷料制配工(36-237)	618040105
1563	陶瓷成型工(6-18-04-02)	618040200	陶瓷机械成型工(18-051)	618040201
			陶瓷注浆成型工(18-052)	618040202
			陶瓷手工成型工(18-053)	618040203
			建筑卫生陶瓷成型工(25-068)	618040204
			电子陶瓷模压成型工(36-238)	618040205
			电子陶瓷挤制成型工(36-239)	618040206
			电子陶瓷注铸成型工(36-240)	618040207
			电子陶瓷薄膜成型工(36-241)	618040208
			电子陶瓷生坯机加工工(36-242)	618040209
			电子陶瓷瓷件磨工(36-244)	618040210
1564	陶瓷烧成工(6-18-04-03)	618040300	陶瓷烧成工(18-054)	618040301
			陶瓷装出窑工(18-063)	618040302
			建筑卫生陶瓷施釉工(25-069)	618040303
			建筑卫生陶瓷烧成工(25-070)	618040304

序号	职业名称及代码	编码	工种名称及代码	编码
			电子陶瓷烧成工(36-243)	618040305
1565	陶瓷装饰工(6-18-04-04)	618040400	陶瓷彩瓷工(18-055)	618040401
			陶瓷手工彩绘工(18-056)	618040402
			陶瓷雕塑、雕刻、堆雕工(18-057)	618040403
			瓷用花纸印刷工(18-064)	618040404
			瓷用花纸制版工(18-065)	618040405
			刻瓷工(18-066)	618040406
1566	匣钵、模型制作工(6-18-04-05)	618040500	陶瓷石膏模型工(18-058)	618040501
			陶瓷制匣钵工(18-059)	618040502
			陶瓷模具制造工(25-067)	618040503
1567	古建琉璃工(6-18-04-06)	618040600	古建筑琉璃工(22-013)	618040601
1568	其他陶瓷制品生产人员(6-18-04-99)	618049900		
1569	搪瓷釉浆熔制工(6-18-05-01)	618050100	搪瓷瓷釉熔制工(18-068)	618050101
			搪瓷釉浆制作工(18-069)	618050102
1570	搪瓷坯体制作工(6-18-05-02)	618050200	搪瓷坯体制作工(18-067)	618050201

序号	职业名称及代码	编码	工种名称及代码	编码
1571	搪瓷涂搪烧成工(6-18-05-03)	618050300	搪瓷涂搪工(18-070)	618050301
			搪瓷烧成工(18-071)	618050302
			搪瓷窑炉司炉工(18-074)	618050303
1572	搪瓷花版饰花工(6-18-05-04)	618050400	搪瓷饰花工(18-072)	618050401
			搪瓷花版制版工(18-073)	618050402
1573	其他搪瓷制品生产人员(6-18-05-99)	618059900		
1574	其他玻璃、陶瓷、搪瓷及其制品生产加工人员(6-18-99-00)	618990000		
1575	影视置景制作员(6-19-01-01)	619010100	影视置景木工(23-001)	619010101
			影视置景雕刻工(23-002)	619010102
			影视置景泥塑工(23-003)	619010103
			影视置景涂绘工(23-004)	619010104
			影视置景纸塑工(23-005)	619010105
			影视置景围幔工(23-006)	619010106
			影视特技模型制作工(23-013)	619010107

序号	职业名称及代码	编码	工种名称及代码	编码
			电视美术造型工(23-040)	619010108
1576	影视服装员(6-19-01-02)	619010200	影视服装管理员(23-010)	619010201
1577	影视舞台烟火特效员(6-19-01-03)	619010300	影视烟火特效员(23-014)	619010301
			影视烟火特效维修保管员(23-015)	619010302
1578	影视动画制作员(6-19-01-04)	619010400	动画片调色员(23-033)	619010401
			动画片描线上色员(23-034)	619010402
			影视剪纸制作员(23-035)	619010403
1579	影视木偶制作员(6-19-01-05)	619010500	木偶片花草制作员(23-036)	619010501
			木偶片翻制工(23-037)	619010502
			木偶片服装制作工(23-038)	619010503
			木偶片雕刻制作工(23-039)	619010504
1580	电影洗印员(6-19-01-06)	619010600	电影洗片员(23-018)	619010601
			电影印片员(23-019)	619010602
			电影染印员(23-020)	619010603

序号	职业名称及代码	编码	工种名称及代码	编码
			电影洗片配药员(23-021)	619010604
			电影洁片员(23-024)	619010605
			电影切片员(23-025)	619010606
			电影拷贝整理员(23-026)	619010607
			电影拷贝修改员(23-027)	619010608
1581	其他影视制品制作人员(6-19-01-99)	619019900		
1582	唱片工(6-19-02-01)	619020100	唱片刻纹工(23-041)	619020101
			唱片制版工(23-042)	619020102
			唱片造粒工(23-044)	619020103
			唱片工(23-045)	619020104
			唱片配版工(23-047)	619020105
1583	唱片检听工(6-19-02-02)	619020200	模版检听工(23-043)	619020201
			唱片检听工(23-046)	619020202
1584	音像带复制工(6-19-02-03)	619020300	◆音像带复制质检工(29-070)	
			音像复制母带制作工(29-071)	619020301

序号	职业名称及代码	编码	工种名称及代码	编码
			音像带复制工(29-072)	619020302
1585	光盘复制工(6-19-02-04)	619020400	光盘压制工	619020401
			光盘质检工	619020402
1586	其他音像制品制作复制人员(6-19-02-99)	619029900		
1587	照明设备操作员(6-19-03-01)	619030100	舞台灯光照明工(22-001)	619030101
			影视照明员(23-007)	619030102
			影视发电员(23-008)	619030103
			天幕灯光工	619030104
			灯光总控制台操作工	619030105
			追光工	619030106
			特效灯工	619030107
1588	影视设备机械员(6-19-03-02)	619030200	电影摄影机械员(23-016)	619030201
			电影录音机械员(23-017)	619030202
1589	广播电视天线工(6-19-03-03)	619030300	广播电视天线工(23-048)	619030301
1590	有线广播电视机线员(6-19-03-04)	619030400	有线广播机务员(23-049)	619030401
			有线广播线务员(23-050)	619030402

序号	职业名称及代码	编码	工种名称及代码	编码
1591	音响调音员(6-19-03-05)	619030500	音响调音员	619030501
1592	舞台音响效果工(6-19-03-06)	619030600	舞台音响效果工	619030601
1593	其他广播影视舞台设备安装调试及运行操作人员(6-19-03-99)	619039900		
1594	电影放映员(6-19-04-01)	619040100	电影放映员(23-028)	619040101
1595	拷贝检片员(6-19-04-02)	619040200	拷贝检片员(23-029)	619040201
1596	拷贝字幕员(6-19-04-03)	619040300	拷贝涂磁录音员(23-030)	619040301
			电影字幕制版员(23-031)	619040302
			拷贝字幕印字员(23-032)	619040303
1597	其他电影放映人员(6-19-04-99)	619049900		
1598	考古发掘工(6-19-05-01)	619050100	考古发掘工(22-010)	619050101
1599	文物修复工(6-19-05-02)	619050200	文物修复工(22-011)	619050201
			竹木器修复工	619050202
			象牙玉石、金漆镶嵌修复工	619050203
			金石修复工	619050204
			古代钟表修复工	619050205
			囊匣制作工	619050206
			书画临摹复制工	619050207

序号	职业名称及代码	编码	工种名称及代码	编码
			印章篆刻复制工	619050208
			照相复制工	619050209
1600	文物拓印工(6-19-05-03)	619050300	文物拓印工(22-012)	619050301
1601	古旧书画修复工(6-19-05-04)	619050400	古旧书画修复装裱工	619050401
1602	其他文物保护作业人员(6-19-05-99)	619059900		
1603	其他广播影视制品制作、播放及文物保护作业人员(6-19-99-00)	619990000		
1604	平版制版工(6-20-01-01)	620010100	电脑照排主机操作工(29-008)	620010101
			平版照相工(29-014)	620010102
			电子分色工(29-015)	620010103
			平版修拼版工(29-016)	620010104
			电子图像处理工(29-017)	620010105
			平版晒版工(29-019)	620010106
			平版打样工(29-020)	620010107
			计算机排版工	620010108
			文图制作工	620010109
1605	凸版制版工(6-20-01-02)	620010200	铸字工(29-001)	620010201
			拣字工(29-003)	620010202

序号	职业名称及代码	编码	工种名称及代码	编码
			拼版工(29-004)	620010203
			凸版制型工(29-010)	620010204
			铅版制版工(29-011)	620010205
			感光树脂版制版工(29-012)	620010206
			铜锌版照相工(29-027)	620010207
			铜锌版修版工(29-028)	620010208
			铜锌版晒版工(29-029)	620010209
			铜锌版腐蚀工(29-030)	620010210
			铜锌版完成工(29-031)	620010211
			铜锌版混合工(29-032)	620010212
			校对工(29-052)	620010213
			▲计算机排版工	
			柔性版制版工	620010214
1606	凹版制版工(6-20-01-03)	620010300	凹版照相工(29-022)	620010301
			凹版修拼版工(29-023)	620010302
			凹版制版工(29-024)	620010303

序号	职业名称及代码	编码	工种名称及代码	编码
			凹版滚筒磨镀工(29-025)	620010304
			凹版电子雕刻工(29-026)	620010305
			▲文图制作工	
			▲计算机排版工	
1607	孔版制版工(6-20-01-04)	620010400	▲文图制作工	
			孔版照相工	620010401
			孔版修拼版工	620010402
			孔版晒版工	620010403
			孔版制网工	620010404
1608	其他印前处理人员(6-20-01-99)	620019900		
1609	平版印刷工(6-20-02-01)	620020100	平版印刷工(29-035)	620020101
			无水平版胶印工	620020102
			轻印刷胶印工	620020103
1610	凸版印刷工(6-20-02-02)	620020200	凸版印刷工(29-033)	620020201
			图版印刷工(29-034)	620020202
			铸印刷胶辊工(29-038)	620020203
			柔性版印刷工	620020204
1611	凹版印刷工(6-20-02-03)	620020300	凹版印刷工(29-036)	620020301
1612	孔版印刷工(6-20-02-04)	620020400	孔版印刷工	620020401

序号	职业名称及代码	编码	工种名称及代码	编码
1613	木刻水印印刷工(6-20-02-05)	620020500	木刻水印雕刻版工(29-057)	620020501
			木刻水印工(29-058)	620020502
			木刻水印制色工(29-059)	620020503
1614	珂罗版印刷工(6-20-02-06)	620020600	珂罗版照相工(29-061)	620020601
			珂罗版修版工(29-062)	620020602
			珂罗版制版工(29-063)	620020603
			珂罗版印刷工(29-064)	620020604
1615	盲文印制工(6-20-02-07)	620020700	盲文翻译制版工(29-065)	620020701
			盲文校对工(29-066)	620020702
			盲文印刷工(29-067)	620020703
			盲文装订混合工(29-068)	620020704
1616	其他印刷操作人员(6-20-02-99)	620029900		
1617	装订工(6-20-03-01)	620030100	本册制作工(18-323)	620030101
			折页机工(29-039)	620030102
			索线机工(29-040)	620030103

序号	职业名称及代码	编码	工种名称及代码	编码
			平装胶订联动线工(29-041)	620030104
			精装联动机工(29-042)	620030105
			骑订联动机工(29-043)	620030106
			平订联动机工(29-044)	620030107
			三面切书机工(29-045)	620030108
			切纸机工(29-046)	620030109
			制书壳工(29-047)	620030110
			精装上封工(29-049)	620030111
			平装混合工(29-050)	620030112
			精装混合工(29-051)	620030113
			装订检查工(29-054)	620030114
			▲裁纸工	
			划线工	620030115
1618	印品整饰工(6-20-03-02)	620030200	装潢彩印工(18-482)	620030201
			烫印增光工(18-483)	620030202
			压光覆膜工(29-037)	620030203

序号	职业名称及代码	编码	工种名称及代码	编码
			烫印工(29-048)	620030204
			上光工	620030205
			分切工	620030206
			成型工	620030207
			膜切工	620030208
1619	其他印后制作人员(6-20-03-99)	620039900		
1620	其他印刷人员(6-20-99-00)	620990000		
1621	宝石琢磨工(6-21-01-01)	621010100	玉宝石鉴别工(18-371)	621010101
			钻石琢磨工(18-391)	621010102
			红宝石琢磨工(18-392)	621010103
1622	贵金属首饰手工制作工(6-21-01-02)	621010200	首饰制作工(18-379)	621010201
			首饰摆件工(18-380)	621010202
1623	贵金属首饰机制工(6-21-01-03)	621010300	首饰机制工(18-381)	621010301
			首饰浇铸工(18-382)	621010302
1624	其他珠宝首饰加工制作人员(6-21-01-99)	621019900		
1625	手工地毯制作工(6-21-02-01)	621020100	织毯工(18-338)	621020101
			平毯工(18-339)	621020102
			地毯剪花工(18-340)	621020103

序号	职业名称及代码	编码	工种名称及代码	编码
			洗毯工(18-341)	621020104
			地毯整修工(18-342)	621020105
1626	机制地毯制作工(6-21-02-02)	621020200	地毯图案工(18-336)	621020201
			地毯挂胶工(18-346)	621020202
			砸花整经工(18-349)	621020203
			合纱工(18-351)	621020204
			毛毯挡车工(18-352)	621020205
			依车毯挡车工(18-354)	621020206
1627	其他地毯制作人员(6-21-02-99)	621029900		
1628	金属、塑料、木制玩具装配工(6-21-03-01)	621030100	玩具装配工(18-328)	621030101
1629	布绒玩具制作工(6-21-03-02)	621030200	长毛绒玩具制作工(18-331)	621030201
1630	搪塑玩具制作工(6-21-03-03)	621030300	搪塑模具工(18-329)	621030301
			搪塑玩具工(18-330)	621030302
1631	其他玩具制作人员(6-21-03-99)	621039900		
1632	漆器制胎工(6-21-04-01)	621040100	漆器制胎工(18-361)	621040101
			漆器髹漆工(18-362)	621040102

序号	职业名称及代码	编码	工种名称及代码	编码
			漆器制漆工	621040103
			涂刮工	621040104
			打磨抛光工	621040105
1633	彩绘雕填制作工(6-21-04-02)	621040200	彩绘雕填工(18-363)	621040201
			雕漆工(18-365)	621040202
1634	漆器镶嵌工(6-21-04-03)	621040300	漆器镶嵌工(18-360)	621040301
			雕漆修漆工(18-366)	621040302
			漆器装饰工	621040303
1635	其他漆器工艺品制作人员(6-21-04-99)	621049900		
1636	机绣工(6-21-05-01)	621050100	刺绣机挡车工(17-348)	621050101
			机绣工(18-335)	621050102
1637	手绣制作工(6-21-05-02)	621050200	手绣工(18-334)	621050201
			描线工	621050202
			刻版工	621050203
			配线工	621050204
			●检验工	
			装裱工	621050205
			手绣辅助工	621050206
1638	抽纱挑编工(6-21-05-03)	621050300	工艺编结工(18-333)	621050301
			戳样板印工	621050302

序号	职业名称及代码	编码	工种名称及代码	编码
1639	其他抽纱刺绣工艺品制作人员(6-21-05-99)	621059900		
1640	景泰蓝制作工(6-21-06-01)	621060100	景泰蓝制胎工(18-355)	621060101
			景泰蓝掐丝工(18-356)	621060102
			景泰蓝点蓝工(18-357)	621060103
			景泰蓝磨蓝工(18-358)	621060104
			釉料工(18-359)	621060105
			烧蓝工	621060106
1641	金属摆件工(6-21-06-02)	621060200		
1642	其他金属工艺品制作人员(6-21-06-99)	621069900		
1643	工艺品雕刻工(6-21-07-01)	621070100	玉石雕刻工(18-372)	621070101
			玉器抛光工(18-373)	621070102
			手工剔刻工(18-378)	621070103
			开料工	621070104
			●雕刻工	
			配木座工	621070105
1644	其他雕刻工艺品制作人员(6-21-07-99)	621079900		
1645	装饰美工(6-21-08-01)	621080100	商业美工(03-021)	621080101

序号	职业名称及代码	编码	工种名称及代码	编码
			装饰美工（22-009）	621080102
1646	雕塑翻制工（6-21-08-02）	621080200	雕塑翻制工（22-004）	621080201
1647	壁画制作工（6-21-08-03）	621080300	壁画制作工（22-005）	621080301
1648	油画外框制作工（6-21-08-04）	621080400	油画外框配制工（22-006）	621080401
1649	装裱工（6-21-08-05）	621080500	字画装裱工（22-007）	621080501
			木版水印装帧工（29-060）	621080502
1650	版画制作工（6-21-08-06）	621080600	版画制作工（22-008）	621080601
1651	其他美术品制作人员（6-21-08-99）	621089900		
1652	民间工艺品制作工（6-21-99-01）	621990100	泥面塑工	621990101
			剪纸工	621990102
			风筝工	621990103
			工艺伞工	621990104
			香包工	621990105
			年画工	621990106
			工艺扇工	621990107
1653	人造花制作工（6-21-99-02）	621990200	绢花工	621990201
			纸花工	621990202
			纸灯工	621990203

序号	职业名称及代码	编码	工种名称及代码	编码
1654	工艺画制作工(6-21-99-03)	621990300	工艺画制作工(18-369)	621990301
			软木画制作工	621990302
1655	烟花爆竹制作工(6-21-99-04)	621990400	烟花工	621990401
			制药工	621990402
			零部件工	621990403
			爆竹工	621990404
1656	墨制作工(6-22-01-01)	622010100	炼烟工	622010101
			和料成型工	622010102
			晾干工	622010103
			描金工	622010104
			墨模制作工	622010105
			墨模雕刻工	622010106
1657	墨水制造工(6-22-01-02)	622010200		
1658	墨汁制造工(6-22-01-03)	622010300	墨汁制造工	622010301
1659	绘图仪器制作工(6-22-01-04)	622010400	绘图仪器制作工(18-324)	622010401
			绘图机制作工	622010402
1660	静电复印机消耗材料制造工(6-22-01-05)	622010500	静电复印机色调剂制造工	622010501
			静电复印机载体制造工	622010502
1661	毛笔制作工(6-22-01-06)	622010600	油画笔制作工(18-322)	622010601
			料选配工	622010602
			装套修笔工	622010603

序号	职业名称及代码	编码	工种名称及代码	编码
			刻字工	622010604
			笔杆工	622010605
			水盆工	622010606
1662	自来水笔制作工(6-22-01-07)	622010700	铱粒制造工(18-275)	622010701
			金合金冶炼工(18-276)	622010702
			纤维笔头、贮水心制造工(18-281)	622010703
			笔类金属零件制造工(18-282)	622010704
			笔类非金属零件制造工(18-283)	622010705
			笔类套杆彩漆喷涂工(18-284)	622010706
			套杆镶刻工(18-285)	622010707
			笔类零件阳极氧化工(18-286)	622010708
			笔类装配工(18-288)	622010709
1663	圆珠笔制作工(6-22-01-08)	622010800	球珠制造工(18-278)	622010801
			球座体工具制作工(18-279)	622010802
			圆珠笔芯制作工(18-280)	622010803
			◆笔类金属零件制造工(18-282)	

序号	职业名称及代码	编码	工种名称及代码	编码
			◆笔类非金属零件制造工（18-283）	
			◆笔类套杆彩漆喷涂工(18-284）	
			◆套杆镶刻工（18-285）	
			◆笔类零件阳极氧化工(18-286）	
			书写油墨制造工（18-290）	622010804
1664	铅笔制造工(6-22-01-09）	622010900	染板干燥工	622010901
			铅心制造工(18-291）	622010902
			切板规边工(18-292）	622010903
			铅笔板变型处理工(18-293）	622010904
			铅笔杆制造工（18-294）	622010905
			铅笔外观加工工（18-295）	622010906
1665	印泥制作工(6-22-01-10）	622011000		
1666	其他文教用品制作人员（6-22-01-99）	622019900		
1667	制球工(6-22-02-01）	622020100	制球片工（18-255）	622020101

序号	职业名称及代码	编码	工种名称及代码	编码
			制球成型工(18-256)	622020102
			制球整理工(18-257)	622020103
			乒乓球制作工(18-317)	622020104
			网球制作工(18-320)	622020105
			羽毛球制作工(18-321)	622020106
			壁球制作工	622020107
1668	球拍、球网制作工(6-22-02-02)	622020200	球网制作工(18-314)	622020201
			羽毛球拍制作工(18-318)	622020202
			乒乓球拍制作工(18-319)	622020203
1669	健身器材制作工(6-22-02-03)	622020300	拉力器制作工	622020301
			握力器制作工	622020302
			溜冰鞋装配工	622020303
			哑、杠铃制造装配工	622020304
1670	其他体育用品制作人员(6-22-02-99)	622029900		
1671	钢琴及键盘乐器制作工(6-22-03-01)	622030100	手风琴装配工(18-296)	622030101
			手风琴零件制作工(18-297)	622030102

序号	职业名称及代码	编码	工种名称及代码	编码
			手风琴校音工(18-298)	622030103
			弦列制作工	622030104
			击弦机木零件制作工	622030105
			击弦机胶粘小装配工	622030106
			弦槌制作工	622030107
			缠弦工	622030108
			击弦机总装调试工	622030109
			钢琴调音工	622030110
			金属零件制作工	622030111
			键盘制作工	622030112
			风琴校音工	622030113
1672	提琴制作工(6-22-03-02)	622030200	提琴制作工(18-306)	622030201
			琴弓制作工(18-307)	622030202
			琴弦制作工(18-308)	622030203
1673	管乐器制作工(6-22-03-03)	622030300	管乐器制作工(18-309)	622030301
			管乐器音孔定音工(18-310)	622030302
			管乐器弯管制作工(18-311)	622030303

序号	职业名称及代码	编码	工种名称及代码	编码
			管乐器活塞附管制作工(18-312)	622030304
1674	民族拉弦、弹拨乐器制作工(6-22-03-04)	622030400	拉弦乐器制作工(18-300)	622030401
			弹拨乐器制作工(18-301)	622030402
1675	吹奏乐器制作工(6-22-03-05)	622030500	吹奏乐器制作工(18-302)	622030501
1676	打击乐器制作工(6-22-03-06)	622030600	击奏乐器制作工(18-303)	622030601
			鼓类乐器制作工(18-304)	622030602
			铜响乐器制作工(18-305)	622030603
1677	电声乐器制作工(6-22-03-07)	622030700	琴身、箱体制作工	622030701
			琴体、箱体表面涂饰工	622030702
			电声乐器装配工	622030703
1678	其他乐器制作人员(6-22-03-99)	622039900		
1679	其他文化教育、体育用品制作人员(6-22-99-00)	622990000		
1680	凿岩工(6-23-01-01)	623010100	开挖钻工(12-001)	623010101
			钻探灌浆工(12-007)	623010102
			工程凿岩工(13-033)	623010103

序号	职业名称及代码	编码	工种名称及代码	编码
			◆隧道工(13-048)	
			凿岩工(41-052)	623010104
1681	爆破工(6-23-01-02)	623010200	水工爆破工(12-002)	623010201
			工程爆破工(13-034)	623010202
			爆破工(41-003)	623010203
1682	土石方机械操作工(6-23-01-03)	623010300	推土、铲运机驾驶员(13-029)	623010301
			挖掘机驾驶员(13-030)	623010302
			打桩工(13-035)	623010303
			铲运机操作工(20-117)	623010304
1683	其他土石方施工人员(6-23-01-99)	623019900		
1684	砌筑工(6-23-02-01)	623020100	砌筑工(12-010)	623020101
			瓦工(13-003)	623020102
			筑炉工(13-026)	623020103
			炉衬工(15-042)	623020104
			窑炉瓦工(25-127)	623020105
			船舶泥工(37-015)	623020106
1685	石工(6-23-02-02)	623020200	石工(13-006)	623020201
1686	其他砌筑人员(6-23-02-99)	623029900		

序号	职业名称及代码	编码	工种名称及代码	编码
1687	混凝土工(6-23-03-01)	623030100	坝工混凝土工(12-006)	623030101
			喷护工(12-008)	623030102
			混凝土工(13-013)	623030103
			碾压工	623030104
			喷筑工	623030105
1688	混凝土制品模具工(6-23-03-02)	623030200	坝工模板工(12-004)	623030201
			混凝土制品模具工(13-018)	623030202
			房屋建筑模板工	623030203
1689	混凝土搅拌机械操作工(6-23-03-03)	623030300	稳定土厂拌和设备操作工(20-118)	623030301
			沥青混凝土拌和设备操作工(20-120)	623030302
			稳定土拌和机操作工(20-121)	623030303
			水泥混凝土搅拌设备操作工(20-123)	623030304
			搅拌机操作工	623030305
			拌和楼操作工	623030306
1690	其他混凝土配制及制品加工人员(6-23-03-99)	623039900		
1691	钢筋工(6-23-04-01)	623040100	坝工钢筋工(12-005)	623040101

序号	职业名称及代码	编码	工种名称及代码	编码
			钢筋工(13-012)	623040102
1692	其他钢筋加工人员(6-23-04-99)	623049900		
1693	架子工(6-23-05-01)	623050100	架子工(13-014)	623050101
1694	其他施工架子搭设人员(6-23-05-99)	623059900		
1695	防水工(6-23-06-01)	623060100	防水工(13-011)	623060101
			沥青加工工(13-040)	623060102
1696	防渗墙工(6-23-06-02)	623060200		
1697	其他工程防水人员(6-23-06-99)	623069900		
1698	装饰装修工(6-23-07-01)	623070100	抹灰工(13-005)	623070101
			建筑油漆工(13-008)	623070102
			金属门窗工(13-020)	623070103
1699	室内成套设施装饰工(6-23-07-02)	623070200		
1700	其他装饰装修人员(6-23-07-99)	623079900		
1701	古建筑结构施工工(6-23-08-01)	623080100	古建木工(13-002)	623080101
			古建瓦工(13-004)	623080102
			古建石工(13-007)	623080103

序号	职业名称及代码	编码	工种名称及代码	编码
1702	古建筑装饰工(6-23-08-02)	623080200	古建油漆工(13-009)	623080201
			古建彩画工(13-010)	623080202
1703	其他古建筑修建人员(6-23-08-99)	623089900		
1704	筑路机械操作工(6-23-09-01)	623090100	沥青混凝土摊铺机操作工(13-046)	623090101
			管涵顶进工(13-047)	623090102
			公路重油沥青操作工(20-035)	623090103
			◆路基工(20-111)	
			◆压路机操作工(20-116)	
			▲沥青混凝土摊铺机操作工(20-122)	
			水泥混凝土摊铺机操作工(20-124)	623090104
1705	筑路、养护工(6-23-09-02)	623090200	筑路工(13-038)	623090201
			道路养护工(13-041)	623090202
			道路巡视工(13-049)	623090203
			公路养护工(20-032)	623090204

序号	职业名称及代码	编码	工种名称及代码	编码
			桥梁养护工(20-033)	623090205
			隧道养护工(20-034)	623090206
			乳化沥青工(20-036)	623090207
			公路标志(标线)工(20-038)	623090208
			路基工(20-111)	623090209
			路面工(20-113)	623090210
			压路机操作工(20-124)	623090211
			机场场道维修工(26-025)	623090212
1706	线桥专用机械操作工(6-23-09-03)	623090300	铺轨机司机(19-091)	623090301
			大型线路机械司机(19-092)	623090302
			轨道车司机(19-093)	623090303
1707	铁道线路工(6-23-09-04)	623090400	线路工(19-080)	623090401
			▲路基工(19-081)	
1708	桥梁工(6-23-09-05)	623090500	桥梁吊装工(19-082)	623090501
			铁路桥梁工(19-083)	623090502
			桥隧工	623090503

序号	职业名称及代码	编码	工种名称及代码	编码
1709	隧道工(6-23-09-06)	623090600	隧道工(13-048)	623090601
			铁路隧道工(19-084)	623090602
1710	铁路舟桥工(6-23-09-07)	623090700	舟桥起重工	623090701
			舟桥组装工	623090702
			轮渡组装工	623090703
			栈桥组装工	623090704
			机动舟驾驶员	623090705
1711	道岔制修工(6-23-09-08)	623090800	道岔钳工(19-087)	623090801
1712	枕木处理工(6-23-09-09)	623090900	浸注处理工(19-104)	623090901
			木材防腐整备工(19-105)	623090902
1713	其他筑路、养护、维修人员(6-23-09-99)	623099900		
1714	机械设备安装工(6-23-10-01)	623100100	工程安装钳工(13-021)	623100101
			管道工(13-022)	623100102
			通风工(13-024)	623100103
			◆安装起重工(13-025)	
			起重机安装工	623100104
			挖掘机安装工	623100105
1715	电气设备安装工(6-23-10-02)	623100200	工程电气设备安装调试工(13-023)	623100201

序号	职业名称及代码	编码	工种名称及代码	编码
			电梯安装维修工(13-036)	623100202
			煤矿电气安装工(41-101)	623100203
1716	管工(6-23-10-03)	623100300	飞机散热导管制造工(10-003)	623100301
			飞机导管工(10-048)	623100302
			航空发动机管子工(10-049)	623100303
			电厂管道安装工(11-073)	623100304
			下水道工(13-039)	623100305
			下水道养护工(13-042)	623100306
			管子修理工(40-010)	623100307
			管工	623100308
1717	其他工程设备安装人员(6-23-10-99)	623109900		
1718	中小型施工机械操作工(6-23-99-01)	623990100	中小型建筑机械操作工(13-031)	623990101
			◆打桩工(13-035)	
			平地机操作工(20-115)	623990102
			中小型机械操作工(20-119)	623990103

序号	职业名称及代码	编码	工种名称及代码	编码
			卷扬机操作工	623990104
1719	汽车驾驶员(6-24-01-01)	624010100	汽车驾驶员(20-001)	624010101
			超重型汽车列车驾驶员(20-002)	624010102
			民航特种车辆操作工(26-058)	624010103
			出租汽车驾驶员	624010104
			无轨电车驾驶员	624010105
			公共汽车驾驶员	624010106
			汽车运材司机	624010107
			矿用重型卡车司机	624010108
1720	其他公(道)路运输机械设备操作及有关人员(6-24-01-99)	624019900		
1721	车站行车作业员(6-24-02-01)	624020100	车站值班员(19-001)	624020101
			助理值班员(19-002)	624020102
			扳道员(长)(19-004)	624020103
			信号员(长)(19-006)	624020104
1722	车站运转作业计划员(6-24-02-02)	624020200	车站调度员(19-014)	624020201
			调车区长(站调助理)(19-015)	624020202
1723	车号员(6-24-02-03)	624020300	车号员(长)(19-018)	624020301

序号	职业名称及代码	编码	工种名称及代码	编码
1724	驼峰设备操作员（6-24-02-04）	624020400	驼峰值班员（19-008）	624020401
			驼峰作业员（19-011）	624020402
1725	车站调车作业员（6-24-02-05）	624020500	调车长（19-009）	624020501
			连结员（19-010）	624020502
			制动员（长）（19-012）	624020503
			调车指导（19-017）	624020504
1726	列车运转乘务员（6-24-02-06）	624020600	指导车长（19-020）	624020601
			运转车长（19-021）	624020602
1727	机车乘务员（6-24-02-07）	624020700	机车司机（19-051）	624020701
			机车副司机（19-052）	624020702
			蒸汽机车司炉（19-053）	624020703
			电动列车司机	624020704
			电动列车指导司机	624020705
1728	机车调度员（6-24-02-08）	624020800	值班员（19-003）	624020801
1729	发电车乘务员（6-24-02-09）	624020900	发电车乘务员	624020901
1730	机车整备员（6-24-02-10）	624021000	机车检查保养员（19-055）	624021001

序号	职业名称及代码	编码	工种名称及代码	编码
			机车整备工(19-065)	624021002
			给油指导(19-066)	624021003
1731	救援机械操作员(6-24-02-11)	624021100	救援起重工(19-056)	624021101
			救援机械副司机(19-057)	624021102
			救援机械司机(19-058)	624021103
1732	列车轴温检测员(6-24-02-12)	624021200	轴温检测员	624021201
1733	铁路通信工(6-24-02-13)	624021300	通信工(19-097)	624021301
1734	铁路电源工(6-24-02-14)	624021400	电源工	624021401
1735	铁路信号工(6-24-02-15)	624021500	信号工(19-098)	624021501
			地铁列车信号工	624021502
			地铁行车监控信号工	624021503
1736	其他铁路、地铁运输机械设备操作及有关人员(6-24-02-99)	624029900		
1737	航空通信雷达导航员(6-24-03-01)	624030100	塔台集中控制机务员(26-027)	624030101
			归航机/指点标机务员(26-028)	624030102
			全向信标机务员(26-029)	624030103
			测距设备机务员(26-030)	624030104

序号	职业名称及代码	编码	工种名称及代码	编码
			仪表着陆系统机务员(26-031)	624030105
			一次雷达机务员(26-032)	624030106
			二次雷达机务员(26-033)	624030107
			显示设备机务员(26-034)	624030108
			航管计算机硬件机务员(26-035)	624030109
			飞行计划处理设备机务员(26-036)	624030110
			航管计算机外围设备机务员(26-037)	624030111
			着陆雷达机务员(26-038)	624030112
			自动转报控制席报务员(26-039)	624030113
1738	航空油料员(6-24-03-02)	624030200	油料保管员(26-040)	624030201
			◆油料化验员(26-041)	
			油料司泵员(26-042)	624030202
			油料加油员(26-043)	624030203
			油料计量统计员(26-044)	624030204

序号	职业名称及代码	编码	工种名称及代码	编码
			油料电气仪表员(26-045)	624030205
			油料特种设备修理员(26-046)	624030206
1739	航空摄影员(6-24-03-03)	624030300	航空摄影照相设备员	624030301
			航空摄影冲洗员	624030302
			航空摄影测绘员	624030303
1740	航空器材员(6-24-03-04)	624030400	航空材料员(26-047)	624030401
			航空器材封存员(26-048)	624030402
			航材仓库设备机修员(26-049)	624030403
			航空器材送修索赔员(26-050)	624030404
1741	航空气象员(6-24-03-05)	624030500	气象观测员(26-066)	624030501
			气象传真设备机务员(26-067)	624030502
			气象卫星云图接收设备机务员(26-068)	624030503
			气象雷达设备机务员(26-069)	624030504
			气象无线电设备机务员(26-070)	624030505
			气象自动观测系统机务员(26-071)	624030506

序号	职业名称及代码	编码	工种名称及代码	编码
			气象自动填图设备机务员(26-072)	624030507
			计算机系统及网络设备机务员	624030508
1742	其他民用航空设备操作及有关人员(6-24-03-99)	624039900		
1743	船舶甲板设备操作工(6-24-04-01)	624040100	船舶水手(20-042)	624040101
			船舶木匠(20-043)	624040102
			船舶驾驶员(20-048)	624040103
			驳船驾长(20-049)	624040104
			工程船舶水手(20-087)	624040105
			气垫船驾驶员(试飞员)(37-043)	624040106
			舵工	624040107
			趸船水手长	624040108
			趸船水手	624040109
1744	船舶机舱设备操作工(6-24-04-02)	624040200	船舶机工(20-045)	624040201
			船舶轮机员(20-050)	624040202
			船舶加油(20-051)	624040203

序号	职业名称及代码	编码	工种名称及代码	编码
			驳船司机（20-126）	624040204
1745	无线电航标操作工（6-24-04-03）	624040300	航道信号工（20-084）	624040301
			无线电导航发射工（20-099）	624040302
			无线电导航定时工（20-100）	624040303
			无线电指向标操作工（20-101）	624040304
			无线电导航机电工（20-102）	624040305
1746	潜水员（6-24-04-04）	624040400	海上救捞潜水员（20-089）	624040401
			内河潜水员（20-090）	624040402
			水上工程潜水工（20-107）	624040403
1747	视觉航标工（6-24-04-05）	624040500	灯塔工（20-093）	624040501
			沿海航标工（20-094）	624040502
			内河航标工（20-095）	624040503
			航标保养工（20-096）	624040504
			航标充电工（20-097）	624040505
1748	港口维护工（6-24-04-06）	624040600	码头维修工（20-060）	624040601

序号	职业名称及代码	编码	工种名称及代码	编码
			水面防污工(20-069)	624040602
			港口除尘操作工(20-070)	624040603
1749	航道航务施工工(6-24-04-07)	624040700	疏浚管线工(20-076)	624040701
			航道爆破工(20-080)	624040702
			扎笼、扎排工(20-085)	624040703
			沉排、抛石工(20-086)	624040704
			水上打桩工(20-108)	624040705
			水上抛填工(20-110)	624040706
1750	其他水上运输设备操作及有关人员(6-24-04-99)	624049900		
1751	起重装卸机械操作工(6-24-05-01)	624050100	天车工(09-036)	624050101
			起重机驾驶员(13-027)	624050102
			塔式起重机驾驶员(13-028)	624050103
			蒸汽起重机司机(19-047)	624050104
			蒸汽起重机副司机(19-048)	624050105
			装卸车司机(19-050)	624050106

序号	职业名称及代码	编码	工种名称及代码	编码
			内燃装卸机械司机(20-054)	624050107
			电动装卸机械司机(20-055)	624050108
			流体装卸操作工(20-065)	624050109
			叉车司机(20-149)	624050110
			桥式起重机操作工	624050111
			汽车起重机操作工	624050112
			缆索起重机操作工	624050113
			装载机司机	624050114
1752	起重工(6-24-05-02)	624050200	安装起重工(13-025)	624050201
			公路运输起重工(20-004)	624050202
			水上起重工(20-109)	624050203
1753	输送机操作工(6-24-05-03)	624050300	皮带输送机操作工(20-066)	624050301
			运输带粘接工(20-068)	624050302
			输送机操作工(41-008)	624050303
			钢缆皮带操作工(41-021)	624050304

序号	职业名称及代码	编码	工种名称及代码	编码
			链式运输机操作工	624050305
			给煤机操作工	624050306
1754	闸门运行工(6-24-05-04)	624050400	闸门运行工(12-017)	624050401
			船闸机械运行工(20-081)	624050402
			船闸电气运行工(20-082)	624050403
1755	索道运输机械操作工(6-24-05-05)	624050500	索道工(08-010)	624050501
			▲索道工(41-060)	
			客运索道操作工	624050502
1756	其他起重装卸机械操作及有关人员(6-24-05-99)	624059900		
1757	其他运输设备操作人员及有关人员(6-24-99-00)	624990000	◆超重型汽车列车驾驶员(20-002)	
			超重型汽车列车挂车工(20-003)	624990001
1758	大气环境监测工(6-25-01-01)	625010100	大气环境监测工(35-001)	625010101
			大气环境探测工(35-008)	625010102
1759	水环境监测工(6-25-01-02)	625010200	污水化验监测工(13-045)	625010201
			水环境监测工(35-002)	625010202
1760	土壤环境监测工(6-25-01-03)	625010300	土壤环境监测工(35-003)	625010301

序号	职业名称及代码	编码	工种名称及代码	编码
1761	环境生物监测工(6-25-01-04)	625010400	环境生物监测工(35-004)	625010401
1762	环境噪声及振动监测工(6-25-01-05)	625010500	环境噪声监测工(35-005)	625010501
1763	固体废物监测工(6-25-01-06)	625010600	环卫化验工(13-099)	625010601
			固体废物监测工(35-006)	625010602
1764	环境辐射监测工(6-25-01-07)	625010700	环境辐射监测工(35-007)	625010701
			电磁辐射监测工	625010702
1765	其他环境监测人员(6-25-01-99)	625019900	环境保护监察员(11-012)	625019901
1766	海洋调查与监测工(6-25-02-01)	625020100	海洋生物调查工	625020101
			海洋地质调查工	625020102
			海洋监测监视工	625020103
1767	海洋浮标工(6-25-02-02)	625020200	海洋资料浮标工	625020201
			海洋资料浮标岸站工	625020202
1768	海洋水文气象观测员(6-25-02-03)	625020300	海洋水文气象观测工	625020301
			船舶测报员	625020302
			海洋气象卫星接收员	625020303
			海洋水文气象填图员	625020304
1769	其他海洋环境调查与监测人员(6-25-02-99)	625029900		

序号	职业名称及代码	编码	工种名称及代码	编码
1770	固体废物处理工（6-25-03-01）	625030100	垃圾处理工（13-096）	625030101
			粪便净化处理工（13-097）	625030102
			死畜无害化处理工（13-098）	625030103
			固体废物处理工	625030104
1771	废水处理工（6-25-03-02）	625030200	绝缘污水处理工（09-110）	625030201
			污水处理工（13-043）	625030202
			污泥处理工（13-044）	625030203
			电影洗印环保员（23-022）	625030204
			◆含氟污水处理回收工（39-061）	
			医用污水处理工	625030205
1772	废气处理工（6-25-03-03）	625030300	废气处理工	625030301
1773	除尘设备运行工（6-25-03-04）	625030400	电除尘值班员（11-014）	625030401
			◆水泥收尘器工（25-012）	
			除尘工（32-030）	625030402
			除尘设备运行工	625030403
1774	其他废物处理人员（6-25-03-99）	625039900		
1775	其他环境监测与废物处理人员（6-25-99-00）	625990000		

序号	职业名称及代码	编码	工种名称及代码	编码
1776	化学检验工(6-26-01-01)	626010100	林化化验工(08-062)	626010101
			◆电厂水化验员(11-009)	
			水质检验工(13-055)	626010102
			煤气化验工(13-072)	626010103
			锅炉水质化验工(13-082)	626010104
			分析工(16-143)	626010105
			化验分析工(17-110)	626010106
			印染化验工(17-297)	626010107
			产品化验分析工(18-497)	626010108
			海洋化学分析工(27-002)	626010109
			化学检验工(30-023)	626010110
			理化检测工(36-182)	626010111
			仪器分析工(39-252)	626010112
			火工化验工(41-117)	626010113
			建材化学分析工	626010114

序号	职业名称及代码	编码	工种名称及代码	编码
1777	材料成分检验工（6-26-01-02）	626010200	标准金银锭化验工（02-044）	626010201
			工业化学分析工（09-038）	626010202
			橡、塑制品检查工（09-188）	626010203
			碳制品检查工（09-190）	626010204
			化学分析工（15-131）	626010205
			工艺监督工（15-132）	626010206
			材料成分检验工（30-025）	626010207
			电真空原材料检验工（36-160）	626010208
			电真空材料、成品检验工（36-161）	626010209
			▲化学分析工（39-253）	
			采、制样工（39-257）	626010210
			建材质量控制工	626010211
1778	材料物理性能检验工（6-26-01-03）	626010300	天然橡胶产品检验工（07-019）	626010301
			物理金相实验工（09-039）	626010302

序号	职业名称及代码	编码	工种名称及代码	编码
			光学玻璃物理化学性能测试工(09-078)	626010303
			材料检查工(09-176)	626010304
			硅碳棒检查工(09-180)	626010305
			玻璃分类检查工(09-185)	626010306
			坝工土料试验工(12-011)	626010307
			坝工混凝土试验工(12-012)	626010308
			水工泥沙实验工(12-013)	626010309
			建筑材料试验工(13-016)	626010310
			物理性能检验工(15-130)	626010311
			物性检验工(16-144)	626010312
			橡胶试验工(16-171)	626010313
			胶圈成品检验工(17-467)	626010314
			水工质量检验工(20-114)	626010315
			玻璃物理性能测试工(36-144)	626010316

序号	职业名称及代码	编码	工种名称及代码	编码
			◆电子陶瓷试验检测工(36-245)	
			建材物理检验工	626010317
1779	无损检测员(6-26-01-04)	626010400	无损探伤工(09-037)	626010401
			钢轨探伤工(19-088)	626010402
			港建结构检查工(20-132)	626010403
			◆合金探伤工(39-177)	
1780	产品环境适应性能检验工(6-26-01-05)	626010500	产品环境适应性能检验工(30-027)	626010501
			例行试验工(36-005)	626010502
			雷达指挥仪例行试验工(36-024)	626010503
			鱼雷仪表例行试验工(37-039)	626010504
1781	产品可靠性能检验工(6-26-01-06)	626010600	◆物理金相实验工(09-039)	
			◆光学玻璃物理化学性能测试工(09-078)	
			◆电机(汽机)试验工(09-083)	
			◆低压电器及元件试验工(09-092)	

序号	职业名称及代码	编码	工种名称及代码	编码
			◆高压电器及元件试验工（09-093）	
			◆变压器、互感器试验工（09-096）	
			◆电焊机试验工（09-099）	
			▲蓄电池试验工（09-107）	
			◆绝缘子、避雷器试验工（09-124）	
			轴承试验工（09-151）	626010601
			◆电气试验工（11-057）	
			产品可靠性能检验工（30-028）	626010602
			有线通讯产品可靠性能试验工（36-048）	626010603
			型式试验工（36-139）	626010604
			◆半导体器件集成电路试验工（36-174）	
			汽车道路试验工（44-003）	626010605
			◆发动机试验工（44-006）	

序号	职业名称及代码	编码	工种名称及代码	编码
1782	产品安全性能检验工(6-26-01-07)	626010700	绝缘检查工(09-178)	626010701
			产品安全性能检验工(30-029)	626010702
1783	食品检验工(6-26-01-08)	626010800	◆热带作物初制品检验工(07-027)	
			乳品检验工(07-034)	626010801
			食品检验工(30-024)	626010802
			水产品质量检验工	626010803
1784	饲料检验工(6-26-01-09)	626010900	饲料检验化验员(07-059)	626010901
1785	畜禽产品检验工(6-26-01-10)	626011000	畜禽产品卫生检验员(03-019)	626011001
1786	烟草检验工(6-26-01-11)	626011100	◆原烟分级工(32-034)	
			烟草检验工(32-061)	626011101
			烟叶质量检查工(32-062)	626011102
			卷烟化验工(32-063)	626011103
1787	纺织纤维检验工(6-26-01-12)	626011200	纤维验配工(17-023)	626011201
			纤维含量分析工(17-070)	626011202

序号	职业名称及代码	编码	工种名称及代码	编码
			原料检验工(17-137)	626011203
			纤度丝检验工(17-161)	626011204
			◆选茧质量检验工(17-164)	
			纤维分析工(17-175)	626011205
			纺织纤维分类分级检验工(30-030)	626011206
			纺织纤维物理性能检验工(30-031)	626011207
1788	针纺织品检验工(6-26-01-13)	626011300	剑麻制品检验工(07-022)	626011301
			售纱(筒)检验工(17-022)	626011302
			纺部试验工(17-024)	626011303
			织部试验工(17-039)	626011304
			纺部检验工(17-049)	626011305
			毛纺织成品检验工(17-078)	626011306
			梳纺质量检查工(17-083)	626011307
			后纺质量检验工(17-085)	626011308

序号	职业名称及代码	编码	工种名称及代码	编码
			布包检验工(17-111)	626011309
			缫丝成品检验工(17-160)	626011310
			缫丝工艺试验工(17-165)	626011311
			茧丝半成品质量检验工(17-166)	626011312
			袜子半成品检验工(17-241)	626011313
			袜子抽验工(17-242)	626011314
			◆坯布检查工(17-248)	
			线带产品检验包装工(17-363)	626011315
1789	印染工艺检验工(6-26-01-14)	626011400	◆染料应用试验工(16-117)	
			染色牢度试验工(17-067)	626011401
			印染试验工(17-296)	626011402
			印染工艺检查工(17-299)	626011403
			印染成品抽查工(17-300)	626011404
			色纱检查工(17-330)	626011405

序号	职业名称及代码	编码	工种名称及代码	编码
1790	服装鞋帽检验工(6-26-01-15)	626011500	◆航空救生设备缝制检验工(10-069)	
			规格检验工(17-102)	626011501
			横机(圆机)半成品检验工(17-103)	626011502
			缝纫检验工(17-104)	626011503
			成衣检验工(17-108)	626011504
			服装检验工(17-386)	626011505
			鞋帽检验工(17-396)	626011506
1791	木材及家具检验工(6-26-01-16)	626011600	木材检验工(08-015)	626011601
			◆选材检验工(08-023)	
			◆人造板质量检验工(08-052)	
			栓皮制品检验工(08-099)	626011602
1792	包装材料检验工(6-26-01-17)	626011700	包装材料检验工(16-072)	626011701
			▲包装材料检验工(18-158)	
1793	文体用品及出版物品检验工(6-26-01-18)	626011800	笔料毛加工检验工(05-010)	626011801

序号	职业名称及代码	编码	工种名称及代码	编码
			◆装订检查工(29-054)	
			音像复制质检工(29-070)	626011802
1794	燃料检验工(6-26-01-19)	626011900	燃料化验员(11-008)	626011901
			油务员(11-010)	626011902
			油料化验员(26-041)	626011903
			油品化验工(38-023)	626011904
			原油分析工(40-043)	626011905
			采油化验工(40-044)	626011906
			煤质化验工(41-115)	626011907
1795	感光材料检验工(6-26-01-20)	626012000	感光材料工艺检查工(16-069)	626012001
			照相性能测定工(16-071)	626012002
			◆感光包装材料检验工(16-072)	
			感光材料检验工(16-073)	626012003
			片(纸)基检验工(16-074)	626012004
			◆乳剂试验工(16-076)	

序号	职业名称及代码	编码	工种名称及代码	编码
			▲感光材料工艺检查工(18-155)	
			▲照相性能测定工(18-157)	
			▲感光材料检验工(18-159)	
			▲片(纸)基检验工(18-160)	
			▲◆乳剂试验工(18-162)	
			▲◆片(纸)基试验工(18-163)	
			缩微品检验工(22-016)	626012005
1796	药物检验工(6-26-01-21)	626012100	灯检工(33-079)	626012101
			制剂质量检查工(33-084)	626012102
			制剂试验工(33-086)	626012103
			原料药试验工(33-087)	626012104
			药物分析工(33-088)	626012105
			微生物检定工(33-089)	626012106
			药理实验工(33-090)	626012107
1797	中药检验工(6-26-01-22)	626012200	中药验收员(34-009)	626012201

序号	职业名称及代码	编码	工种名称及代码	编码
			中药质检工(34-045)	626012202
1798	五金制品检验工(6-26-01-23)	626012300	◆石油器具测试工(18-479)	
			产品检验工(18-498)	626012301
1799	机械产品检验工(6-26-01-24)	626012400	农牧机械试验工(07-132)	626012401
			电焊机试验工(09-099)	626012402
			模型检查工(09-169)	626012403
			铸件检查工(09-170)	626012404
			锻件检查工(09-171)	626012405
			机械检查工(09-172)	626012406
			热处理检查工(09-173)	626012407
			电镀、油漆检查工(09-174)	626012408
			铆、焊检查工(09-175)	626012409
			弹簧检查工(09-177)	626012410
			超硬磨料制品检查工(09-179)	626012411
			刃具检查工(09-181)	626012412

序号	职业名称及代码	编码	工种名称及代码	编码
			轴承检查工(09-182)	626012413
			◆电缆(电线)产品检查工(09-183)	
			宝石轴承检查工(09-184)	626012414
			◆橡、塑制品检查工(09-188)	
			特殊材料检查工(09-191)	626012415
			超硬磨材料检查工(09-192)	626012416
			化学零件检查工(09-200)	626012417
			◆电机车机械装配检查工(09-203)	
			◆量具检查工(09-209)	
			◆复印机检查工(09-210)	
			◆感光鼓检查工(09-211)	
			◆测试修理工(17-007)	
			锭子检查工(17-403)	626012418
			摇架检查工(17-407)	626012419

序号	职业名称及代码	编码	工种名称及代码	编码
			喷丝头(板)检查工(17-410)	626012420
			纺器检验包装工(17-440)	626012421
			齿条检验工(17-452)	626012422
			针圈检验工(17-457)	626012423
			织针专职检验工(17-486)	626012424
			港机机械检查工(20-130)	626012425
			船舶阀门压力试验工(37-085)	626012426
1800	医疗器械检验工(6-26-01-25)	626012500	CT 检验工(33-115)	626012501
			X射线机机械检验工(33-119)	626012502
			X射线机电气检验工(33-120)	626012503
			X射线管老练测试工(33-131)	626012504
			加速器测量检验工(33-141)	626012505
			医用电子仪器成品检验工(33-150)	626012506
			齿科设备、器械检验工(33-155)	626012507

序号	职业名称及代码	编码	工种名称及代码	编码
			医用光学零件检验工(33-159)	626012508
			医用光纤传相束检验工(33-161)	626012509
			医用内镜检验工(33-163)	626012510
			手术器械检验工(33-168)	626012511
			医用玻璃仪器检验工(33-178)	626012512
1801	机动车检验工(6-26-01-26)	626012600	火花塞成品检查工(09-189)	626012601
			电机车机械装配检查工(09-203)	626012602
			电机车电气装配检查工(09-204)	626012603
			汽车维修检验工(20-020)	626012604
			汽车检测工(20-030)	626012605
			◆摩托车检验工(43-116)	
			◆摩托车发动机检验工(43-120)	
			◆摩托车化油器检验工(43-122)	
			汽车性能试验工(44-004)	626012606
			发动机试验工(44-006)	626012607

序号	职业名称及代码	编码	工种名称及代码	编码
			变速箱试验工(44-008)	626012608
			汽车电器试验工(44-024)	626012609
			发动机检验工(44-027)	626012610
			变速箱检验工(44-028)	626012611
			汽车电器检查工(44-029)	626012612
1802	电器产品检验工(6-26-01-27)	626012700	电机(汽轮)试验工(09-083)	626012701
			低压电器及元件试验工(09-092)	626012702
			高压电器及元件试验工(09-093)	626012703
			变压器、互感器试验工(09-096)	626012704
			绝缘子、避雷器试验工(09-124)	626012705
			电炉装配检查工(09-186)	626012706
			电机、汽机装配检查工(09-193)	626012707
			低压电器及元件装配检查工(09-194)	626012708
			电容器检查工(09-195)	626012709

序号	职业名称及代码	编码	工种名称及代码	编码
			变压器、互感器检查工(09-196)	626012710
			变压器零件检查工(09-197)	626012711
			电焊机电气检查工(09-198)	626012712
			高压电器装配检查工(09-199)	626012713
			永磁检查工(09-201)	626012714
			电气检查工(09-202)	626012715
			◆电机车电气装配检查工(09-204)	
			◆电气试验工(11-057)	
			港机电气检查工(20-131)	626012716
			高频电感器件检验工(36-321)	626012717
1803	电工器材检验工(6-26-01-28)	626012800	电线电缆产品检查工(09-183)	626012801
			蓄电池检查工(09-187)	626012802
			◆永磁检查工(09-201)	
			蓄电池检测工(36-266)	626012803

序号	职业名称及代码	编码	工种名称及代码	编码
			原电池检验工(36-280)	626012804
			硅太阳电池检验工(36-286)	626012805
			检验工(36-290)	626012806
			◆光电线缆检测工(36-309)	
			电化学检验工(41-113)	626012807
1804	照明电器检验工(6-26-01-29)	626012900	吸气剂检测工(36-113)	626012901
			发光材料测试工(36-114)	626012902
			矿灯检验工(41-111)	626012903
1805	通信设备检验工(6-26-01-30)	626013000	载波通信设备检验工(36-044)	626013001
			光纤、数字通信设备检验工(36-046)	626013002
			交换机整机检验工(36-052)	626013003
			电话机检验工(36-057)	626013004
			电传打字机检验工(36-060)	626013005
			传真机检验工(36-063)	626013006
			程控交换机整机检验工(36-065)	626013007

序号	职业名称及代码	编码	工种名称及代码	编码
1806	广播影视设备检验工(6-26-01-31)	626013100	无线电成品检验工(36-004)	626013101
			外购电器零、部、整件检验工(36-006)	626013102
1807	计算机检验工(6-26-01-32)	626013200	磁记录材料检验工(16-078)	626013201
			计算机整机检验工(36-027)	626013202
			针式打印机整机检验工(36-034)	626013203
			磁头检验工(36-037)	626013204
			磁盘机整机检验工(36-041)	626013205
1808	电子器件检验工(6-26-01-33)	626013300	巡回检验工(36-140)	626013301
			成品检验工(36-141)	626013302
			原材料外购件检验工(36-142)	626013303
			半导体器件、集成电路试验工(36-174)	626013304
			压电石英晶体检验工(36-195)	626013305
			石英晶体元器件检验工(36-200)	626013306
			继电器成品检验工(36-234)	626013307

序号	职业名称及代码	编码	工种名称及代码	编码
			电子陶瓷试验检测工(36-245)	626013308
			铁氧体材料、元件分测工(36-251)	626013309
			铁氧体材料、元器件检验工(36-252)	626013310
1809	仪器仪表检验工(6-26-01-34)	626013400	光学零件检查工(09-205)	626013401
			光学仪器检查工(09-206)	626013402
			电工电路仪表仪器检查工(09-207)	626013403
			电子仪器仪表检查工(09-208)	626013404
			复印机检查工(09-210)	626013405
			感光鼓检查工(09-211)	626013406
			光学仪器检验工	626013407
1810	贵金属首饰、钻石、宝玉石检验员(6-26-01-35)	626013500	◆玉宝石鉴别工(18-371)	
			贵金属首饰检验员	626013501
			钻石检验员	626013502
			宝玉石检验员	626013503
1811	管道检验工(6-26-01-36)	626013600	管道检漏工(13-060)	626013601

序号	职业名称及代码	编码	工种名称及代码	编码
			煤气户内检修工(13-074)	626013602
1812	★棉花检验员(6-26-01-37)	626013700		
1813	★评茶员(6-26-01-38)	626013800		
1814	其他检验人员(6-26-01-99)	626019900		
1815	飞机检验工(6-26-02-01)	626020100	飞机钣金检验工(10-055)	626020101
			飞机导管检验工(10-056)	626020102
			飞机铆接部装检验工(10-057)	626020103
			飞机总装、试飞检验工(10-058)	626020104
			飞机电缆检验工(10-059)	626020105
			飞机起落架、附件装配试验检验工(10-060)	626020106
			飞机模线样板检验工(10-061)	626020107
			化学铣切检验工	626020108
1816	机载导弹检验工(6-26-02-02)	626020200	导弹光学装配调试检验工(10-063)	626020201
			导弹电气装配调试检验工(10-064)	626020202

序号	职业名称及代码	编码	工种名称及代码	编码
			机载导弹机械装配调试检验工	626020203
1817	航空发动机检验工(6-26-02-03)	626020300	飞机发动机装配检验工(10-062)	626020301
			航空发动机试车检验工(10-080)	626020302
1818	飞机螺旋桨检验工(6-26-02-04)	626020400	飞机螺旋桨、调速器装配试验检验工	626020401
			飞机桨叶检验工	626020402
1819	飞机、发动机附件检验工(6-26-02-05)	626020500	航空附件装配检验工(10-065)	626020501
			飞机附件试验检验工(10-066)	626020502
			航空散热导管检验工(10-067)	626020503
			过滤器组合检验工(10-068)	626020504
			飞机军械附件电气装配调试检验工	626020505
1820	航空环控救生装备检验工(6-26-02-06)	626020600	航空救生设备缝制检验工(10-069)	626020601
			航空特纺材料检验工(10-070)	626020602
			航空救生装备非金属零件检验工	626020603
1821	航空仪表检验工(6-26-02-07)	626020700	航空仪表装配检验工(10-071)	626020701

序号	职业名称及代码	编码	工种名称及代码	编码
1822	其他航空产品检验人员(6-26-02-99)	626029900		
1823	航天器无损检测试验工(6-26-03-01)	626030100	特种材料声发射检测试验工(10-168)	626030101
			复合材料超声波探伤试验工(10-169)	626030102
			复合材料射线探伤工(10-170)	626030103
			特种材料渗透探伤试验工(10-171)	626030104
			固体发动机高能X射线探伤工(10-222)	626030105
1824	航天器材料性能测试试验工(6-26-03-02)	626030200	扫描电镜试验工(10-160)	626030201
			热物理性能试验工(10-162)	626030202
			高温焰流烧蚀试验工(10-201)	626030203
1825	试车台测量工(6-26-03-03)	626030300	试车台振动测量工(10-130)	626030301
			试车台流量测量工(10-131)	626030302
			试车台推力测量工(10-132)	626030303
			试车台压力测量工(10-133)	626030304

序号	职业名称及代码	编码	工种名称及代码	编码
			试车台温度测量工(10-134)	626030305
			火箭发动机组件试验电测工(10-146)	626030306
			液体火箭发动机试验直测工(10-179)	626030307
1826	试车台液、气系统操作工(6-26-03-04)	626030400	试车台推进剂供应工(10-128)	626030401
			试车台供气配气工(10-129)	626030402
			试车台吊装清洗工(10-136)	626030403
			推进剂转运操作工(10-142)	626030404
			冲压发动机试车台气路系统运行工(10-186)	626030405
			冲压发动机试车台燃油加热系统运行工(10-187)	626030406
			冲压发动机试车台供油系统运行工(10-188)	626030407
1827	试车台控制工(6-26-03-05)	626030500	试车台控制工(10-135)	626030501
1828	液体推进剂性能试验工(6-26-03-06)	626030600	火箭推进剂化验工(10-127)	626030601
			火箭推进剂色谱分析工(10-137)	626030602

序号	职业名称及代码	编码	工种名称及代码	编码
			液氧、液氮化验工(10-139)	626030603
			液体推进剂物化性能试验工(10-140)	626030604
1829	固体推进剂性能试验工(6-26-03-07)	626030700	氧化剂分析测试工(10-212)	626030701
			复合固体推进剂配方试验工(10-226)	626030702
			复合固体推进剂燃烧性能测试工(10-227)	626030703
			复合固体推进剂物理机械性能测试工(10-228)	626030704
			激光点火燃烧试验工(10-234)	626030705
1830	试车台测力计量检定工(6-26-03-08)	626030800	试车台测力计量检定工(10-138)	626030801
1831	其他航天器检验测试人员(6-26-03-99)	626039900		
1832	长度计量工(6-26-04-01)	626040100	量具检查工(09-209)	626040101
			长度量具计量检定工(30-001)	626040102
			长度量仪计量检定工(30-002)	626040103
			长度精密测量工(30-003)	626040104

序号	职业名称及代码	编码	工种名称及代码	编码
			●光学测量工	
1833	热工计量工(6-26-04-02)	626040200	热工仪表修理工(09-026)	626040201
			热工仪表检修工(11-036)	626040202
			计量泵流量检测工(17-413)	626040203
			温度计量检定工(30-004)	626040204
			压力真空计量检定工(30-005)	626040205
			流量计量检定工(30-011)	626040206
1834	衡器计量工(6-26-04-03)	626040300	司镑员(03-017)	626040301
			天平、砝码计量检定工(30-006)	626040302
			衡器操作工(30-007)	626040303
			衡器计量检定工(30-008)	626040304
			检斤工(32-052)	626040305
			▲检斤工(39-256)	
1835	硬度测力计量工(6-26-04-04)	626040400	硬度计量检定工(30-009)	626040401
			测力计量检定工(30-010)	626040402
1836	容量计量工(6-26-04-05)	626040500	大容量计量检定工(30-012)	626040501

序号	职业名称及代码	编码	工种名称及代码	编码
			小容量计量检定工(30-013)	626040502
1837	电器计量工(6-26-04-06)	626040600	电工仪表修理工(09-029)	626040601
			电器计量检定工(09-051)	626040602
			◆电测仪表工(11-058)	
			◆电能表修理工(11-064)	
			◆电能表校验工(11-065)	
			电磁计量检定工(30-014)	626040603
			电磁计量修理工(30-015)	626040604
			无线电计量检定工(30-016)	626040605
			无线电计量修理工(30-017)	626040606
			时间频率计量检定工(30-019)	626040607
1838	化学计量工(6-26-04-07)	626040700	化工仪表维修工(16-152)	626040701
			分析仪器维修工(16-153)	626040702
			化学计量检定工	626040703
1839	声学计量工(6-26-04-08)	626040800	声学计量检定工(30-018)	626040801

序号	职业名称及代码	编码	工种名称及代码	编码
			◆水声测量工(37-041)	
1840	光学计量工(6-26-04-09)	626040900	光学计量检定工(30-020)	626040901
1841	电离辐射计量工(6-26-04-10)	626041000	电离辐射计量检定工(30-021)	626041001
1842	专用计量器具计量工(6-26-04-11)	626041100		
1843	其他计量人员(6-26-04-99)	626049900		
1844	其他检验、计量人员(6-26-99-00)	626990000		
1845	包装人员(6-99-01-00)	699010000	食品包装工(03-035)	699010001
			鲜活易腐、易碎商品包装工(03-036)	699010002
			轻泡货物打包工(03-037)	699010003
			制粉分装工(03-090)	699010004
			水产品烘干制品包装工(07-105)	699010005
			包装工(09-040)	699010006
			焦化副产品包装工(15-030)	699010007
			▲包装工(16-140)	
			打小包工(17-018)	699010008

序号	职业名称及代码	编码	工种名称及代码	编码
			打中（大）包工(17-019)	699010009
			印染成品打包装箱工(17-293)	699010010
			产品包装工(18-495)	699010011
			▲包装工(25-130)	
			音像带装带工(29-073)	699010012
			音像带包装工(29-074)	699010013
			小包烟包装工(32-016)	699010014
			透明纸包装工(32-017)	699010015
			条包包装工(32-018)	699010016
			听烟包装工(32-019)	699010017
			封箱工(32-020)	699010018
			成品装潢工	699010019
			盐斤封装工	699010020
			包装物料整理工	699010021
			废旧物料整理工	699010022
1846	机泵操作人员(6-99-02-00)	699020000	泵站运行工(12-025)	699020001
			泵站操作工(13-056)	699020002

序号	职业名称及代码	编码	工种名称及代码	编码
			化产泵工(15-025)	699020003
			司泵工(16-127)	699020004
			燃油输送工(25-126)	699020005
			矿井泵工(41-041)	699020006
			给水泵值班员	699020007
			循环泵值班员	699020008
			凝结水泵值班员	699020009
			工业水泵值班员	699020010
			排污泵值班员	699020011
			灰浆泵值班员	699020012
			水厂值班员	699020013
			海水泵值班员	699020014
			雨水泵值班员	699020015
1847	简单体力劳动人员(6-99-03-00)	699030000	汽车客运行包装卸工(20-011)	699030001
			公路货运装卸工(20-014)	699030002
			港口装卸工(20-061)	699030003
			铁路装卸工	699030004
			装卸值班员	699030005
1848	军人(7-00-00-00)	700000000		
1849	不便分类的其他从业人员(原工种目录中未列入大典的工种)(8-00-00-00)	800000000	钞券原版雕刻工(02-001)	800000001

序号	职业名称及代码	编码	工种名称及代码	编码
			钞券原分版制版工(02-002)	800000002
			钞券平凸版制版工(02-003)	800000003
			电镀(铸)制版工(02-004)	800000004
			雕刻凹印版制版工(02-005)	800000005
			钞券号码机制作(修理)工(02-006)	800000006
			钞券试样工(02-007)	800000007
			隔色接纹印钞工(02-008)	800000008
			平版隔色印钞工(02-009)	800000009
			雕刻凹版印钞工(02-010)	800000010
			雕刻凹印制辊工(02-011)	800000011
			钞券凸版印刷工(02-012)	800000012
			钞券裁切工(02-013)	800000013
			钞券检验工(02-014)	800000014
			钞券数封包装工(02-015)	800000015

序号	职业名称及代码	编码	工种名称及代码	编码
			单开分类印码工(02-016)	800000016
			印数切封联线操作工(02-017)	800000017
			印钞造币机修理工(02-021)	800000018
			印钞造币设备维修电工(02-022)	800000019
			水印原模雕刻工(02-023)	800000020
			水印模具制作工(02-024)	800000021
			钞纸水印制网工(02-025)	800000022
			钞券抄纸工(02-026)	800000023
			钞纸水印定位整选工(02-027)	800000024
			蒸漂联合操作工(02-029)	800000025
			洗扣漂工(02-030)	800000026
			硬币模具模型工(02-031)	800000027
			硬币模具雕缩工(02-032)	800000028
			硬币模具手雕工(02-033)	800000029
			硬币模具翻压工(02-034)	800000030

序号	职业名称及代码	编码	工种名称及代码	编码
			硬币模具研磨工(02-035)	800000031
			硬币坯饼制作工(02-036)	800000032
			硬币检验工(02-037)	800000033
			硬币印花工(02-038)	800000034
			硬币数封工(02-039)	800000035
			硬币坯饼烧结工(02-040)	800000036
			标准金银锭熔铸工(02-042)	800000037
			标准金银锭联合电解工(02-043)	800000038
			商品检验员(03-018)	800000039
			商品化验员(03-020)	800000040
			商品安全员(03-034)	800000041
			包装回收修整加工工(03-038)	800000042
			棉花检验仪器维修工(03-054)	800000043
			饴糖制作工(03-081)	800000044
			多种经营技术辅导员(03-129)	800000045

序号	职业名称及代码	编码	工种名称及代码	编码
			果品生产培植员(03-132)	800000046
			外币兑换员(04-010)	800000047
			茶叶拼配工(05-001)	800000048
			京果类挑选检验工(05-002)	800000049
			生漆加工检验工(05-003)	800000050
			工艺蜡烛化蜡工(05-004)	800000051
			工艺蜡烛制蜡工(05-005)	800000052
			工艺蜡烛包装工(05-006)	800000053
			猪鬃加工检验工(05-007)	800000054
			马鬃尾及牛尾加工检验工(05-008)	800000055
			细尾毛加工工(05-009)	800000056
			海水鱼(虾)贝育苗工(07-074)	800000057
			海水鱼(虾)养成工(07-075)	800000058
			水产品琼脂糖工(07-095)	800000059

序号	职业名称及代码	编码	工种名称及代码	编码
			渔网制绳工(07-113)	800000060
			理鱼工(07-118)	800000061
			农机散热器(水箱)修理工(07-125)	800000062
			农机燃油系修理工(07-127)	800000063
			农机液压系修理工(07-128)	800000064
			农机内燃机曲轴修磨工(07-129)	800000065
			●汽车运材司机(08-012)	
			松香包装工(08-071)	800000066
			贵金属制品工(09-076)	800000067
			胶装工(09-116)	800000068
			贵金属冶炼工(09-128)	800000069
			胶轮力车制轮辋(辐条)工(09-157)	800000070
			棉花机械肋条工(09-161)	800000071
			救生设备非金属零件制作工(10-008)	800000072

序号	职业名称及代码	编码	工种名称及代码	编码
			飞机试验工(曲线显形仪表工)(10-078)	800000073
			航空硅器件测试工(10-091)	800000074
			试飞站养场工(10-097)	800000075
			高空模拟试验工(10-141)	800000076
			液体晃动试验工(10-154)	800000077
			●薄膜加热器制造工(10-257)	
			电力电缆工(11-048)	800000078
			直流设备检修工(11-054)	800000079
			锻钎工(12-003)	800000080
			防渗墙工(12-009)	800000081
			水工结构实验工(12-014)	800000082
			水工防腐工(12-018)	800000083
			化学灌浆工(12-029)	800000084
			土工试验工(13-017)	800000085
			翻模工(13-019)	800000086

序号	职业名称及代码	编码	工种名称及代码	编码
			白蚁防治工(13-037)	800000087
			●无轨电车驾驶员(13-053)	
			煤气表装修工(13-073)	800000088
			液化石油气灌瓶工(13-076)	800000089
			煤气燃具制造工(13-077)	800000090
			建筑雕刻工(13-090)	800000091
			垃圾综合利用工(13-095)	800000092
			海洋地震电缆工(14-019)	800000093
			钻探、坑探材料工(14-021)	800000094
			金刚石钻头、扩孔器准备工(14-022)	800000095
			金刚石钻头、扩孔器组装工(14-023)	800000096
			金刚石钻头、扩孔器烧结工(14-024)	800000097
			翻车机工(15-001)	800000098
			炼焦洗煤工(15-013)	800000099

序号	职业名称及代码	编码	工种名称及代码	编码
			洗煤过滤工(15-014)	800000100
			洗煤药剂工(15-015)	800000101
			▲冷凝鼓风工(15-022)	
			▲结晶工(15-027)	
			沥青工(15-029)	800000102
			槽罐清洗工(15-031)	800000103
			特殊耐火材料工(15-127)	800000104
			煤气炉工(15-129)	800000105
			产品质量检查工(15-133)	800000106
			取制样工(15-134)	800000107
			甲醇合成工(16-042)	800000108
			感光材料包装工(16-066)	800000109
			管式炉裂解工(16-085)	800000110
			裂解气分离工(16-086)	800000111
			裂解气压缩工(16-087)	800000112

序号	职业名称及代码	编码	工种名称及代码	编码
			乙醇合成工(16-088)	800000113
			乙醇精馏工(16-089)	800000114
			羰基合成工(16-090)	800000115
			丁(辛)醇合成工(16-091)	800000116
			乙炔发生工(16-093)	800000117
			氯乙烯合成工(16-094)	800000118
			氯乙烯精馏工(16-095)	800000119
			氧氯化工(16-096)	800000120
			二氯乙烷精馏工(16-097)	800000121
			二氯乙烷裂解工(16-098)	800000122
			二氯乙烷裂解气分离工(16-099)	800000123
			氯乙烯聚合工(16-100)	800000124
			聚氯乙烯汽提干燥工(16-101)	800000125
			乙醛合成工(16-102)	800000126
			醋酸合成工(16-103)	800000127

序号	职业名称及代码	编码	工种名称及代码	编码
			苯烃化工（16-104）	800000128
			乙苯脱氢工（16-105）	800000129
			苯乙烯精馏工（16-106）	800000130
			丁烯脱氢反应工（16-107）	800000131
			萃取精制工（16-108）	800000132
			聚合工（16-112）	800000133
			水处理工（16-141）	800000134
			三废处理工（16-142）	800000135
			化工检修管工（16-149）	800000136
			胶乳制品后处理工（16-188）	800000137
			精梳植针工（17-005）	800000138
			空气调节工（17-021）	800000139
			织布加油工（17-033）	800000140
			织布上轴工（17-034）	800000141
			码布工（17-038）	800000142
			劳动定额测定工（17-040）	800000143

序号	职业名称及代码	编码	工种名称及代码	编码
			针梳复洗挡车工(17-044)	800000144
			制条指导工(17-045)	800000145
			蒸纱工(17-048)	800000146
			中间检验工(17-056)	800000147
			剪呢挡车工(17-057)	800000148
			电压挡车工(17-058)	800000149
			回修工(17-060)	800000150
			卷呢挡车工(17-061)	800000151
			上机开出工(17-062)	800000152
			织部检查工(17-063)	800000153
			准织皮工(17-064)	800000154
			坯布整理工(17-065)	800000155
			烫呢挡车工(17-066)	800000156
			含油量分析工(17-069)	800000157
			脱水挡车工(17-072)	800000158

序号	职业名称及代码	编码	工种名称及代码	编码
			并线挡车工(17-074)	800000159
			络纬挡车工(17-075)	800000160
			蒸轴剪纱挡车工(17-076)	800000161
			量绒挡车工(17-077)	800000162
			抄车工(17-079)	800000163
			刮车工(17-082)	800000164
			断头测定工(17-084)	800000165
			纺部验纱工(17-086)	800000166
			拉毛挡车工(17-087)	800000167
			团毛挡车工(17-088)	800000168
			弹毛挡车工(17-091)	800000169
			纬纱验纱工(17-092)	800000170
			卷轴工(17-093)	800000171
			人工(机械)裁毯工(17-096)	800000172
			缝角叠毯工(17-097)	800000173
			化料工(17-098)	800000174

序号	职业名称及代码	编码	工种名称及代码	编码
			罗纹机挡车工(17-099)	800000175
			挑补绣工(17-105)	800000176
			成衣指导工(17-109)	800000177
			扎把工(17-112)	800000178
			浸酸工(17-113)	800000179
			装麻工(17-114)	800000180
			烤麻工(17-115)	800000181
			精炼给油(制油)工(17-116)	800000182
			软麻挡车工(17-117)	800000183
			精干麻分磅工(17-118)	800000184
			扯麻工(17-119)	800000185
			开松挡车工(17-120)	800000186
			大小切挡车工(17-121)	800000187
			圆梳挡车工(17-122)	800000188
			拣麻分磅工(17-123)	800000189
			延展挡车工(17-124)	800000190
			制条挡车工(17-125)	800000191

序号	职业名称及代码	编码	工种名称及代码	编码
			大小切圆梳指导工(17-126)	800000192
			麻球成包工(17-127)	800000193
			绕团挡车工(17-128)	800000194
			制乳液工(17-129)	800000195
			软麻(喂接)挡车工(17-130)	800000196
			清纤挡车工(17-132)	800000197
			量检挡车工(17-133)	800000198
			折切挡车工(17-134)	800000199
			缝边(口)挡车工(17-135)	800000200
			印袋挡车工(17-136)	800000201
			联梳挡车工(17-140)	800000202
			●剪毛挡车工(17-143)	
			开幅挡车工(17-144)	800000203
			染色防水防腐浸渍挡车工(17-145)	800000204

序号	职业名称及代码	编码	工种名称及代码	编码
			上蜡挡车工(17-146)	800000205
			纺部指导工(17-148)	800000206
			织部指导工(17-149)	800000207
			复摇挡车工(17-155)	800000208
			丝小 真空给湿工(17-156)	800000209
			编检工(17-157)	800000210
			绞丝工(17-158)	800000211
			疵点丝整理工(17-159)	800000212
			汰头挡车工(17-162)	800000213
			炼油挡车工(17-163)	800000214
			纤度感知器调验工(17-167)	800000215
			复整指导工(17-168)	800000216
			成绞挡车工(17-170)	800000217
			准备指导工(17-171)	800000218
			泡丝(浸渍)工(17-172)	800000219

序号	职业名称及代码	编码	工种名称及代码	编码
			整经指导工(17-173)	800000220
			经轴回修工(17-174)	800000221
			准备原料保燥(给湿)工(17-176)	800000222
			织机装造工(17-177)	800000223
			丝绸成品处理工(17-179)	800000224
			着色工(17-180)	800000225
			▲剪花机挡车工(17-181)	
			拣丝(原料筛网)工(17-182)	800000226
			筛网成品烘燥工(17-183)	800000227
			绷丝工(17-185)	800000228
			榔丝工(17-186)	800000229
			开绵挡车工(17-187)	800000230
			外加工指导工(17-188)	800000231
			扒茧工(17-189)	800000232
			选配丝工(17-190)	800000233
			润绸机挡车工(17-192)	800000234

序号	职业名称及代码	编码	工种名称及代码	编码
			呢橡毯预缩机挡车工(17-193)	800000235
			烧摇挡车工(17-194)	800000236
			叠绸挡车工(17-195)	800000237
			精炼助剂配料工(17-196)	800000238
			水洗扯块工(17-197)	800000239
			打绵挡车工(17-198)	800000240
			调和挡车工(17-199)	800000241
			精干绵选别工(17-207)	800000242
			给湿工(17-210)	800000243
			精干品磅球工(17-211)	800000244
			●开茧挡车工(17-212)	
			落绵挡车工(17-213)	800000245
			切绵挡车工(17-214)	800000246
			排绵挡车工(17-215)	800000247
			磅绵配球工(17-216)	800000248

序号	职业名称及代码	编码	工种名称及代码	编码
			制绵(圆梳工艺)指导工(17-217)	800000249
			练条挡车工(17-218)	800000250
			延绞挡车工(17-219)	800000251
			扬返挡车工(17-220)	800000252
			节取挡车工(17-221)	800000253
			翻丝挡车工(17-222)	800000254
			练绸工(17-223)	800000255
			轧水挡车工(17-224)	800000256
			呢毯挡车工(17-225)	800000257
			练整指导工(17-226)	800000258
			坯布修验工(17-233)	800000259
			络缝线工(17-234)	800000260
			绣花挡车工(17-235)	800000261
			修袜工(17-243)	800000262
			退捻机挡车工(17-265)	800000263

序号	职业名称及代码	编码	工种名称及代码	编码
			热载体油锅炉工(17-266)	800000264
			轧花机挡车工(17-286)	800000265
			辊筒雕刻质检工(17-305)	800000266
			绞纱上浆工(17-328)	800000267
			色纱司库工(17-331)	800000268
			倒筒挡车工(17-334)	800000269
			拆链工(17-335)	800000270
			染纱出笼工(17-336)	800000271
			皂炼工(17-337)	800000272
			染色拼纱工(17-338)	800000273
			对折机挡车工(17-339)	800000274
			烫平机挡车工(17-343)	800000275
			踏花板工(17-344)	800000276
			▲翻布打印工(17-345)	
			加捻成绞挡车工(17-346)	800000277

序号	职业名称及代码	编码	工种名称及代码	编码
			订商标工(17-347)	800000278
			打裥机挡车工(17-349)	800000279
			超声波花边机挡车工(17-350)	800000280
			地毯补头工(17-351)	800000281
			碱缩轧染平洗联合机挡车工(17-352)	800000282
			巾被漂白工(17-354)	800000283
			浸纱清洗工(17-355)	800000284
			拋光挡车工(17-356)	800000285
			并打丝挡车工(17-357)	800000286
			拖浆机挡车工(17-358)	800000287
			蜡光挡车工(17-360)	800000288
			长丝分级工(17-361)	800000289
			织带机换筒工(17-364)	800000290
			印刷商标机挡车工(17-365)	800000291

序号	职业名称及代码	编码	工种名称及代码	编码
			排须机挡车工(17-366)	800000292
			爱丽纱机挡车工(17-367)	800000293
			织带产品改机工(17-368)	800000294
			抓剪挡车工(17-369)	800000295
			烫剪挡车工(17-370)	800000296
			拆烫挡车工(17-371)	800000297
			剪花机挡车工(17-372)	800000298
			拼晾纱工(17-373)	800000299
			刷白浆工(17-374)	800000300
			贴布工(17-375)	800000301
			捎布工(17-376)	800000302
			洗台板工(17-377)	800000303
			轧漂工(17-378)	800000304
			翻布工(17-379)	800000305
			铲边纱框工(17-380)	800000306
			电脑绣花工(17-383)	800000307

序号	职业名称及代码	编码	工种名称及代码	编码
			服装包装工(17-387)	800000308
			锭杆热轧工(17-401)	800000309
			锭子装配工(17-402)	800000310
			罗拉刨丝工(17-404)	800000311
			金属冷打工(17-405)	800000312
			摇架装配工(17-406)	800000313
			喷丝头冶炼工(17-408)	800000314
			喷丝头(板)制作工(17-409)	800000315
			喷丝头(板)清洗工(17-411)	800000316
			计量泵选配工(17-412)	800000317
			金属植针工(17-414)	800000318
			卷综棒制造工(17-424)	800000319
			钢芯、模胎制造工(17-428)	800000320
			镍网、模胎处理工(17-429)	800000321
			钢纸制作工(17-432)	800000322

序号	职业名称及代码	编码	工种名称及代码	编码
			配料准备工(17-433)	800000323
			织针制作工(17-435)	800000324
			▲织针专职检验工(17-436)	
			织针刀模具工(17-437)	800000325
			钢丝综三联机挡车工(17-441)	800000326
			钢筘制片工(17-442)	800000327
			钢筘编筘整型工(17-443)	800000328
			停经片压延制条工(17-444)	800000329
			停经片冲剪工(17-445)	800000330
			▲拉丝工(17-446)	
			盖板(针布)制作工(17-447)	800000331
			切边包装工(17-448)	800000332
			针布修理工(17-449)	800000333
			钨铜制件工(17-450)	800000334
			裁料工(17-454)	800000335

序号	职业名称及代码	编码	工种名称及代码	编码
			磨尖冲剪切工(17-455)	800000336
			针圈研抛工(17-456)	800000337
			压延压出工(17-458)	800000338
			打(刮)浆工(17-459)	800000339
			底片成型工(17-460)	800000340
			底布配料工(17-461)	800000341
			皮仁(皮圈)成型工(17-462)	800000342
			整修工(17-463)	800000343
			橡胶磨床工(17-464)	800000344
			胶圈酸处理工(17-465)	800000345
			胶圈切割工(17-466)	800000346
			▲喷砂工(17-468)	
			橡胶辊筒胶圈胶管成型工(17-469)	800000347
			橡胶车工(17-470)	800000348
			涂胶热压复合工(17-471)	800000349

序号	职业名称及代码	编码	工种名称及代码	编码
			剑杆整修工(17-472)	800000350
			瓷件整理包装工(17-473)	800000351
			热压铸修工(17-474)	800000352
			原料处理工(17-475)	800000353
			成型整修工(17-476)	800000354
			瓷件检验工(17-477)	800000355
			炼漂染色绸坯准备工(17-478)	800000356
			串绸工(17-479)	800000357
			机头布剥色水洗工(17-480)	800000358
			挂吊染操作工(17-482)	800000359
			单滚筒整理机挡车工(17-484)	800000360
			布料折景机挡车工(17-485)	800000361
			丝绒烤花机挡车工(17-487)	800000362
			排绒机挡车工(17-488)	800000363
			粘胶、浆粕蒸煮操作工(17-490)	800000364

序号	职业名称及代码	编码	工种名称及代码	编码
			粘胶、浆粕漂白操作工(17-492)	800000365
			玻璃纸制造工(17-503)	800000366
			电石操作工(17-504)	800000367
			皮板制造工(17-510)	800000368
			涂料制备工(18-008)	800000369
			涂料加工纸制造工(18-009)	800000370
			▲玻璃纸制造工(18-010)	
			合成纸制造工(18-011)	800000371
			玻璃(搪瓷)窑(炉)砌筑工(18-038)	800000372
			保温瓶外壳制造工(18-079)	800000373
			瓶壳表面装饰工(18-080)	800000374
			保温瓶装配工(18-081)	800000375
			玻璃灯头压制工(18-082)	800000376
			电光源导丝制造工(18-083)	800000377

序号	职业名称及代码	编码	工种名称及代码	编码
			电光源芯柱制造工(18-086)	800000378
			电光源喷涂工(18-090)	800000379
			石腊氧化工(18-099)	800000380
			脂肪酸钠皂分离工(18-100)	800000381
			脂肪酸精制工(18-101)	800000382
			合脂残渣处理工(18-102)	800000383
			合脂醇回收工(18-103)	800000384
			尾气处理工(18-104)	800000385
			磺化及中和工(18-105)	800000386
			供氯和盐酸吸收工(18-106)	800000387
			烷基磺酸钠制造工(18-107)	800000388
			热风制备工(18-109)	800000389
			▲感光材料包装工(18-152)	
			制卤维修工(18-166)	800000390
			平锅制盐工(18-175)	800000391

序号	职业名称及代码	编码	工种名称及代码	编码
			井口工(18-177)	800000392
			辊工(18-181)	800000393
			制筒工(18-182)	800000394
			逗丝工(18-183)	800000395
			枧工(18-184)	800000396
			二氧化碳制备工(18-221)	800000397
			固体酒精制造工(18-222)	800000398
			贴标机工(18-225)	800000399
			鞋楦设计工(18-253)	800000400
			沙发工(18-272)	800000401
			金属家具成型工(18-274)	800000402
			自来水笔尖制造工(18-277)	800000403
			笔类零件装饰镀膜工(18-287)	800000404
			墨水制造工(18-289)	800000405
			口琴制作工(18-299)	800000406
			击剑制作工(18-313)	800000407
			赛艇制作工(18-315)	800000408

序号	职业名称及代码	编码	工种名称及代码	编码
			航模内燃机制作工(18-316)	800000409
			美术颜料制作工(18-325)	800000410
			订书钉、大头针、回形针制作工(18-326)	800000411
			制刷工(18-327)	800000412
			毛纱洗染工(18-337)	800000413
			胶背地毯划布工(18-343)	800000414
			扎毯工(18-344)	800000415
			地毯制胶工(18-345)	800000416
			拴穗工(18-347)	800000417
			缝边工(18-348)	800000418
			打毛轴工(18-350)	800000419
			穿修工(18-353)	800000420
			漆器浮雕工(18-364)	800000421
			镜木滚花工(18-368)	800000422
			珍珠饰品工(18-370)	800000423
			玉石染烧工(18-374)	800000424

序号	职业名称及代码	编码	工种名称及代码	编码
			象牙雕刻工(18-375)	800000425
			象牙磨光工(18-376)	800000426
			彩熏工(18-377)	800000427
			机刻工(18-388)	800000428
			橡章铸印工(18-389)	800000429
			有机制品工(18-390)	800000430
			涂塑工(18-408)	800000431
			塑料圆网涂布工(18-409)	800000432
			塑料切割工(18-411)	800000433
			家用电器维修工(18-419)	800000434
			灯具软梗制作工(18-439)	800000435
			灯具装配工(18-440)	800000436
			灯具电器制作工(18-441)	800000437
			电光源零件制作工(18-442)	800000438
			灯管热加工(18-443)	800000439
			灯具零部件制作工(18-444)	800000440

序号	职业名称及代码	编码	工种名称及代码	编码
			衡器校砣工(18-475)	800000441
			电子衡器仪表工(18-476)	800000442
			衡器传感器仪表工(18-477)	800000443
			铸锅成品整理工(18-480)	800000444
			凹凸雕刻工(18-481)	800000445
			彩色调墨工(18-484)	800000446
			装潢锦盒制作工(18-488)	800000447
			卷捅卷纸管(罐)工(18-489)	800000448
			热熔(高频)复合工(18-490)	800000449
			真空喷铝工(18-491)	800000450
			烫箔配料涂布工(18-492)	800000451
			树脂合成浇片工(18-493)	800000452
			产品装箱工(18-494)	800000453
			特殊物品包装工(18-496)	800000454

序号	职业名称及代码	编码	工种名称及代码	编码
			光学眼镜片毛坯自动成型工(18-509)	800000455
			光学眼镜片毛坯退火工(18-510)	800000456
			扳道员(19-005)	800000457
			信号员(19-007)	800000458
			制动员(19-013)	800000459
			调车区长(19-016)	800000460
			车号员(19-019)	800000461
			引导员(19-022)	800000462
			行李计划员(19-028)	800000463
			客车给水员(19-029)	800000464
			供水员(19-031)	800000465
			客车备品员(19-033)	800000466
			客车整备工(19-034)	800000467
			篷布修理工(19-044)	800000468
			站务员(19-045)	800000469
			加冰工(19-046)	800000470
			指导司机(19-054)	800000471

序号	职业名称及代码	编码	工种名称及代码	编码
			机车电气试验工(19-061)	800000472
			烟管清检工(19-067)	800000473
			洗刷机工(19-068)	800000474
			叫班员(19-069)	800000475
			绝热材料工(19-073)	800000476
			罐车洗刷工(19-074)	800000477
			挂瓦工(19-077)	800000478
			油线工(19-078)	800000479
			开山工(19-079)	800000480
			钢轨整修工(19-090)	800000481
			轨道检查车钳工(19-094)	800000482
			铁路报务员(19-095)	800000483
			铁路话务员(19-096)	800000484
			牵车台司机(19-103)	800000485
			汽车客车危险品检查员(20-008)	800000486
			汽车油料工(20-015)	800000487

序号	职业名称及代码	编码	工种名称及代码	编码
			公路渡口渡工(20-039)	800000488
			船舶冷藏工(20-047)	800000489
			衡器修理工(20-059)	800000490
			港口系缆工(20-063)	800000491
			装卸工具修制工(20-064)	800000492
			▲衡器操作工(20-067)	
			移排工(20-071)	800000493
			木材防火喷涂工(20-072)	800000494
			疏浚测量仪器修理工(20-078)	800000495
			绞滩工(20-083)	800000496
			疏浚统计工(20-088)	800000497
			海上救捞工(20-091)	800000498
			航标灯器修理工(20-098)	800000499
			测深仪修理工(20-105)	800000500
			桥基钻孔工(20-112)	800000501

序号	职业名称及代码	编码	工种名称及代码	编码
			太阳能电池组合工(20-134)	800000502
			无线机务员(21-037)	800000503
			影视照明设备修理工(23-009)	800000504
			电影洗印设备检修员(23-023)	800000505
			玻璃原料加工工(25-018)	800000506
			玻璃平拉成型工(25-027)	800000507
			石英光导纤维制造工(25-042)	800000508
			玻纤配油(胶)工(25-052)	800000509
			铸石原料工(25-063)	800000510
			铸石熔制工(25-064)	800000511
			铸石成品输送工(25-065)	800000512
			●海洋水文气象观测工(27-001)	
			●海洋生物调查工(27-003)	
			●海洋地质调查工(27-004)	
			●海洋监测监视工(27-005)	

序号	职业名称及代码	编码	工种名称及代码	编码
			●海洋资料浮标岸站工(27-006)	
			●海洋资料浮标工(27-007)	
			●船舶测报员(27-008)	
			海洋仪器检测工(27-009)	800000513
			导航设备工(27-010)	800000514
			●海洋水文气象填图员(27-011)	
			●海洋气象卫星接收员(27-012)	
			铸排工(29-002)	800000515
			活版辅助工(29-005)	800000516
			手动照相排版工(29-006)	800000517
			电脑照排工(29-007)	800000518
			刻铅字工(29-009)	800000519
			球震转印工(29-013)	800000520
			磨版工(29-018)	800000521
			晾纸工(29-021)	800000522
			印刷辅助工(29-053)	800000523

序号	职业名称及代码	编码	工种名称及代码	编码
			印刷电器维修工(29-056)	800000524
			字模模坯工(29-080)	800000525
			机刻字模工(29-081)	800000526
			字模电铸工(29-082)	800000527
			字模母版工(29-083)	800000528
			字模加工工(29-084)	800000529
			钢线工(29-085)	800000530
			锌线工(29-086)	800000531
			字形版粘磨工(29-087)	800000532
			PS版工(29-088)	800000533
			●化学计量检定工(30-022)	
			材料力学性能检验工(30-026)	800000534
			采金船操纵工(31-001)	800000535
			打叶工(32-003)	800000536
			抽梗工(32-004)	800000537
			切尖工(32-007)	800000538
			温湿度调节工(32-021)	800000539

序号	职业名称及代码	编码	工种名称及代码	编码
			碎叶分离工(32-024)	800000540
			粘合剂配胶工(32-026)	800000541
			刻牌印工(32-027)	800000542
			焙烟工(32-028)	800000543
			废烟处理工(32-029)	800000544
			▲配料工(32-031)	
			滤棒固化工(32-056)	800000545
			制烟材料收发工(32-064)	800000546
			烟叶保管工(32-065)	800000547
			锭剂工(33-076)	800000548
			制剂原料精制工(33-083)	800000549
			导声膏(超声波偶合剂)工(33-106)	800000550
			医用脱脂棉工(33-107)	800000551
			医用纱布(脱脂棉)炼漂工(33-108)	800000552
			医用纱布成型工(33-109)	800000553

序号	职业名称及代码	编码	工种名称及代码	编码
			X射线管、影像增强管烧氢工(33-135)	800000554
			塑料注射器制作工(33-169)	800000555
			人工脏器制作工(33-170)	800000556
			造影导管制作工(33-171)	800000557
			输液(血)器制作工(33-172)	800000558
			化学指示卡制作工(33-173)	800000559
			牙齿成型制作工(33-182)	800000560
			电子仪表检定修理工(36-007)	800000561
			印制电路检验工(36-016)	800000562
			家用电子产品维修工(36-018)	800000563
			指挥仪调试工(36-023)	800000564
			计算机系统操作工(36-028)	800000565
			计算机软件工(36-029)	800000566
			针式打印头装调工(36-033)	800000567

序号	职业名称及代码	编码	工种名称及代码	编码
			有线通信机架装配工(36-050)	800000568
			交换机调试工(36-051)	800000569
			接线器装调工(36-053)	800000570
			交换机部器件装配工(36-054)	800000571
			交换机插件装调工(36-055)	800000572
			电传打字机机械装调工(36-058)	800000573
			电传打字机电气调试工(36-059)	800000574
			曝光设备调修工(36-086)	800000575
			微晶玻璃制造工(36-135)	800000576
			阳极帽引出线处理工(36-136)	800000577
			玻粉、玻杆制造工(36-137)	800000578
			玻壳模具整修工(36-138)	800000579
			玻璃制品监测工(36-143)	800000580
			钨、钼压坯工(36-146)	800000581
			钨、钼坯条烧结工(36-147)	800000582

序号	职业名称及代码	编码	工种名称及代码	编码
			钨、钼材料旋锻工(36-149)	800000583
			镀锡铜包钢线制造工(36-159)	800000584
			半导体器件、集成电路测试工(36-173)	800000585
			管壳制造工(36-179)	800000586
			半导体特种工具制造工(36-180)	800000587
			继电器试验工(36-233)	800000588
			电子陶瓷窑具制造工(36-246)	800000589
			微特电机铁心叠压工(36-254)	800000590
			微特电机换向器装配工(36-255)	800000591
			微特电机绕线嵌线工(36-256)	800000592
			微特电机浸渍、灌注工(36-257)	800000593
			微特电机装配工(36-258)	800000594
			微特电机试验工(36-259)	800000595
			原电池试验工(36-279)	800000596

序号	职业名称及代码	编码	工种名称及代码	编码
			试验工(36-291)	800000597
			光电线缆制模工(36-293)	800000598
			光纤光缆工(36-308)	800000599
			电子绝缘材料性能试验工(36-314)	800000600
			含磨料尼龙刷辊刷体制造工(36-316)	800000601
			含磨料尼龙刷辊制造工(36-317)	800000602
			配套工(37-004)	800000603
			鱼雷装配钳工(37-031)	800000604
			鱼雷仪表装配工(37-032)	800000605
			鱼雷热动力试验工(37-033)	800000606
			发射装置操作检修工(37-034)	800000607
			机械糖压制工(37-037)	800000608
			电爆管装配试验工(37-038)	800000609
			电子测量工(37-040)	800000610
			熔纺聚合工(38-001)	800000611

序号	职业名称及代码	编码	工种名称及代码	编码
			熔纺纺丝工(38-002)	800000612
			熔纺后处理工(38-003)	800000613
			原液制备工(38-004)	800000614
			湿纺纺丝工(38-005)	800000615
			湿纺后处理工(38-006)	800000616
			▲溶剂回收工(38-007)	
			反应工(38-008)	800000617
			分离工(38-009)	800000618
			精制工(38-010)	800000619
			润滑油脱蜡脱油工(38-011)	800000620
			调合(油槽)工(38-012)	800000621
			▲原料准备工(38-013)	
			干馏工(38-014)	800000622
			▲硫铵工(38-015)	
			输送工(38-016)	800000623
			▲蒸馏工(38-017)	
			溶液制备工(38-018)	800000624

序号	职业名称及代码	编码	工种名称及代码	编码
			洗涤过滤工(38-019)	800000625
			成品处理工(38-020)	800000626
			水质处理工(38-021)	800000627
			辅助工(38-022)	800000628
			油品再生调合工(38-024)	800000629
			油品供销作业工(38-025)	800000630
			石油库储运工(38-026)	800000631
			桶装油品作业工(38-027)	800000632
			精炼反射炉工(39-027)	800000633
			精馏塔工(39-028)	800000634
			锡酸钠制取工(39-039)	800000635
			含氟硫酸铝原液制取工(39-062)	800000636
			酸原液调整蒸发工(39-063)	800000637
			旋风炉工(39-064)	800000638
			生料浆制备工(39-065)	800000639

序号	职业名称及代码	编码	工种名称及代码	编码
			熟料制备工(39-066)	800000640
			浸出液制备工(39-067)	800000641
			锂渣综合处理工(39-068)	800000642
			湿产品制取工(39-069)	800000643
			碳酸化提取工(39-070)	800000644
			硅外延片制取工(39-135)	800000645
			单晶硅制取工(39-136)	800000646
			单晶硅制取备料工(39-137)	800000647
			滚磨倒角工(39-142)	800000648
			化合物半导体材料制取工(39-143)	800000649
			高纯金属制取工(39-144)	800000650
			草酸(氧化)钴制备工(39-150)	800000651
			钨钼预烧和半检工(39-180)	800000652
			钨钼制品加工工(39-181)	800000653

序号	职业名称及代码	编码	工种名称及代码	编码
			水压机锻压工(39-200)	800000654
			锻造成品工(39-201)	800000655
			▲粉末冶金压制工(39-213)	
			▲粉末冶金烧结工(39-214)	
			铝型材装配工(39-217)	800000656
			稀有金属配料工(39-223)	800000657
			真空烘料工(39-224)	800000658
			回收工(39-226)	800000659
			鉴别工(39-227)	800000660
			●钛设备焊工(39-234)	
			旋锻工(39-237)	800000661
			检查工(39-250)	800000662
			有色金属试验工(39-251)	800000663
			测井仪修工(40-013)	800000664
			作业井架安装工(40-020)	800000665
			试井工(40-025)	800000666
			▲脱水工(40-028)	

序号	职业名称及代码	编码	工种名称及代码	编码
			油层物性实验工(40-042)	800000667
			竖井钻机工(41-012)	800000668
			绞车操作工(41-022)	800000669
			矿压观测工(41-034)	800000670
			矿山火药库工(41-039)	800000671
			矿山排水工(41-046)	800000672
			矿用重型汽车司机(41-048)	800000673
			煤矿输电线路工(41-049)	800000674
			铁路移道工(41-051)	800000675
			装渣工(41-053)	800000676
			运渣工(41-054)	800000677
			移道机司机(41-055)	800000678
			锻磨钎工(41-057)	800000679
			凿岩机修理工(41-059)	800000680
			索道维修工(41-061)	800000681

序号	职业名称及代码	编码	工种名称及代码	编码
			采砂船工（41-064）	800000682
			洗选供料工（41-068）	800000683
			洗选煤技术检查工(41-072)	800000684
			选矿药剂工（41-079）	800000685
			重选工(41-082)	800000686
			电选工(41-084)	800000687
			湿冶工(41-085)	800000688
			石灰乳化工（41-086）	800000689
			井下普工（41-091）	800000690
			矿车修理工（41-098）	800000691
			矿山电子修理工(41-107)	800000692
			矿灯装配工（41-108）	800000693
			矿山工程检查验收工（员）（41-110）	800000694
			火工品检验工(41-112)	800000695
			电化学工（41-114）	800000696

序号	职业名称及代码	编码	工种名称及代码	编码
			炮身深孔机加工(43-014)	800000697
			半可燃药筒制造工(43-023)	800000698
			炮弹零件机加工(43-024)	800000699
			枪弹挤压引伸工(43-026)	800000700
			枪弹组合机床工(43-027)	800000701
			引信组合机床工(43-031)	800000702
			压电陶瓷瓷料制备工(43-032)	800000703
			压电陶瓷瓷件制造工(43-033)	800000704
			压电陶瓷测试工(43-034)	800000705
			光学晶体制造工(43-035)	800000706
			光纤器件拉丝(排丝)工(43-036)	800000707
			光纤器件烧氢还原工(43-037)	800000708
			光电辅料制造工(43-038)	800000709
			●化学镀膜工(43-039)	

序号	职业名称及代码	编码	工种名称及代码	编码
			精密刻度工(43-040)	800000710
			精密照相工(43-041)	800000711
			红外滤光器制造工(43-042)	800000712
			感光屏制造工(43-043)	800000713
			光电阴极制造工(43-044)	800000714
			荧光屏制造工(43-045)	800000715
			水准泡制造工(43-046)	800000716
			光电器件玻壳制造工(43-047)	800000717
			微光管装配工(43-048)	800000718
			微光管检验工(43-049)	800000719
			观瞄仪器装试工(43-050)	800000720
			测距机装试工(43-051)	800000721
			航瞄仪器装试工(43-052)	800000722
			观瞄仪器检验工(43-053)	800000723
			测距机检验工(43-054)	800000724

序号	职业名称及代码	编码	工种名称及代码	编码
			航瞄仪器检验工(43-055)	800000725
			精制棉制造工(43-056)	800000726
			硝基胍制造工(43-066)	800000727
			火箭发动机静止试验工(43-071)	800000728
			乙基纤维制造工(43-076)	800000729
			合成樟脑制造工(43-077)	800000730
			炸药干燥包装工(43-079)	800000731
			火炸药废酸处理工(43-080)	800000732
			标准溶液配制工(43-081)	800000733
			丁醇总溶剂制造工(43-082)	800000734
			硝基甲烷制造工(43-084)	800000735
			含水炸药制造工(43-088)	800000736
			酚醛模塑料制造工(43-103)	800000737
			压敏胶粘带制造工(43-104)	800000738
			纤维塑料制造工(43-105)	800000739

序号	职业名称及代码	编码	工种名称及代码	编码
			TDI制造工(43-106)	800000740
			TDI气体净化工(43-107)	800000741
			火炸药理化分析工(43-111)	800000742
			兵器产品环境试验工(43-112)	800000743
			散热器制造工(44-013)	800000744
			潜水作业工(45-005)	800000745
			广播员(46-002)	800000746